高职高专计算机任务驱动模式教材

网络服务器配置
与管理项目教程（Windows & Linux）
（第2版）（微课版）

主编／杨　云　杨定成　字谷伟

清华大学出版社
北京

内 容 简 介

本书以读者熟练掌握主流网络服务器的配置与管理为目标，共分为两部分：Windows Server 2012 R2 服务器配置与管理和 RHEL 7.4 服务器配置与管理。其中，Windows Server 部分采用 Windows Server 2008 R2 环境，介绍如何搭建 Windows Server 2008 R2 服务器，部署和管理 Active Directory 域服务，以及配置与管理 DNS、DHCP、Web、FTP 等服务器。Linux 部分采用 Red Hat Enterprise Linux 7.4 环境，介绍如何安装和配置 Linux，Linux 的常用命令，以及 NFS、samba、DNS、DHCP、Apache、FTP 服务器的安装、配置与管理。

本书是工学结合的产物，作者是来自国内高等院校的一线教师及网络公司的工程师。本书内容力求做到实用性强、易于操作，以便读者能够迅速将所学知识应用于实践。

本书不仅可以作为本科和高职高专院校网络类专业学生的教材，也可以作为网络管理员及网络爱好者的培训教材或技术参考书籍。

本书封面贴有清华大学出版社防伪标签，无标签者不得销售。
版权所有，侵权必究。举报：010-62782989，beiqinquan@tup.tsinghua.edu.cn。

图书在版编目(CIP)数据

网络服务器配置与管理项目教程：Windows & Linux：微课版 / 杨云，杨定成，李谷伟主编. —2版. —北京：清华大学出版社，2020.8(2023.8重印)
高职高专计算机任务驱动模式教材
ISBN 978-7-302-55675-6

Ⅰ.①网… Ⅱ.①杨… ②杨… ③李… Ⅲ.①Windows 操作系统—网络服务器—高等职业教育—教材 ②Linux 操作系统—网络服务器—高等职业教育—教材 Ⅳ.①TP316.8

中国版本图书馆 CIP 数据核字(2020)第 100815 号

责任编辑：张龙卿
封面设计：范春燕
责任校对：赵琳爽
责任印制：杨　艳

出版发行：清华大学出版社
网　　址：http://www.tup.com.cn，http://www.wqbook.com
地　　址：北京清华大学学研大厦 A 座　　邮　编：100084
社 总 机：010-83470000　　邮　购：010-62786544
投稿与读者服务：010-62776969，c-service@tup.tsinghua.edu.cn
质量反馈：010-62772015，zhiliang@tup.tsinghua.edu.cn
课件下载：http://www.tup.com.cn，010-83470410

印 装 者：大厂回族自治县彩虹印刷有限公司
经　　销：全国新华书店
开　　本：185mm×260mm　　印　张：22.5　　字　数：542 千字
版　　次：2017 年 3 月第 1 版　2020 年 8 月第 2 版　　印　次：2023 年 8 月第 4 次印刷
定　　价：59.00 元

产品编号：086063-01

前　言

习近平总书记在党的二十大报告中指出：教育、科技、人才是全面建设社会主义现代化国家的基础性、战略性支撑；必须坚持科技是第一生产力、人才是第一资源、创新是第一动力，深入实施科教兴国战略、人才强国战略、创新驱动发展战略，这三大战略共同服务于创新型国家的建设。

一、编写宗旨

依据教育部的专业教学标准，"网络服务器架设"是计算机网络技术专业的核心课程，该课程整合了 Windows Server 和 Linux 两大平台服务器的安装、配置与管理等内容，目前在售的图书中少有这样的教材。为满足我国高等教育的需要，我们编写了这本"项目驱动、任务导向"的"教、学、做"一体化的"网络服务器架设"教材。

二、本书特点

本书共包含 14 个项目，最大的特色是"易教易学"，音、视频等配套教学资源丰富，采用"微课＋慕课"的形式，随时随地进行视频学习。本书特点如下。

（1）零基础教程，入门门槛低，很容易上手。

（2）基于工作过程导向的"教、学、做"一体化的编写方式。

（3）每个项目都以企业真实应用案例为基础，配有视频教学资源。由于本书涉及很多具体操作，所以作者专门录制了大量视频进行讲解和实际操作，读者可以按照视频讲解很直观地学习、练习和应用，易教易学，学习效果好。

（4）提供大量企业真实案例，实用性和实践性强。全书列举的所有示例和实例，读者都可以在自己的实验环境中完整实现。

（5）打造立体化教材。本书包括的电子资料、微课和实训项目视频为教和学提供了最大便利。项目实录视频是微软高级工程师录制的，包括项目背景、网络拓扑、项目实施、深度思考等内容，配合教材，极大方便了教师教学、学生预习、对照实训和自主学习。

三、教学大纲

本书的参考学时为 72 学时，其中实训环节为 36 学时。各项目的参考学时参见下面的学时分配表。

项目	课程内容	学时分配	
		讲授	实训
项目 1	搭建 Windows Server 2012 R2 服务器	2	2
项目 2	部署与管理 Active Directory 域服务	2	2
项目 3	配置与管理 DNS 服务器	4	4
项目 4	配置与管理 DHCP 服务器	2	2
项目 5	配置与管理 Web 服务器	2	2
项目 6	配置与管理 FTP 服务器	2	2
项目 7	安装与基本配置 Linux 操作系统	2	2
项目 8	熟练使用 Linux 常用命令	2	2
项目 9	Linux 下配置与管理 NFS 服务器	2	2
项目 10	Linux 下配置与管理 samba 服务器	2	2
项目 11	Linux 下配置与管理 DNS 服务器	4	4
项目 12	Linux 下配置与管理 DHCP 服务器	2	2
项目 13	Linux 下配置与管理 Apache 服务器	4	4
项目 14	Linux 下配置与管理 FTP 服务器	4	4
课时总计		36	36

另外,本书还附赠 7 个项目的电子版教学内容,具体包括以下项目:安装与配置 Hyper-V 服务器、利用 VMware Workstation 构建网络环境、管理 Windows Server 的用户账户和组、安装与管理 Linux 软件包、配置与管理 Linux 防火墙、配置与管理文件系统、配置与管理 Postfix 服务器。

四、其他

本书由杨云、杨定成、李谷伟主编。红帽认证架构师(RHCA)是红帽的最高级别认证,济南博赛网络技术有限公司红帽认证架构师宁文明和山东鹏森信息科技有限公司的微软系统工程师(MCSE)审订了大纲并录制了全部项目实录的视频。杨秀玲、王瑞、杨昊龙等也参加了部分章节的编写。

本书配套提供教学视频、授课计划、项目指导书、电子教案、电子课件、课程标准、大赛、试卷、拓展提升、项目任务单、实训指导书等相关参考内容。

编 者

2023 年 1 月

目 录

第一部分　Windows Server 2012 R2 服务器配置与管理

项目 1　搭建 Windows Server 2012 R2 服务器 ·················· 3
  1.1　相关知识 ··· 3
    1.1.1　Windows Server 2012 R2 系统和硬件设备要求 ······· 3
    1.1.2　制订安装配置计划 ·································· 4
    1.1.3　Windows Server 2012 R2 的安装方式 ············· 5
    1.1.4　安装前的注意事项 ·································· 6
  1.2　项目设计及分析 ·· 7
    1.2.1　项目设计 ·· 7
    1.2.2　项目分析 ·· 8
  1.3　项目实施 ··· 8
    1.3.1　使用光盘安装 Windows Server 2012 R2 ············· 8
    1.3.2　配置 Windows Server 2012 R2 ···················· 14
    1.3.3　添加角色和功能 ···································· 25
  1.4　实训项目　基本配置 Windows Server 2012 R2 ·············· 30
  1.5　习题 ··· 31

项目 2　部署与管理 Active Directory 域服务 ·················· 33
  2.1　相关知识 ·· 33
    2.1.1　认识活动目录及意义 ································ 33
    2.1.2　命名空间 ·· 34
    2.1.3　对象和属性 ·· 35
    2.1.4　容器 ··· 35
    2.1.5　可重新启动的 AD DS ······························ 35
    2.1.6　Active Directory 回收站 ··························· 35
    2.1.7　AD DS 的复制模式 ································· 36
    2.1.8　认识活动目录的逻辑结构 ·························· 36
    2.1.9　认识活动目录的物理结构 ·························· 39
  2.2　项目设计及分析 ··· 41
  2.3　项目实施 ·· 42

		2.3.1	创建第一个域(目录林根级域)	42
		2.3.2	加入 long.com 域	52
		2.3.3	利用已加入域的计算机登录	52
		2.3.4	安装额外的域控制器与 RODC	54
		2.3.5	转换服务器角色	64
	2.4	实训项目　部署与管理活动目录		68
	2.5	习题		69

项目 3　配置与管理 DNS 服务器 ……………… 71

	3.1	相关知识		71
		3.1.1	域名空间结构	72
		3.1.2	DNS 名称的解析方法	73
		3.1.3	DNS 服务器的类型	74
		3.1.4	DNS 名称解析的查询模式	75
	3.2	项目设计及分析		77
	3.3	项目实施		77
		3.3.1	添加 DNS 服务器	77
		3.3.2	部署主 DNS 服务器的 DNS 区域	79
		3.3.3	配置 DNS 客户端并测试主 DNS 服务器	87
		3.3.4	部署惟缓存 DNS 服务器	89
		3.3.5	部署子域和委派	91
	3.4	实训项目　配置与管理 DNS 服务器		96
	3.5	习题		97

项目 4　配置与管理 DHCP 服务器 ……………… 99

	4.1	相关知识		99
		4.1.1	何时使用 DHCP 服务	100
		4.1.2	DHCP 地址分配类型	100
		4.1.3	DHCP 服务的工作过程	101
	4.2	项目设计及分析		102
	4.3	项目实施		102
		4.3.1	安装 DHCP 服务器角色	102
		4.3.2	授权 DHCP 服务器	104
		4.3.3	创建 DHCP 作用域	105
		4.3.4	保留特定的 IP 地址	108
		4.3.5	配置 DHCP 服务器	109
		4.3.6	配置超级作用域	110
		4.3.7	配置 DHCP 客户端并进行测试	111
	4.4	实训项目　配置与管理 DHCP 服务器		112

项目 5　配置与管理 Web 服务器 …………………………………………………… 114

- 5.1　相关知识 ……………………………………………………………………… 114
- 5.2　项目设计及分析 ……………………………………………………………… 115
- 5.3　项目实施 ……………………………………………………………………… 116
  - 5.3.1　安装 Web 服务器(IIS)角色 …………………………………………… 116
  - 5.3.2　创建 Web 网站 …………………………………………………………… 118
  - 5.3.3　管理 Web 网站的目录 …………………………………………………… 121
  - 5.3.4　管理 Web 网站的安全 …………………………………………………… 121
  - 5.3.5　架设多个 Web 网站 ……………………………………………………… 127
- 5.4　实训项目　配置与管理 Web 服务器 ……………………………………… 132
- 5.5　习题 …………………………………………………………………………… 132

项目 6　配置与管理 FTP 服务器 …………………………………………………… 133

- 6.1　相关知识 ……………………………………………………………………… 133
  - 6.1.1　FTP 工作原理 …………………………………………………………… 133
  - 6.1.2　匿名用户 ………………………………………………………………… 134
  - 6.1.3　FTP 服务的传输模式 …………………………………………………… 134
- 6.2　项目设计及分析 ……………………………………………………………… 136
- 6.3　项目实施 ……………………………………………………………………… 136
  - 6.3.1　安装 FTP 发布服务角色服务 …………………………………………… 136
  - 6.3.2　创建和访问 FTP 站点 …………………………………………………… 137
  - 6.3.3　创建虚拟目录 …………………………………………………………… 141
  - 6.3.4　安全设置 FTP 服务器 …………………………………………………… 141
  - 6.3.5　创建虚拟主机 …………………………………………………………… 143
  - 6.3.6　配置与使用客户端 ……………………………………………………… 144
  - 6.3.7　实现 AD 环境下多用户隔离 FTP ……………………………………… 145
- 6.4　实训项目　配置与管理 FTP 服务器 ……………………………………… 154
- 6.5　习题 …………………………………………………………………………… 155

第二部分　RHEL 7.4 服务器配置与管理

项目 7　安装与基本配置 Linux 操作系统 ………………………………………… 159

- 7.1　相关知识 ……………………………………………………………………… 159
  - 7.1.1　认识 Linux 的前世与今生 ……………………………………………… 159
  - 7.1.2　理解 Linux 体系结构 …………………………………………………… 161
  - 7.1.3　认识 Linux 的版本 ……………………………………………………… 163
  - 7.1.4　Red Hat Enterprise Linux 7 …………………………………………… 164

7.1.5　核高基与国产操作系统 …………………………………………………… 165
7.2　项目设计及分析 ………………………………………………………………… 165
7.3　项目实施 ………………………………………………………………………… 169
　　7.3.1　安装配置 VM 虚拟机 …………………………………………………… 169
　　7.3.2　安装 Red Hat Enterprise Linux 7 ……………………………………… 176
　　7.3.3　重置 root 管理员密码 …………………………………………………… 185
　　7.3.4　RPM（红帽软件包管理器） ……………………………………………… 186
　　7.3.5　yum 软件仓库 …………………………………………………………… 187
　　7.3.6　systemd 初始化进程 …………………………………………………… 187
　　7.3.7　启动 shell ………………………………………………………………… 189
　　7.3.8　配置网络服务 …………………………………………………………… 190
7.4　实训项目　Linux 系统的安装与基本配置 …………………………………… 201
7.5　习题 ……………………………………………………………………………… 202

项目 8　熟练使用 Linux 常用命令 …………………………………………………… 204

8.1　相关知识 ………………………………………………………………………… 204
　　8.1.1　了解 Linux 命令的特点 ………………………………………………… 204
　　8.1.2　后台运行程序 …………………………………………………………… 205
8.2　项目设计及准备 ………………………………………………………………… 205
8.3　项目实施 ………………………………………………………………………… 205
　　8.3.1　熟练使用浏览目录类命令 ……………………………………………… 206
　　8.3.2　熟练使用浏览文件类命令 ……………………………………………… 207
　　8.3.3　熟练使用目录操作类命令 ……………………………………………… 209
　　8.3.4　熟练使用 cp 命令 ………………………………………………………… 209
　　8.3.5　熟练使用文件操作类命令 ……………………………………………… 211
　　8.3.6　熟练使用系统信息类命令 ……………………………………………… 218
　　8.3.7　熟练使用进程管理类命令 ……………………………………………… 219
　　8.3.8　熟练使用其他常用命令 ………………………………………………… 223
8.4　实训项目　使用 Linux 基本命令 ……………………………………………… 226
8.5　习题 ……………………………………………………………………………… 227

项目 9　Linux 下配置与管理 NFS 服务器 …………………………………………… 229

9.1　相关知识 ………………………………………………………………………… 229
　　9.1.1　NFS 服务概述 …………………………………………………………… 229
　　9.1.2　NFS 服务的组件 ………………………………………………………… 231
9.2　项目设计及分析 ………………………………………………………………… 232
9.3　项目实施 ………………………………………………………………………… 232
　　9.3.1　安装、启动和停止 NFS 服务器 ………………………………………… 232
　　9.3.2　配置 NFS 服务 …………………………………………………………… 233

9.3.3	了解 NFS 服务的文件存取权限	234
9.3.4	在客户端挂载 NFS 文件系统	235
9.3.5	企业 NFS 服务器实用案例	236
9.3.6	排除 NFS 故障	240
9.4	实训项目 Linux 下 NFS 服务器的配置与管理	242
9.5	习题	243

项目 10 Linux 下配置与管理 samba 服务器 ... 245

10.1	相关知识	245
10.1.1	samba 应用环境	245
10.1.2	SMB 协议	246
10.1.3	samba 工作原理	246
10.2	项目设计及分析	247
10.3	项目实施	247
10.3.1	配置 samba 服务	247
10.3.2	user 服务器实例解析	253
10.3.3	share 服务器实例解析	257
10.3.4	samba 高级服务器配置	259
10.3.5	samba 的打印共享	265
10.3.6	企业 samba 服务器实用案例	265
10.4	实训项目 Linux 下 samba 服务器的配置与管理	269
10.5	习题	270

项目 11 Linux 下配置与管理 DNS 服务器 ... 273

11.1	相关知识	273
11.2	项目设计及准备	274
11.2.1	项目设计	274
11.2.2	项目准备	274
11.3	项目实施	274
11.3.1	安装、启动 DNS 服务	274
11.3.2	掌握 BIND 配置文件	275
11.3.3	配置主 DNS 服务器实例	279
11.3.4	配置辅助 DNS 服务器	285
11.3.5	建立子域并进行区域委派	288
11.3.6	配置转发服务器	292
11.3.7	配置缓存服务器	293
11.4	实训项目 Linux 下 DNS 服务器的配置与管理	294
11.5	习题	295

项目 12　Linux 下配置与管理 DHCP 服务器 ·············· 297

12.1　相关知识 ·············· 297
12.2　项目设计及分析 ·············· 298
  12.2.1　项目设计 ·············· 298
  12.2.2　项目需求分析 ·············· 298
12.3　项目实施 ·············· 299
  12.3.1　在服务器 RHEL7-1 上安装 DHCP 服务器 ·············· 299
  12.3.2　熟悉 DHCP 主配置文件 ·············· 299
  12.3.3　配置 DHCP 应用案例 ·············· 303
12.4　实训项目　Linux 下 DHCP 服务器的配置与管理 ·············· 307
12.5　习题 ·············· 309

项目 13　Linux 下配置与管理 Apache 服务器 ·············· 311

13.1　相关知识 ·············· 311
  13.1.1　Web 服务概述 ·············· 311
  13.1.2　LAMP 模型 ·············· 313
  13.1.3　流行的 WWW 服务器软件 ·············· 313
  13.1.4　Apache 服务器简介 ·············· 314
13.2　项目设计及准备 ·············· 315
  13.2.1　项目设计 ·············· 315
  13.2.2　项目准备 ·············· 315
13.3　项目实施 ·············· 315
  13.3.1　安装、启动与停止 Apache 服务 ·············· 315
  13.3.2　认识 Apache 服务器的配置文件 ·············· 316
  13.3.3　常规设置 Apache 服务器实例 ·············· 318
13.4　实训项目　Linux 下 Apache 服务器的配置与管理 ·············· 322
13.5　习题 ·············· 323

项目 14　Linux 下配置与管理 FTP 服务器 ·············· 326

14.1　相关知识 ·············· 326
14.2　项目设计及准备 ·············· 326
14.3　项目实施 ·············· 327
  14.3.1　安装、启动与停止 vsftpd 服务 ·············· 327
  14.3.2　认识 vsftpd 的配置文件 ·············· 327
  14.3.3　配置匿名用户 FTP 实例 ·············· 329
  14.3.4　配置本地模式的常规 FTP 服务器案例 ·············· 331
  14.3.5　设置 vsftpd 虚拟账号 ·············· 334

  14.3.6 企业实战与应用 …………………………………… 337
  14.3.7 FTP 排错 …………………………………………… 341
14.4 实训项目 FTP 服务器的配置与管理 ………………………… 343
14.5 习题 …………………………………………………………… 344

参考文献 …………………………………………………………… 346

第一部分

Windows Server 2012 R2 服务器配置与管理

项目 1 搭建 Windows Server 2012 R2 服务器

项目背景

某高校建立了学校的校园网,需要架设一台具有 Web、FTP、DNS、DHCP 等功能的服务器来为校园网用户提供服务,现需要选择一种既安全又易于管理的网络操作系统。

在完成该项目之前,首先应当选定网络中计算机的组织方式;其次,根据 Windows 的情况确定每台计算机应当安装的版本;再次,要对安装方式、安装磁盘的文件系统格式、安装启动方式等进行选择;最后,开始系统的安装过程。

项目目标

- 了解不同版本的 Windows Server 2012 R2 系统的安装要求。
- 了解 Windows Server 2012 R2 的安装方式。
- 掌握完全安装 Windows Server 2012 R2 的方法。
- 掌握配置 Windows Server 2012 R2 的方法。
- 掌握添加与管理角色的方法。

1.1 相关知识

Windows Server 2012 R2 是基于 Windows 8/Windows 8.1 及 Windows 8RT/Windows 8.1RT 界面的新一代 Windows Server 操作系统,提供企业级数据中心和混合云解决方案,易于部署,具有成本效益,以应用程序为重点,以用户为中心。

在 Microsoft 公司云操作系统版图的中心地带,Windows Server 2012 R2 将能够向你提供全球规模云服务的体验,它在虚拟化、管理、存储、网络、虚拟桌面基础结构、访问和信息保护、Web 和应用程序平台等方面具备多种新功能和增强功能。

Windows Server 2012 R2 是微软的服务器系统,是 Windows Server 2012 的升级版本。微软于 2013 年 6 月 25 日正式发布 Windows Server 2012 R2 预览版,包括 Windows Server 2012 R2 Datacenter 预览版和 Windows Server 2012 R2 Essentials 预览版。Windows Server 2012 R2 正式版于 2013 年 10 月 18 日发布。

1.1.1 Windows Server 2012 R2 系统和硬件设备要求

Windows Server 2012 R2 功能涵盖服务器虚拟化、存储、软件定义网络、服务器管理和自动化、Web 和应用程序平台、访问和信息保护、虚拟桌面基础结构等。

1. 系统最低要求

- 处理器为 1.4GHz、64 位。
- 内存为 512MB。
- 磁盘空间为 32GB。

2. 其他要求

- DVD 驱动器。
- 超级 VGA(800 像素×600 像素)或更高分辨率的显示器。
- 键盘和鼠标(或其他兼容的指点设备)。
- Internet 访问(可能需要付费)。

3. 基于 x64 的操作系统

确保具有已更新且已进行数字签名的 Windows Server 2012 R2 内核模式驱动程序。如果安装即插即用设备,则在驱动程序未进行数字签名时可能会收到警告消息。如果安装的应用程序包含未进行数字签名的驱动程序,则在安装期间不会收到错误消息。在这两种情况下,Windows Server 2012 R2 均不会加载未签名的驱动程序。

4. 对当前启动进程禁用签名要求的操作

如果无法确定驱动程序是否已进行数字签名,或在安装之后无法启动计算机,请使用下面的步骤禁用驱动程序签名要求。通过此步骤可以使计算机正常启动,并成功地加载未签名的驱动程序。

(1) 重新启动计算机,并在启动期间按 F8 键。

(2) 选择"高级引导"选项。

(3) 选择"禁用强制驱动程序签名"选项。

(4) 引导 Windows 并卸载未签名的驱动程序。

1.1.2 制订安装配置计划

为了保证网络的稳定运行,在将计算机安装或升级到 Windows Server 2012 R2 之前,需要在实验环境下全面测试操作系统,并且要有一个清晰、文档化的过程。这个文档化的过程就是配置计划。

首先是关于目前的基础设施和环境的信息、公司组织的方式和网络详细描述,包括协议、寻址和到外部网络的连接(例如,局域网之间的连接和 Internet 的连接)。此外,配置计划应该标识出在用户的环境下正常使用但可能因 Windows Server 2012 R2 的引入而受到影响的应用程序,这些程序包括多层应用程序、基于 Web 的应用程序和将要运行在 Windows Server 2012 R2 计算机上的所有组件。一旦确定需要的各个组件,配置计划就应该记录安装的具体特征,包括测试环境的规格说明、将要被配置的服务器的数目和实施顺序等。

最后作为应急预案,配置计划还应该包括发生错误时需要采取的步骤,制订偶然事件处理方案来对付潜在的配置问题是计划阶段最重要的方面之一。很多 IT 公司都有维护灾难恢复的计划,这个计划标识了具体步骤,以备在将来的自然灾害事件中恢复服务器,并且这是存放当前的硬件平台、应用程序版本相关信息的好地方,也是重要商业数据存放的地方。

1.1.3 Windows Server 2012 R2 的安装方式

Windows Server 2012 R2 有多种安装方式，分别适用于不同的环境，选择合适的安装方式可以提高工作效率。除了常规的使用 DVD 启动安装方式以外，还有升级安装、远程安装及服务器核心安装。

1. 全新安装

使用 DVD 启动服务器并进行全新安装，这是最基本的方法。根据提示信息适时插入 Windows Server 2012 R2 安装光盘即可。

2. 升级安装

Windows Server 2012 R2 的任何版本都不能在 32 位机器上进行安装或升级。Windows Server 2012 R2 开启升级过程之前，要确保断开一切 USB 或串口设备。Windows Server 2012 R2 安装程序会发现并识别它们，在检测过程中会发现 UPS 系统等此类问题。用户可以安装传统监控，然后再连接 USB 或串口设备。

3. 理解软件升级的限制

Windows Server 2012 R2 的升级过程也存在一些软件限制。例如，不能从一种语言升级到另一种语言，Windows Server 2012 R2 不能从零售版本升级到调试版本，Windows Server 2012 R2 不能从预发布版本直接升级。在这些情况下，你需要原有系统版本卸载干净再进行安装。从一个服务器核心升级到 GUI 安装模式是不允许的，反过来同样不可行。但是一旦安装了 Windows Server 2012 R2，则可以在不同模式之间自由切换。

4. 通过 Windows 部署服务远程安装

如果网络中已经配置了 Windows 部署服务，则通过网络远程安装也是一种不错的选择。需要注意的是，采取这种安装方式必须确保计算机网卡具有 PXE（预启动执行环境）芯片，支持远程启动功能。否则，就需要使用 rbfg.exe 程序生成启动软盘来启动计算机进行远程安装。

在利用 PXE 功能启动计算机的过程中，根据提示信息按下引导键（一般为 F12 键），会显示当前计算机所使用的网卡的版本等信息，并提示用户按下 F12 键来启动网络服务引导。

5. 服务器核心安装

服务器核心是从 Windows Server 2008 开始新推出的功能，如图 1-1 所示。确切地说，Windows Server 2012 R2 服务器核心是微软公司的革命性的功能部件，是不具备图形界面的纯命令行服务器操作系统，只安装了部分应用和功能，因此会更加安全和可靠，同时降低了管理的复杂度。

通过 RAID 卡实现磁盘冗余是大多数服务器常用的存储方案，既可提高数据存储的安全性，又可以提高网络传输速度。带有 RAID 卡的服务器在安装和重新安装操作系统之前往往需要配置 RAID。不同品牌和型号服务器的配置方法略有不同，应注意查看服务器使用手册。对于品牌服务器而言，也可以使用随机提供的安装向导光盘引导服务器，这样将会自动加载 RAID 卡和其他设备的驱动程序，并提供相应的 RAID 配置界面。

注意：在安装 Windows Server 2012 R2 时，必须在"你想将 Windows 安装在何处"对话框中单击"加载驱动程序"超链接，打开如图 1-2 所示的"选择要安装的驱动程序"对话框，为该 RAID 卡安装驱动程序。另外，RAID 卡的设置应当在操作系统安装之前进行。如果重新设置 RAID，将删除所有硬盘中的全部内容。

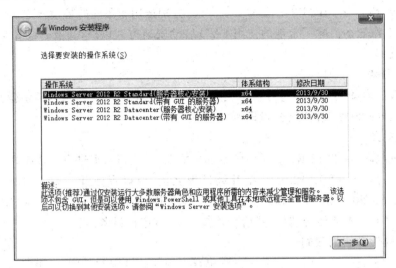

图 1-1　服务器核心

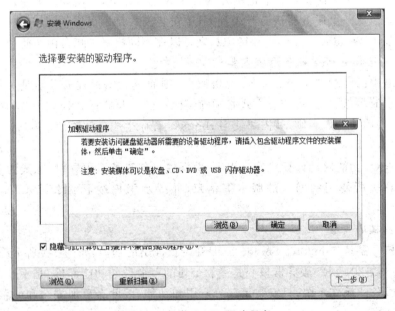

图 1-2　加载 RAID 驱动程序

1.1.4　安装前的注意事项

为了保证 Windows Server 2012 R2 的顺利安装，在开始安装之前必须做好准备工作，如备份文件、检查系统兼容性等。

1. 切断非必要的硬件连接

如果当前计算机正与打印机、扫描仪、UPS（管理连接）等非必要外设连接，则在运行安

2. 检查硬件和软件的兼容性

为升级启动安装程序时,执行的第一个过程是检查计算机硬件和软件的兼容性。安装程序在继续执行前将显示报告。使用该报告以及 relnotes.htm(位于安装光盘的\docs 文件夹)中的信息确定在升级前是否需要更新硬件、驱动程序或软件。

3. 检查系统日志

如果在计算机中已经安装了 Windows 2000/XP/2003/2008,建议使用"事件查看器"查看系统日志,寻找可能在升级期间引发问题的最新错误或重复发生的错误。

4. 备份文件

如果从其他操作系统升级至 Windows Server 2012 R2,建议在升级前备份当前的文件,包括含有配置信息(如系统状态、系统分区和启动分区)的所有内容,以及所有的用户和相关数据。建议将文件备份到各种不同的媒介,如磁带驱动器或网络上其他计算机的硬盘,而尽量不要保存在本地计算机的其他非系统分区。

5. 断开网络连接

网络中可能会有病毒在传播,因此,如果不是通过网络安装操作系统,在安装之前就应拔下网线,以免新安装的系统感染上病毒。

6. 规划分区

Windows Server 2012 R2 要求必须安装在 NTFS 格式的分区上,全新安装时直接按照默认设置格式化磁盘即可。如果是升级安装,则应预先将分区格式化成 NTFS 格式,并且如果系统分区的剩余空间不足 32GB,则无法正常升级。建议将 Windows Server 2012 R2 目标分区至少设置为 60GB 或更大。

1.2 项目设计及分析

1.2.1 项目设计

在为学校选择网络操作系统时,首先推荐 Windows Server 2012 R2 操作系统。在安装 Windows Server 2012 R2 操作系统时,根据教学环境不同,为教与学的方便设计不同的安装形式。

1. 在 VMWare 中安装 Windows Server 2012 R2

在 VMWare 中安装 Windows Server 2012 R2 要求如下。

(1) 物理主机安装了 Windows 8,计算机名为 client1。

(2) Windows Server 2012 R2 DVD-ROM 或映像已准备好。

(3) 要求 Windows Server 2012 R2 的安装分区大小为 55GB,文件系统格式为 NTFS,计算机名为 Win2012-1,管理员密码为 P@ssw0rd1,服务器的 IP 地址为 192.168.10.1,子网掩码为 255.255.255.0,DNS 服务器为 192.168.10.1,默认网关为 192.168.10.254,属于 COMP 工作组。

(4) 配置桌面环境、关闭防火墙,放行 ping 命令。

(5) 该网络拓扑图参考图 1-1。

2. 使用 Hyper-V 安装 Windows Server 2012 R2

Hyper-V 的内容请参考相关图书的介绍,读者可提前预习。

1.2.2 项目分析

项目分析阶段的基本要求如下。

(1) 满足硬件要求的计算机 1 台。

(2) Windows Server 2012 R2 相应版本的安装光盘或映像文件。

(3) 用纸张记录安装文件的产品密钥(安装序列号),规划启动盘的大小。

(4) 在可能的情况下,在运行安装程序前用磁盘扫描程序扫描所有硬盘,检查硬盘错误并进行修复。否则,在安装程序运行时,如果检查到有硬盘错误会很麻烦。

(5) 如果想在安装过程中格式化 C 盘或 D 盘(建议安装过程中格式化用于安装 Windows Server 2012 R2 系统的分区),需要备份 C 盘或 D 盘有用的数据。

(6) 导出电子邮件账户和通信录。将"C:\Documents and Settings\Administrator(或自己的用户名)"中的"收藏夹"目录复制到其他盘,以备份收藏夹。

1.3 项目实施

Windows Server 2012 R2 操作系统有多种安装方式。下面讲解如何安装与配置 Windows Server 2012 R2。

1.3.1 使用光盘安装 Windows Server 2012 R2

使用 Windows Server 2012 R2 企业版的引导光盘进行安装是最简单的安装方式。在安装过程中,需要用户干预的地方不多,只需掌握几个关键点即可顺利完成安装。需要注意的是,如果当前服务器没有安装 SCSI 设备或者 RAID 卡,则可以略过相应步骤。

提示:下面的安装操作可以用 VMware 虚拟机来完成,需要创建虚拟机,设置虚拟机中使用的 ISO 映像所在的位置、内存大小等信息。

(1) 设置光盘引导。重新启动系统,并把光盘驱动器设置为第一启动设备,保存设置。

(2) 从光盘引导。将 Windows Server 2012 R2 安装光盘放入光驱并重新启动系统。如果硬盘内没有安装任何操作系统,计算机会直接从光盘启动到安装界面;如果硬盘内安装有其他操作系统,计算机就会显示 Press any key to boot from CD or DVD...的提示信息,此时在键盘上按任意键,才从 DVD-ROM 启动。

(3) 启动安装程序以后,显示如图 1-3 所示的输入语言和其他首选项的对话框,首先需要选择安装语言及设置输入法。

(4) 单击"下一步"按钮,接着出现询问是否立即安装 Windows Server 2012 R2 的对话框,如图1-4所示。

图1-3 输入语言和其他首选项

图1-4 现在安装

（5）单击"现在安装"按钮，显示如图1-5所示的"选择要安装的操作系统"对话框。"操作系统"列表框中列出了可以安装的操作系统。这里选择"Windows Server 2012 R2 Standard(带有GUI的服务器)"，安装Windows Server 2012 R2标准版。

（6）单击"下一步"按钮，选择"我接受许可条款"选项来接受许可协议。单击"下一步"按钮，出现如图1-6所示的"您想进行何种类型的安装？"对话框。"升级"用于从Windows Server 2008升级到Windows Server 2012 R2，且如果当前计算机没有安装操作系统，则该项不可用；"自定义(高级)"用于全新安装。

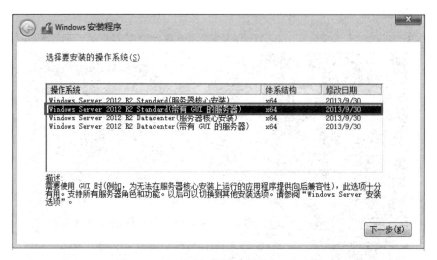

图 1-5 "选择要安装的操作系统"对话框

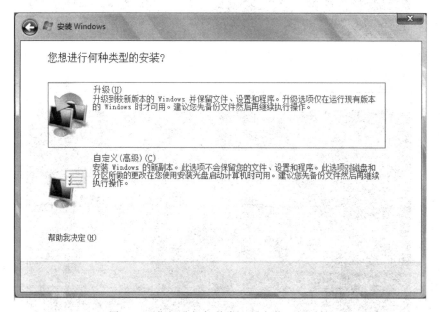

图 1-6 "您想进行何种类型的安装?"对话框

（7）选择"自定义（高级）"选项，显示如图 1-7 所示的"你想将 Windows 安装在哪里?"对话框，显示当前计算机硬盘上的分区信息。如果服务器安装有多块硬盘，则会依次显示为磁盘 0、磁盘 1、磁盘 2 等。

（8）对硬盘进行分区。单击"新建"按钮，在"大小"文本框中输入分区大小，比如 55000MB。单击"应用"按钮，弹出如图 1-8 所示的自动创建额外分区的提示。单击"确定"按钮，完成系统分区（第一个分区）和主分区（第二个分区）的建立。其他分区照此操作。

（9）完成分区后的对话框如图 1-9 所示。

项目1 搭建 Windows Server 2012 R2 服务器

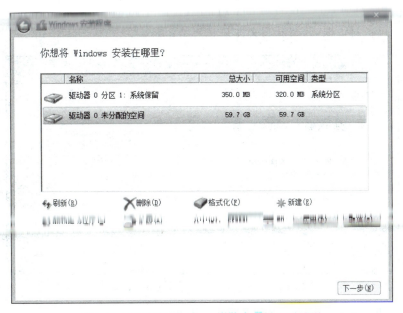

图1-7 "你想将 Windows 安装在哪里?"对话框

图1-8 创建额外分区的提示信息

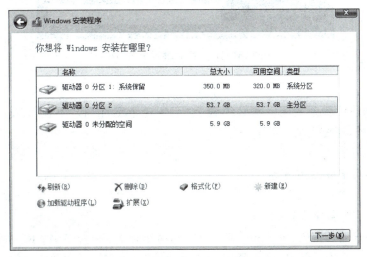

图1-9 完成分区后的对话框

（10）选择第二个分区来安装操作系统，单击"下一步"按钮，显示如图 1-10 所示的"正在安装 Windows"对话框，开始复制文件并安装 Windows。

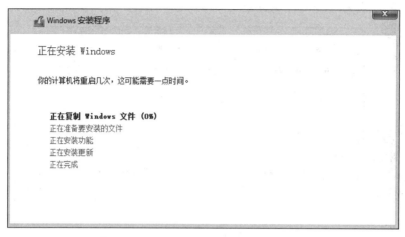

图 1-10　"正在安装 Windows"对话框

（11）在安装过程中系统会根据需要自动重新启动。在安装完成之前，要求用户设置 Administrator 用户的密码，如图 1-11 所示。

图 1-11　提示设置密码

对于账户密码，Windows Server 2012 R2 的要求非常严格，无论是管理员账户还是普通账户，都要求必须设置强密码。除必须满足"至少 6 个字符"和"不包含 Administrator 或 admin"的要求外，还至少满足以下条件。

- 包含大写字母(A、B、C 等)。
- 包含小写字母(a、b、c 等)。
- 包含数字(0、1、2 等)。
- 包含非字母数字字符(#、&、~等)。

（12）按要求输入密码，按 Enter 键即可完成 Windows Server 2012 R2 系统的安装。接着按 Alt+Ctrl+Del 组合键，输入管理员密码，就可以正常登录 Windows Server 2012 R2 系统。系统默认自动启动"初始配置任务"窗口，如图 1-12 所示。

项目 1　搭建 Windows Server 2012 R2 服务器

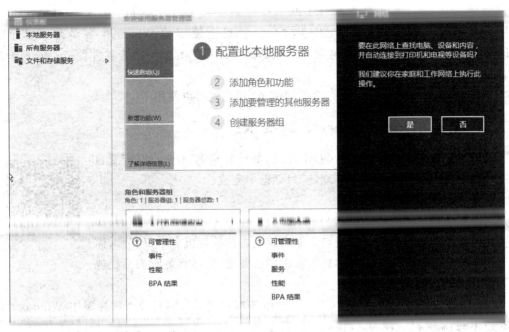

图 1-12　"初始配置任务"窗口

(13) 激活 Windows Server 2012 R2。依次选择"开始"→"控制面板"→"系统和安全"→ "系统"选项，打开如图 1-13 所示的"系统"对话框，右下角显示 Windows 激活的状况，可以

图 1-13　"系统"对话框

13

在此激活 Windows Server 2012 R2 网络操作系统和更改产品密钥。激活有助于验证 Windows 的副本是否为正版，以及在多台计算机上使用的 Windows 数量是否已超过 Microsoft 软件许可条款所允许的数量。激活的最终目的有助于防止软件伪造。如果不激活，可以试用 60 天。

至此，Windows Server 2012 R2 安装完成，现在就可以使用了。

1.3.2 配置 Windows Server 2012 R2

在安装完成后，应先进行一些基本配置，如计算机名、IP 地址、配置自动更新等，这些均可在"服务器管理器"对话框中完成。

1. 更改计算机名

Windows Server 2012 R2 系统在安装过程中不需要设置计算机名，而是使用由系统随机配置的计算机名。但系统配置的计算机名不仅冗长，而且不便于标记，因此，为了更好地标识和识别服务器，应将其更改为易记或有一定意义的名称。

（1）依次选择"开始"→"管理工具"→"服务器管理器"选项，或者直接单击 Windows 桌面左下角的"服务器管理器"按钮，打开"服务器管理器"对话框，再选择左侧的"本地服务器"选项，如图 1-14 所示。

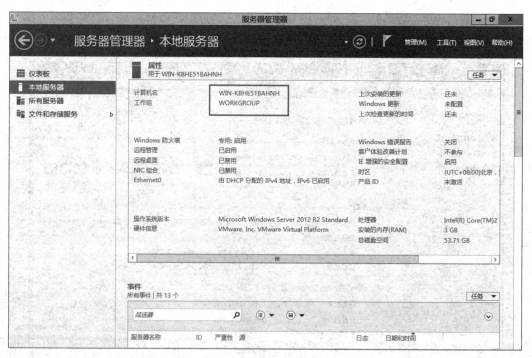

图 1-14 "服务器管理器"对话框

（2）直接单击"计算机名"和"工作组"后面的名称，可以对计算机名和工作组名进行修改。先单击计算机名称，出现"系统属性"对话框，如图 1-15 所示。

（3）单击"更改"按钮，显示如图 1-16 所示的"计算机名/域更改"对话框。在"计算机在"文本框中输入新的名称,如 Win2012-1。在"工作组"文本框中可以更改计算机所处的工作组。

图 1-15 "系统属性"对话框

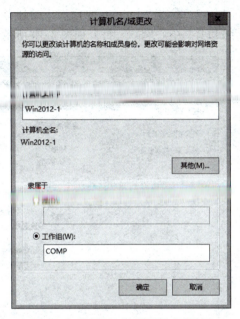

图 1-16 "计算机名/域更改"对话框

(4)单击"确定"按钮,显示"欢迎加入 COMP 工作组"的提示框,如图 1-17 所示。单击"确定"按钮,显示重新启动计算机的提示框,提示必须重新启动计算机才能应用更改,如图 1-18 所示。

图 1-17 "欢迎加入 COMP 工作组"提示框

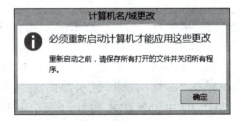

图 1-18 重新启动计算机的提示框

(5)单击"确定"按钮,回到"系统属性"对话框。再单击"关闭"按钮,关闭"系统属性"对话框。接着出现一个对话框,提示必须重新启动计算机才能使更改生效。

(6)单击"立即重新启动"按钮,即可重新启动计算机并应用新的计算机名。若选择"稍后重新启动"选项,则不会立即重新启动计算机。

2. 配置网络

网络配置是提供各种网络服务的前提。Windows Server 2012 R2 安装完成以后，默认为自动获取 IP 地址，自动从网络中的 DHCP 服务器获得 IP 地址。不过，由于 Windows Server 2012 R2 用来为网络提供服务，所以通常需要设置静态 IP 地址。另外，还可以配置网络发现、文件共享等功能，实现与网络的正常通信。

1) 配置 TCP/IP

（1）右击 Windows 桌面右下角任务托盘区域的网络连接图标，选择快捷菜单中的"网络和共享中心"命令，打开如图 1-19 所示的"网络和共享中心"对话框。

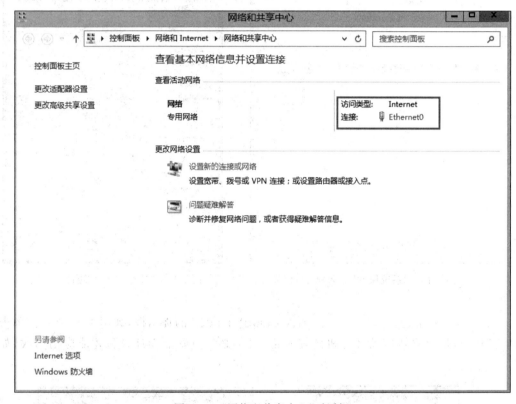

图 1-19 "网络和共享中心"对话框

（2）单击 Ethernet0，打开"Ethernet0 状态"对话框，如图 1-20 所示。

（3）单击"属性"按钮，显示如图 1-21 所示的"Ethernet0 属性"对话框。Windows Server 2012 R2 中包含 IPv6 和 IPv4 两个版本的 Internet 协议，并且默认都已启用。

（4）在"此连接使用下列项目"列表框中选择"Internet 协议版本 4（TCP/IPv4）"选项，单击"属性"按钮，显示如图 1-22 所示的"Internet 协议版本 4（TCP/IPv4）属性"对话框。选中"使用下面的 IP 地址"单选按钮，分别输入为该服务器分配的 IP 地址、子网掩码、默认网关和 DNS 服务器。如果要通过 DHCP 服务器获取 IP 地址，则保留默认的"自动获得 IP 地址"。

（5）单击"确定"按钮，保存所做的修改。

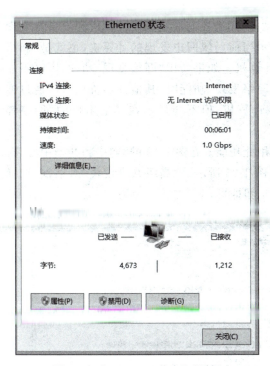
图 1-20 "Ethernet0 状态"对话框

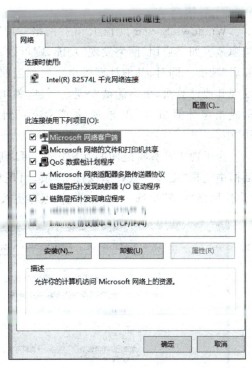
图 1-21 "Ethernet0 属性"对话框

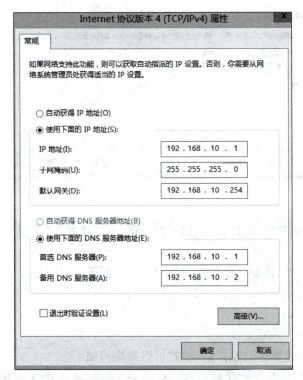
图 1-22 "Internet 协议版本 4(TCP/IPv4)属性"对话框

2）启用网络发现

Windows Server 2012 R2 的"网络发现"功能，用来控制局域网中计算机和设备的发现与隐藏。如果启用"网络发现"功能，则可以显示当前局域网中发现的计算机，也就是"网络邻居"功能。同时，其他计算机也可发现当前计算机。如果禁用"网络发现"功能，则既不能发现其他计算机，也不能被发现。不过，关闭"网络发现"功能时，其他计算机仍可以通过搜索或指定计算机名、IP 地址的方式访问到该计算机，但不会显示在其他用户的"网络邻居"中。

为了便于计算机之间的互相访问，可以启用此功能。在图 1-19 的"网络和共享中心"对话框中选择"更改高级共享设置"选项，出现如图 1-23 所示的"高级共享设置"对话框，选择"启用网络发现"单选按钮，并单击"保存更改"按钮即可。

图 1-23 "高级共享设置"对话框(1)

奇怪的是，当重新打开"高级共享设置"对话框，显示仍然是"关闭网络发现"。如何解决这个问题呢？

为了解决这个问题，需要在服务中启用以下 3 个服务。
- Function Discovery Resource Publication。
- SSDP Discovery。
- UPnP Device Host。

将以上 3 个服务设置为自动并启动，就可以解决问题了。

提示：依次选择"开始"→"管理工具"→"服务"选项，将上述 3 个服务设置为自动并启动即可。

3）文件和打印机共享

网络管理员可以通过启用或关闭文件共享功能，实现为其他用户提供服务或访问其他计算机共享资源。在图1-23所示的"高级共享设置"对话框中选择"启用文件和打印机共享"单选按钮，并单击"保存修改"按钮，即可启用文件和打印机共享功能。

4）密码保护的共享

在图1-23中单击"所有网络"右侧的⊙按钮，展开"所有网络"的高级共享设置，如图1-24所示。

- 可以选中"启用共享以便可以访问网络的用户可以读取和写入公用文件夹中的文件"选项。
- 如果选中"启用密码保护共享"选项，则其他用户必须使用当前计算机上有效的用户账户和密码才能访问此共享资源，Windows Server 2012 R2默认启用此选项。

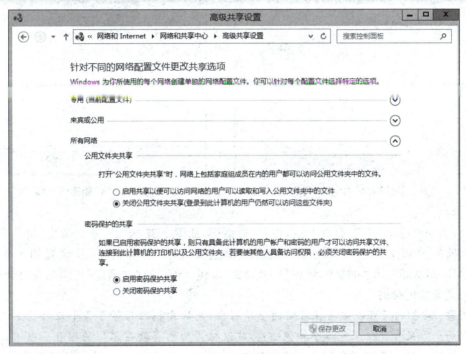

图1-24 "高级共享设置"对话框（2）

3. 配置虚拟内存

在Windows中如果内存不够，系统会把内存中暂时不用的一些数据写到磁盘上，以腾出内存空间给别的应用程序使用；当系统需要这些数据时，再重新把数据从磁盘读回内存中。用来临时存放内存数据的磁盘空间称为虚拟内存。建议将虚拟内存的大小设为实际内存的1.5倍，因为虚拟内存太小会导致系统没有足够的内存运行程序，特别是当实际的内存不大时。下面是设置虚拟内存的具体步骤。

（1）依次选择"开始"→"控制面板"→"系统和安全"→"系统"选项，然后单击"高级系统设置"，打开"系统属性"对话框，再选择"高级"选项卡，如图1-25所示。

（2）单击第一个"设置"按钮，打开"性能选项"对话框，再选择"高级"选项卡，如图1-26所示。

图1-25 "系统属性"对话框中的"高级"选项卡　　　图1-26 "性能选项"对话框

（3）单击"更改"按钮，打开"虚拟内存"对话框，如图1-27所示。取消选中"自动管理所有驱动器的分页文件大小"复选框。选择"自定义大小"单选按钮，并设置初始大小为40000MB，最大值为60000MB，然后单击"设置"按钮。最后单击"确定"按钮并重启计算机，即可完成虚拟内存的设置。

注意：虚拟内存可以分布在不同的驱动器中，总的虚拟内存等于各个驱动器上的虚拟内存之和。如果计算机上有多个物理磁盘，建议把虚拟内存放在不同的磁盘上以增加虚拟内存的读写性能。虚拟内存的大小可以自定义，即管理员手动指定，或者由系统自行决定。页面文件所使用的文件名是根目录下的pagefile.sys，不要轻易删除该文件，否则可能会导致系统的崩溃。

4. 设置显示属性

在"外观"对话框中可以对计算机的显示、任务栏和"开始"菜单、轻松访问中心、文件夹选项和字体进行设置。前面已经介绍了对文件夹选项的设置，下面介绍设置显示属性的具体步骤。

依次选择"开始"→"控制面板"→"外观"→"显示"选项，打开"显示"对话框，如图1-28所示，可以对分辨率、亮度、桌面背景、配色方案、屏幕保护程序、显示器设置、连接到投影仪、调整ClearType文本和设置自定义文本大小（DPI）进行逐项设置。

5. 配置防火墙，放行ping命令

Windows Server 2012 R2安装后，默认自动启用防火墙，而且ping命令默认被阻止，

图 1-27 "虚拟内存"对话框

图 1-28 "显示"对话框

ICMP包无法穿越防火墙。为了完成各个项目的实训,应该设置防火墙允许ping命令通过。若要放行ping命令,有以下两种方法。

一是在防火墙设置中新建一条允许ICMPv4协议通过的规则,并启用;二是在防火墙设置中,在"入站规则"中启用"文件和打印共享"(回显请求→ICMPv4-In)(默认不启用)的预定义规则。下面介绍第一种方法的具体步骤。

(1) 依次选择"开始"→"控制面板"→"系统和安全"→"Windows 防火墙"→"高级设置"选项,在打开的"高级安全 Windows 防火墙"窗口中单击左侧目录树中的"入站规则",如图 1-29 所示。(第二种方法在此入站规则中设置即可,请读者思考。)

图 1-29 "高级安全 Windows 防火墙"窗口

(2) 单击"操作"列的"新建规则",出现"新建入站规则向导—规则类型"对话框,选中"自定义"单选按钮,如图 1-30 所示。

(3) 单击"步骤"列的"协议和端口",在"协议类型"下拉列表框中选择 ICMPv4,如图 1-31 所示。

(4) 单击"下一步"按钮,在出现的对话框中选择应用于哪些本地 IP 地址和哪些远程 IP 地址。

(5) 继续单击"下一步"按钮,选择"允许连接"选项。

(6) 再次单击"下一步"按钮,选择应用本规则的时间。

(7) 最后单击"下一步"按钮,输入本规则的名称,比如 ICMPv4 规则。单击"完成"按钮,使新规则生效。

6. 查看系统信息

系统信息包括硬件资源、组件和软件环境等内容。依次选择"开始"→"管理工具"→"系统信息"选项,显示如图 1-32 所示的"系统信息"窗口。

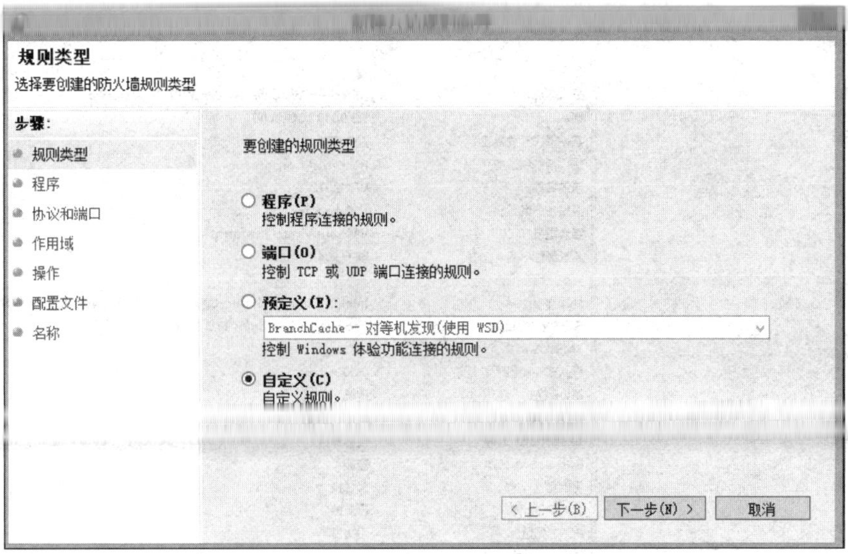

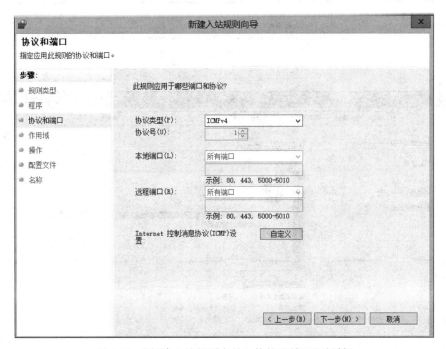

图 1-30 "新建入站规则向导—规则类型"对话框

图 1-31 "新建入站规则向导—协议和端口"对话框

7. 设置自动更新

系统更新是 Windows 系统必不可少的功能，Windows Server 2012 R2 也是如此。为了增强系统功能，避免因漏洞而造成故障，必须及时安装更新程序，以保护系统的安全。

单击"开始"菜单右侧的"服务器管理器"图标，打开"服务器管理器"窗口，选中左侧的"本地服务器"，在"属性"区域中单击"Windows 更新"右侧的"未配置"超链接，显示如图 1-33 所示的"Windows 更新"对话框。

图 1-32 "系统信息"窗口

图 1-33 "Windows 更新"对话框

单击"更改设置"超链接,显示如图 1-34 所示的"更改设置"对话框,然后选择一种更新方法即可。

单击"确定"按钮保存设置，Windows Server 2012 R2 就会根据所做配置，自动从 Windows 更新网站检测并下载更新。

图 1-34 "更改设置"对话框

1.3.3 添加角色和功能

Windows Server 2012 R2 的一个亮点就是组件化，所有角色、功能甚至用户账户都可以在"服务器管理器"中进行管理。

Windows Server 2012 R2 的网络服务虽然多，但默认不会安装任何组件，只是一个提供用户登录的独立的网络服务器，用户需要根据自己的实际需要选择安装相关的网络服务。下面以添加 Web 服务器(IIS)为例介绍添加角色和功能的方法。

（1）依次选择"开始"→"管理工具"→"服务器管理器"选项，打开"服务器管理器"对话框，选中左侧的"仪表板"目录树，再单击"添加角色和功能"超链接，启动"添加角色和功能向导"。接着显示如图 1-35 所示的"开始之前"对话框，提示此向导可以完成的工作以及操作之前需注意的相关事项。

提示：在"服务器管理器"对话框中也可以选中"本地服务器"。单击"角色和功能"区域右上角的任务下拉按钮 任务 ▼ ，在弹出的菜单中选择"添加角色的功能"命令，同样可以打开"添加角色和功能"对话框。

（2）单击"下一步"按钮，出现"选择安装类型"对话框，如图 1-36 所示，选择"基于角色或基于功能的安装"选项。

（3）单击"下一步"按钮，出现"选择目标服务器"对话框，如图 1-37 所示，选择默认值即可。

（4）继续单击"下一步"按钮，显示如图 1-38 所示的"选择服务器角色"对话框，显示了所有可以安装的服务角色。如果"角色"列表框中某个复选框没有被选中，则表示该网络服务尚未安装；如果已选中，说明网络服务已经安装。在列表框中选择拟安装的网络服务即

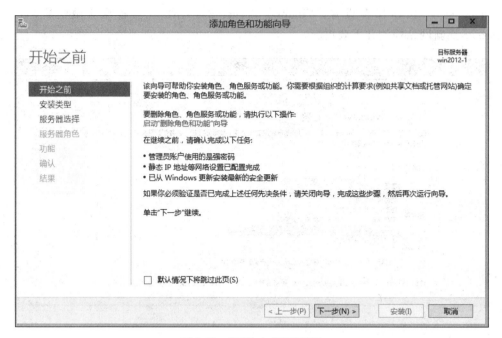

图 1-35 "开始之前"对话框

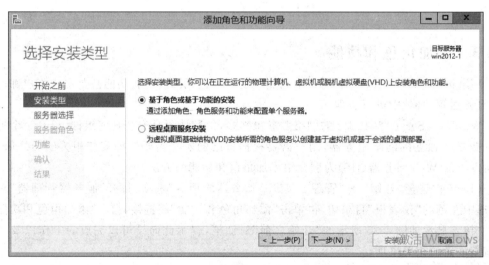

图 1-36 "选择安装类型"对话框

可,现选择 Web 服务器(IIS)。

(5) 由于一种网络服务往往需要多种功能配合使用,因此,有些角色还需要添加其他功能,如图 1-39 所示,此时单击"添加功能"按钮即可添加。

(6) 选中要安装的网络服务以后,单击"下一步"按钮,显示"选择功能"对话框,如图 1-40 所示。

(7) 单击"下一步"按钮,通常会显示该角色的简介信息。以安装 Web 服务为例,显示如图 1-41 所示的"Web 服务器角色(IIS)"对话框。

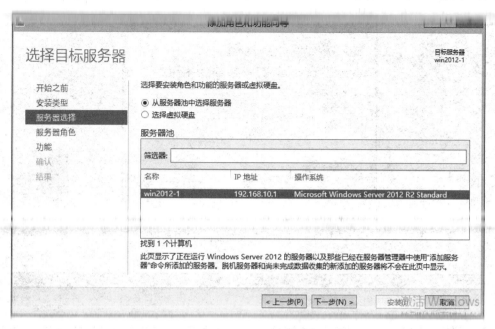

图 1-37 "选择目标服务器"对话框

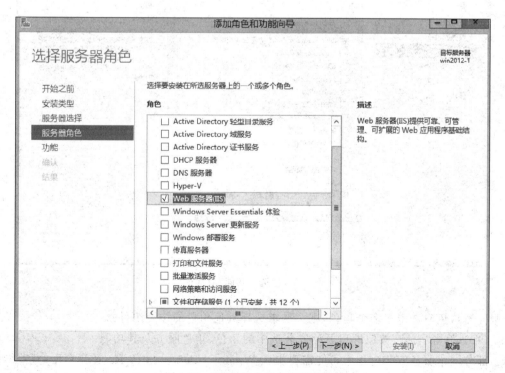

图 1-38 "选择服务器角色"对话框

（8）单击"下一步"按钮，显示"选择角色服务"对话框，可以为该角色选择详细的组件，如图 1-42 所示。

（9）单击"下一步"按钮，显示如图 1-43 所示的"确认安装所选内容"对话框。如果在选

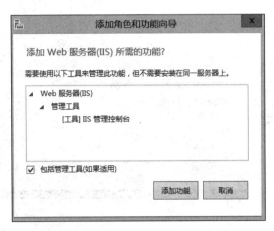

图 1-39 "添加角色和功能向导"对话框

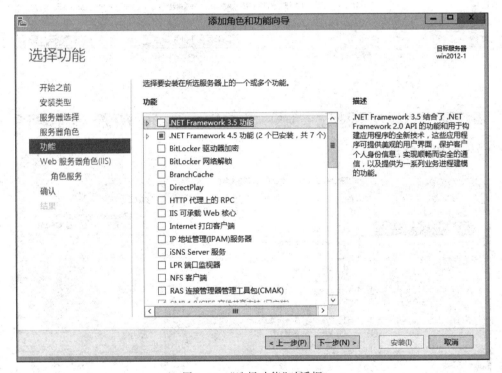

图 1-40 "选择功能"对话框

择服务器角色时选中了多个角色,则会要求选择其他角色的详细组件。

(10) 单击"安装"按钮即可开始安装选中的角色、角色服务及其功能。

部分网络服务安装过程中可能需要提供 Windows Server 2012 R2 安装光盘;有些网络服务可能会在安装过程中调用配置向导,做一些简单的服务配置,但更详细的配置通常都借助安装完成后的网络管理实现。(有些网络服务安装完成以后需要重新启动系统才能生效。)

项目 1 搭建 Windows Server 2012 R2 服务器

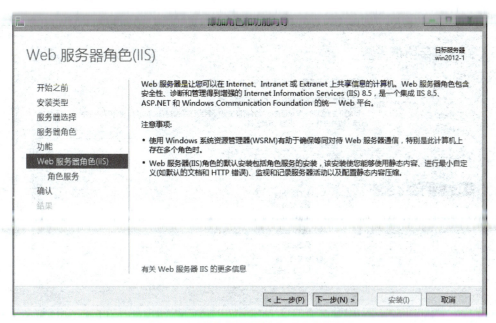

图 1-41 "Web 服务器角色(IIS)"对话框

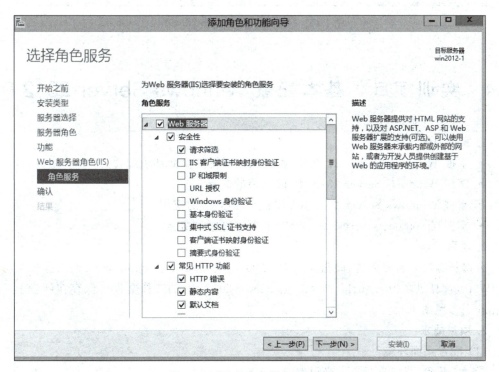

图 1-42 "选择角色服务"对话框

图 1-43 "确认安装所选内容"对话框

1.4 实训项目 基本配置 Windows Server 2012 R2

1. 实训目的
- 掌握 Windows Server 2012 R2 网络操作系统的桌面环境配置。
- 掌握 Windows Server 2012 R2 防火墙的配置。
- 掌握 Windows Server 2012 R2 控制台(MMC)的应用。
- 掌握在 Windows Server 2012 R2 中添加角色和功能。

2. 项目背景

公司新购进一台服务器,硬盘空间为 500GB。已经安装了 Windows 7 网络操作系统和 VMWare,计算机名为 client1。Windows Server 2012 R2 的映像文件已保存在硬盘上。网络拓扑图参照图 1-1。

3. 项目要求

(1) 配置桌面环境。
① 对"开始"菜单进行自定义设置。
② 虚拟内存大小设为实际内存的 2 倍。
③ 设置文件夹选项。
④ 设置显示属性。
⑤ 查看系统信息。

(1) 设置自动更新。

(2) 关闭防火墙。

(3) 防火墙中可以放行 ping 命令。

(4) 测试物理主机(client1)与虚拟机(Win2012-0)之间的通信。

(5) 使用 MMC 控制台。

(6) 添加角色和功能。

4. 做一做

根据实训项目录像进行项目的实训,检查学习效果。

1.5 习题

1. 填空题

(1) Windows Server 2012 R2 所支持的文件系统包括_____、_____、_____。Windows Server 2012 R2 系统只能安装在_____文件系统分区。

(2) Windows Server 2012 R2 有多种安装方式,分别适用于不同的环境,选择合适的安装方式可以提高工作效率。除了常规的使用 DVD 启动安装方式以外,还有_____、_____及_____。

(3) 安装 Windows Server 2012 R2 时,内存至少不低于_____,硬盘的可用空间不低于_____,并且只支持_____位版本。

(4) Windows Server 2012 R2 管理员口令要求必须符合以下条件:①至少 6 个字符;②不包含用户账户名称超过两个以上连续字符;③包含_____、_____、大写字母(A~Z)、小写字母(a~z)4 组字符中的 2 组。

(5) Windows Server 2012 R2 中的_____,相当于 Windows Server 2003 中的 Windows 组件。

(6) 页面文件所使用的文件名是根目录下的_____,不要轻易删除该文件,否则可能会导致系统的崩溃。

(7) 对于虚拟内存的大小,建议为实际内存的_____。

2. 选择题

(1) 在 Windows Server 2012 R2 系统中,如果要输入 DOS 命令,则在"运行"对话框中输入(　　)。

　　A. CMD　　　　B. MMC　　　　C. AUTOEXE　　　　D. TTY

(2) Windows Server 2012 R2 系统安装时生成的 Documents and Settings、Windows 以及 Windows\System32 文件夹是不能随意更改的,因为它们是(　　)。

　　A. Windows 的桌面

　　B. Windows 正常运行时所必需的应用软件文件夹

　　C. Windows 正常运行时所必需的用户文件夹

　　D. Windows 正常运行时所必需的系统文件夹

(3) 有一台服务器的操作系统是 Windows Server 2008,文件系统是 NTFS,无任何分

31

区,现要求对该服务器进行 Windows Server 2012 R2 的安装,保留原数据,但不保留操作系统,应使用(　　)的方法进行安装才能满足需求。

　　A. 在安装过程中进行全新安装并格式化磁盘

　　B. 对原操作系统进行升级安装,不格式化磁盘

　　C. 做成双引导,不格式化磁盘

　　D. 重新分区并进行全新安装

（4）现要在一台装有 Windows 2008 Server 操作系统的机器上安装 Windows Server 2012 R2,并做成双引导系统。此计算机硬盘的大小是 200GB,有两个分区：C 盘 100GB,文件系统是 FAT;D 盘 100GB,文件系统是 NTFS。为使计算机成为双引导系统,下列最好的方法是(　　)。

　　A. 安装时选择升级选项,并且选择 D 盘作为安装盘

　　B. 全新安装,选择 C 盘上与 Windows 相同的目录作为 Windows Server 2012 R2 的安装目录

　　C. 升级安装,选择 C 盘上与 Windows 不同的目录作为 Windows Server 2012 R2 的安装目录

　　D. 全新安装,且选择 D 盘作为安装盘

（5）与 Windows Server 2003 相比,下面不是 Windows Server 2012 R2 新特性的是(　　)。

　　A. Active Directory　　　　　　　B. 服务器核心

　　C. PowerShell　　　　　　　　　　D. Hyper-V

3. 简答题

（1）简述 Windows Server 2012 R2 系统的最低硬件配置需求。

（2）简述在安装 Windows Server 2012 R2 前的注意事项。

项目 2　部署与管理 Active Directory 域服务

项目背景

未名公司组建的单位内部的办公网络原来是基于工作组方式的,近期由于公司业务的快速发展,人员激增。公司出于方便和网络安全管理的需要,考虑将基于工作组的网络升级为基于域的网络。现在需要将一台或多台计算机升级为域控制器,并将其他所有计算机加入域成为成员服务器,同时将原来的本地用户账户和组也升级为域用户和组进行管理。

项目目标

- 掌握规划和安装局域网中的活动目录的方法。
- 掌握创建目录林根级域的方法。
- 掌握安装额外域控制器的方法。
- 掌握创建子域的方法。

2.1　相关知识

Active Directory 又称活动目录,是 Windows Server 系统中非常重要的目录服务。Active Directory 用于存储网络上各种对象的有关信息,包括用户账户、组、打印机、共享文件夹等,并把这些数据存储在目录服务数据库中,便于管理员和用户查询及使用。活动目录具有安全、可扩展、可伸缩的特点,与 DNS 集成在一起,可基于策略进行管理。

2.1.1　认识活动目录及意义

什么是活动目录呢？活动目录就是 Windows 网络中的目录服务(Directory Service),也即活动目录域服务(AD DS)。所谓目录服务有两方面内容:目录和与目录相关的服务。

活动目录负责目录数据库的保存、新建、删除、修改与查询等服务,用户能很容易地在目录内寻找所需要的数据。

AD DS 的适用范围非常广泛,它可以用在一台计算机、一个小型局域网络(LAN)或数个广域网(WAN)结合的环境中,它包含此范围中的所有对象,例如文件、打印机、应用程序、服务器、域控制器和用户账户等。活动目录具有以下意义。

1. 简化管理

活动目录和域密切相关。域是指网络服务器和其他计算机的一种逻辑分组,凡是在共享域逻辑范围内的用户都使用公共的安全机制和用户账户信息,每个使用者在域中只拥有一个账户,每次登录的是整个域。

活动目录用于将域中的资源分层次地组织在一起,每个域都包含一个或多个域控制器(Directory Controler,DC)。域控制器就是安装活动目录的 Windows Server 2012 R2 的计算机,它存储域目录完整的副本。为了简化管理,域中的所有域控制器都是对等的,可以在任意一台域控制器上做修改,更新的内容将被复制到该域中所有其他域控制器。活动目录为管理网络上的所有资源提供单一入口,进一步简化了管理。管理员可以登录任意一台计算机管理网络。

2. 安全性

安全性通过登录身份验证及目录对象的访问控制集成在活动目录中。通过单点网络登录,管理员可以管理分散在网络各处的目录数据和组织单位,经过授权的网络用户可以访问网络任意位置的资源,基于策略的管理简化了网络的管理。

活动目录通过对象访问控制列表及用户凭据保护用户账户和组信息,因为活动目录不但可以保存用户凭据,而且可以保存访问控制信息,所以登录到网络上的用户既能够获得身份验证,也可以获得访问系统资源所需的权限。例如,在用户登录到网络时,安全系统会利用存储在活动目录中的信息验证用户的身份,在用户试图访问网络服务时,系统会检查在服务的自由访问控制列表(DCAL)中定义的属性。

活动目录允许管理员创建组账户,管理员可以更加有效地管理系统的安全性,通过控制组权限可控制组成员的访问操作。

3. 改进的性能与可靠性

Windows Server 2012 R2 能够更加有效地管理活动目录的复制与同步,不管是在域内还是在域间,管理员都可以更好地控制要在域控制器间进行同步的信息类型。活动目录还提供了许多技术,可以智能地选择只复制发生更改的信息,而不是机械地复制整个目录的数据库。

2.1.2　命名空间

命名空间(Namespace)是一个界定好的区域(Bounded Area),在此区域内,我们可以利用某个名称找到与此名称有关的信息。例如,一本电话簿就是一个命名空间,在这本电话簿内(界定好的区域内),我们可以利用姓名来找到某人的电话、地址与生日等数据。又例如,Windows 操作系统的 NTFS 文件系统也是一个命名空间,在这个文件系统内,我们可以利用文件名来找到文件的大小、修改日期与文件内容等数据。

活动目录(Active Directory)域服务(AD DS)也是一个命名空间。利用 AD DS,我们可以通过对象名称来找到与此对象有关的所有信息。

在 TCP/IP 网络环境下利用 DNS(Domain Name System)来解析主机名与 IP 地址的对应关系,例如利用 DNS 来得知主机的 IP 地址。AD DS 也与 DNS 紧密地集成在一起,它的域名空间也是采用 DNS 架构,因此域名是采用 DNS 格式来命名的,例如可以将 AD DS 的域名命名为 long.com。

2.1.3 对象和属性

AD DS 内的资源以对象的形式存在,例如用户、计算机等都是对象,而对象是通过属性来描述其特征的,也就是对象本身是一些属性的集合。例如,若要为使用者张三建立一个账户,则需新建一个对象类型为用户的对象(也就是用户账户),然后在此对象内输入张三的姓、名、登录名与地址等,其中的用户账户就是对象,而姓、名与登录名等就是该对象的属性。

2.1.4 容器

容器与对象类似,它也有自己的名称,也是一些属性的集合,不过容器内可以包含其他对象(例如,用户、计算机等),也可以包含其他容器。

组织单位是一个比较特殊的容器,其内可以包含其他对象与组织单位。组织单位也是应用组策略和委派责任的最小单位。

AD DS 以层次式架构将对象、容器与组织单位等组合在一起,并将其存储到 AD DS 数据库内。

2.1.5 可重新启动的 AD DS

在旧版 Windows 域控制器内,若要进行 AD DS 数据库维护工作(例如,数据库脱机重整),就需要重新启动计算机,进入目录服务还原模式来执行维护工作。若这台域控制器也同时提供其他网络服务。例如,它同时也是 DHCP 服务器,则重新启动计算机将造成这些服务暂时中断。

除了进入目录服务还原模式之外,Windows Server 2012 R2 等域控制器还提供可重新启动的 AD DS 功能。也就是说,若要执行 AD DS 数据库维护工作,只需要将 AD DS 服务停止即可,不需要重新启动计算机来进入目录服务还原模式,这样不但可以让 AD DS 数据库的维护工作更容易、更快速地完成,而且其他服务也不会被中断。完成维护工作后再重新启动 AD DS 服务即可。

在 AD DS 服务停止的情况下,只要还有其他域控制器在线,则仍然可以在这台 AD DS 服务停止的域控制器上利用域用户账户登录。若没有其他域控制器在线,则在这台 AD DS 服务已停止的域控制器上默认只能够利用目录服务还原模式下的系统管理员账户来进入目录服务还原模式。

2.1.6 Active Directory 回收站

在旧版 Windows 系统中,系统管理员若不小心将 AD DS 对象删除,其恢复过程耗时费力,例如,误删组织单位时,组织单位内部的所有对象都会丢失,此时虽然系统管理员可以进入目录服务还原模式来恢复被误删的对象,不过比较耗费时间,而且在进入目录服务还原模式这段时间内,域控制器会暂时停止对客户端提供服务。Windows Server 2012 R2 具备 Active Directory 回收站功能,它让系统管理员不需要进入目录服务还原模式就可以快速恢复被删除的对象。

2.1.7 AD DS 的复制模式

域控制器之间在复制 AD DS 数据库时,分为以下两种复制模式。
- 多主机复制模式(Multi-master Replication Model):AD DS 数据库内的大部分数据是利用此模式进行复制操作的。在此模式下,可以直接更新任何一台域控制器内的 AD DS 对象,之后这个更新过的对象会被自动复制到其他域控制器。例如,在任何一台域控制器的 AD DS 数据库内添加一个用户账户后,此账户会自动被复制到域内的其他域控制器。
- 单主机复制模式(Single-master Replication Model):AD DS 数据库内少部分数据是采用单主机复制模式进行复制的。在此模式下,当你提出修改对象数据的请求时,会由其中一台域控制器(被称为操作主机)负责接收与处理此请求,也就是说该对象是先在操作主机中被更新,再由操作主机将它复制给其他域控制器。例如,添加或删除一个域时,此变动数据会先被写入扮演域命名操作主机角色的域控制器内,再由它复制给其他域控制器。

2.1.8 认识活动目录的逻辑结构

活动目录结构是指网络中所有用户、计算机以及其他网络资源的层次关系,就像一个大型仓库中分出若干个小储藏间,每个小储藏间分别用来存放东西。通常活动目录的结构可以分为逻辑结构和物理结构,分别包含不同的对象。

活动目录的逻辑结构非常灵活,目录中的逻辑单元通常包括架构、域、组织单位(Organizational Unit,OU)、域目录树、域目录林、站点和目录分区。

1. 架构

AD DS 对象类型与属性数据是定义在架构(Schema)内的,例如,它定义了用户对象类型内包含哪些属性(姓、名、电话等)、每一个属性的数据类型等信息。

隶属 Schema Admins 组的用户可以修改架构内的数据,应用程序也可以自行在架构内添加其所需的对象类型或属性。在一个林内的所有域树共享相同的架构。

2. 域

域是在 Windows NT/2000/2003/2008/2012 网络环境中组建客户机/服务器网络的实现方式。所谓域,是由网络管理员定义的一组计算机集合,实际上就是一个网络。在这个网络中,至少有一台称为域控制器的计算机充当服务器角色。在域控制器中保存着整个网络的用户账号及目录数据库,即活动目录。管理员可以通过修改活动目录的配置来实现对网络的管理和控制,如管理员可以在活动目录中为每个用户创建域用户账号,使他们可登录域并访问域的资源。同时,管理员也可以控制所有网络用户的行为,如控制用户能否登录、在什么时间登录、登录后能执行哪些操作等。而域中的客户计算机要访问域的资源,则必须先加入域,并通过管理员为其创建域用户账号登录域才能访问域资源,同时,也必须接受管理员的控制和管理。构建域后,管理员可以对整个网络实施集中控制和管理。

3. 组织单位

OU 是组织单位,在活动目录(Active Directory,AD)中扮演特殊的角色,它是一个当普边界不能满足要求时创建的边界。OU 把域中的对象组织成逻辑管理组,而不是表示虚拟或代表地理实体的组。OU 是应用组策略和委派责任的最小单位。

组织单位是包含在活动目录中的容器对象。创建组织单位的目的是对活动目录对象进行分类。比如,由于一个域中的计算机和用户较多,会使活动中的对象非常多。这时,管理员如果想查找某一个用户账号并进行修改是非常困难的。另外,如果管理员只想对某一部门的用户账号进行操作,实现起来不太方便。但如果管理员在活动目录中创建了组织单位,所有操作就会变得非常简单。比如,管理员可以按照公司的部门创建不同的组织单位,如财务部组织单位、市场部组织单位、策划部组织单位等,并将不同部门的用户账号建立在相应的组织单位中,这样管理时也就非常容易、方便了。除此之外,管理员还可以针对某个组织单位设置组策略,实现对该组织单位内所有对象的管理和控制。

总之,创建组织单位有以下好处。

- 可以分类组织对象,使所有对象结构更清晰。
- 可以对某些对象配置组策略,实现对这些对象的管理和控制。
- 可以委派管理控制权,如管理员可以给不同部门的网络主管授权,让他们管理本部门的账号。

因此组织单位是可将用户、组、计算机和其他单元放入活动目录的容器,组织单位不能包括来自其他域的对象。组织单位是可以指派组策略设置或委派管理权限的最小作用单位。使用组织单位,用户可在组织单位中代表逻辑层次结构的域中创建容器,这样就可以根据组织模型管理网络资源的配置和使用。可授予用户对域中某个组织单位的管理权限,组织单位的管理员不需要具有域中任何其他组织单位的管理权。

4. 域目录树

当要配置一个包含多个域的网络时,应该将网络配置成域目录树结构,如图 2-1 所示。

在图 2-1 所示的域目录树中,最上层的域名为 China.com,是这个域目录树的根域,也称为父域。下面两个域 Jinan.China.com 和 Beijing.China.com 是 China.com 域的子域。3 个域共同构成了这个域目录树。

活动目录的域名仍然采用 DNS 域名的命名规则进行命名。在图 2-1 所示的域目录树中,两个子域的域名 Jinan.China.com 和 Beijing.China.com 中仍包含父域的域名 China.com,因此,它们的命名空间是连续的。这也是判断两个域是否属于同一个域目录树的重要条件。

图 2-1 域目录树

在整个域目录树中,所有域共享同一个活动目录,即整个域目录树中只有一个活动目录。只不过这个活动目录分散地存储在不同的域中(每个域只负责存储和本域有关的数据),整体上形成一个大的分布式的活动目录数据库。在配置一个较大规模的企业网络时,可以配置为域目录树结构,比如将企业总部的网络配置为根域,各分支机构的网络配置为子域,整体上形成一个域目录树,以实现集中管理。

5. 域目录林

如果网络的规模比前面提到的域目录树还要大,甚至包含多个域目录树,这时可以将网络配置为域目录林(也称森林)结构。域目录林由一个或多个域目录树组成,如图2-2所示。域目录林中的每个域目录树都有唯一的命名空间,它们之间并不是连续的,这一点从图2-2中的两个目录树中可以看到。

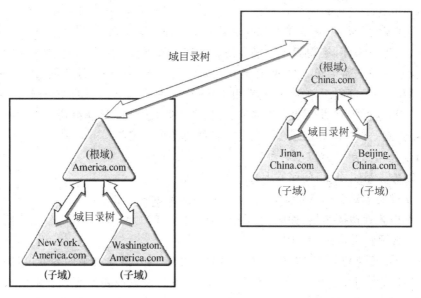

图 2-2 域目录林

整个域目录林中也存在一个根域,这个根域是域目录林中最先安装的域。在图2-2所示的域目录林中,China.com是最先安装的,则这个域是域目录林的根域。

注意:在创建域目录林时,组成域目录林的两个域目录树的树根之间会自动创建相互的、可传递的信任关系。由于有了双向的信任关系,域目录林中的每个域中的用户都可以访问其他域的资源,也可以从其他域登录到本域中。

6. 站点

站点由一个或多个IP子网组成,这些子网通过高速网络设备连接在一起。站点往往由企业的物理位置分布情况决定,可以依据站点结构配置活动目录的访问和复制拓扑关系,使网络更有效地连接,并且可使复制策略更合理,用户登录更快速。活动目录中的站点与域是两个完全独立的概念,一个站点中可以有多个域,多个站点也可以位于同一个域中。

活动目录站点和服务可以通过使用站点提高大多数配置目录服务的效率。通过使用活动目录站点和服务来发布站点,并提供有关网络物理结构的信息,从而确定如何复制目录信息和处理服务的请求。计算机站点是根据其在子网或组已连接好子网中的位置指定的,子网用于为网络分组,类似于生活中使用邮政编码划分地址。划分子网可方便发送有关网络与目录连接的物理信息,而且同一子网中计算机的连接情况通常优于不同网络。

使用站点的意义主要在于以下3点。

(1)提高了验证过程的效率。当客户使用域账户登录时,登录机制首先搜索与客户处于同一站点内的域控制器,使用客户站点内的域控制器可以使网络传输本地化,从而加快了身份验证的速度,提高了验证过程的效率。

(2)平衡了复制频率。活动目录信息可在站点内部或站点之间进行信息复制,但由于网络的限制,活动目录使站点内部复制信息的频率高于站点间的复制频率,这样既可以平衡对最新目录的信息需求和可用网络带宽带来的限制,可以通过站点链接来定制活动目录如何复制信息以指定站点的连接方法,活动目录使用有关站点如何连接的信息生成连接对象,以便提供有效的复制和容错。

(3) 可提供有关站点链接信息。活动目录可使用站点链接信息费用、链接使用次数、链接何时可用以及链接使用频度等信息确定应使用哪个站点来复制信息以及何时使用该站点。定制复制计划使复制在特定时间(诸如网络传输空闲时)进行,会使复制更为有效。通常所有域控制器都可用于站点间信息的变换,也可以通过指定桥头堡服务器优先发送和接收站间复制信息的方法进一步控制复制行为。当拥有希望用于站间复制的特定服务器时,我们宁愿建立一个桥头堡服务器而不使用其他可用服务器。或在配置代理服务器时建立一个桥头堡服务器,用于通过防火墙发送和接收信息。

7. 目录分区(Directory Partition)

AD DS 数据库被逻辑地分为以下 4 个目录分区。

(1) 架构目录分区(Schema Directory Partition):它存储着整个林中所有对象与属性的定义数据,也存储着如何建立新对象与属性的规则。整个林内所有域共享一份相同的架构目录分区,它会被复制到林中所有域的所有域控制器。

(2) 配置目录分区(Configuration Directory Partition):其内存储着整个 AD DS 的结构,例如有哪些域、哪些站点、哪些域控制器等数据。整个林共享一份相同的配置目录分区,它会被复制到林中所有域的所有域控制器。

(3) 域目录分区(Domain Directory Partition):每一个域各有一个域目录分区,存储着与该域有关的对象,例如用户、组与计算机等对象。每一个域各自拥有一份域目录分区,它只会被复制到该域内的所有域控制器,但并不会被复制到其他域的域控制器。

(4) 应用程序目录分区(Application Directory Partition):一般来说,应用程序目录分区是由应用程序所建立的,存储着与该应用程序有关的数据,例如,由 Windows Server 2012 R2 扮演的 DNS 服务器,若所建立的 DNS 区域为 Active Directory 集成区域,则它便会在 AD DS 数据库内建立应用程序目录分区,以便存储该区域的数据。应用程序目录分区会被复制到林中特定的域控制器中,而不是所有的域控制器。

2.1.9 认识活动目录的物理结构

活动目录的物理结构与逻辑结构是彼此独立的两个概念。逻辑结构侧重于网络资源的管理,而物理结构则侧重于网络的配置和优化。物理结构的 3 个重要概念是域控制器、只读域控制器(RODC)和全局编录服务器。

1. 域控制器

域控制器是指安装了活动目录的 Windows Server 2012 R2 的服务器,它保存了活动目录信息的副本。域控制器管理目录信息的变化,并把这些变化复制到同一个域中的其他域控制器上,使各域控制器上的目录信息同步。域控制器负责用户的登录过程以及其他与域有关的操作,如身份鉴定、目录信息查找等。一个域可以有多个域控制器,规模较小的域可以只有 2 个域控制器,一个进行实际应用,另一个用于容错性检查,规模较大的域则使用多个域控制器。

域控制器没有主次之分,采用多主机复制方案,每一个域控制器都有一个可写入的目录副本,这为目录信息容错带来了无尽的好处。尽管在某个时刻,不同的域控制器中的目录信息可能有所不同,但一旦活动目录中的所有域控制器执行同步操作之后,最新的变化信息就会一致。

2. 只读域控制器

只读域控制器(Read-Only Domain Controller,RODC)的 AD DS 数据库只可以被读取、不可以被修改,也就是说用户或应用程序无法直接修改 RODC 的 AD DS 数据库。RODC 的 AD DS 数据库内容只能够从其他可读写的域控制器复制过来。RODC 主要是设计给远程分公司网络来使用的,因为一般来说远程分公司的网络规模比较小、用户人数比较少,此网络的安全措施或许并不如总公司完备,也可能缺乏 IT 技术人员,因此采用 RODC 可避免因其 AD DS 数据库被破坏而影响到整个 AD DS 环境。

(1) RODC 的 AD DS 数据库内容

除了账户的密码之外,RODC 的 AD DS 数据库内会存储 AD DS 域内的所有对象与属性。远程分公司内的应用程序要读取 AD DS 数据库内的对象时,可以通过 RODC 来快速获取。不过因为 RODC 并不存储用户账户的密码,因此它在验证用户名称与密码时,仍然需将它们送到总公司的可写域控制器来验证。

由于 RODC 的 AD DS 数据库是只读的,因此远程分公司的应用程序如果要修改 AD DS 数据库的对象或用户要修改密码,这些变更请求都会被转发到总公司的可写域控制器来处理,总公司的可写域控制器再通过 AD DS 数据库的复制程序将这些变动数据复制给 RODC。

(2) 单向复制(Unidirectional Replication)

总公司的可写域控制器的 AD DS 数据库有变动时,此变动数据会被复制到 RODC。然而因为用户或应用程序无法直接修改 RODC 的 AD DS 数据库,故总公司的可写域控制器不会向 RODC 索取变动数据,因而可以降低网络的负担。

除此之外,可写域控制器通过 DFS 分布式文件系统将 SYSVOL 文件夹(用来存储与组策略有关等的设置)复制到 RODC 中时也采用单向复制。

(3) 认证缓存(Credential Caching)

RODC 在验证用户的密码时,仍然需要将它们送到总公司的可写域控制器来验证,若希望提高验证速度,可以选择将用户的密码存储到 RODC 的认证缓存区。需要通过密码复制策略(Password Replication Policy)来选择可以被 RODC 缓存的账户。建议不要缓存太多账户,因为分公司的安全措施可能比较差,若 RODC 被入侵,则存储在缓存区内的认证信息可能会外泄。

(4) 系统管理员角色隔离(Administrator Role Separation)

可以通过系统管理员角色隔离功能来将任何一位域用户指定为 RODC 的本机系统管理员,系统管理员可以在 RODC 这台域控制器上登录并执行管理工作,如更新驱动程序等,但系统管理员却无法登录其他域控制器,也无法执行其他域管理工作。此功能让管理员可以将 RODC 的一般管理工作分配给用户,但却不会危害到域安全。

(5) 只读域名系统(Read-Only Domain Name System)

可以在 RODC 上架设 DNS 服务器,RODC 会复制 DNS 服务器的所有应用程序目录分区。客户端可向此台扮演 RODC 角色的 DNS 服务器提出 DNS 查询要求。

项目 2 部署与管理 Active Directory 域服务

小试 RODC 的 DNS 服务器不支持客户端动态更新,因此客户端的更新记录请求会被此 DNS 服务器转发到其他 DNS 服务器,让客户端转向该 DNS 服务器进行更新,而 RODC 的 DNS 服务器也会自动从这台 DNS 服务器复制该更新记录。

3. 全局编录服务

尽管活动目录支持多主机复制方案,然而由于复制引起通信流量以及网络潜在的冲突,变化的传播并不一定能够顺利进行,因此有必要在域控制器中指定全局编录(Global Catalog,GC)服务器以及操作主机。全局编录是个信息仓库,包含活动目录中所有对象的部分属性,是在查询过程中访问最为频繁的属性。利用这些信息可以定位任何一个对象实际所在的位置。全局编录服务器是一个域控制器,它保存了全局编录的一份副本,并执行对全局编录的查询操作。全局编录服务器可以提高活动目录中大范围内对象检索的性能,比如在域林中查询所有的打印机操作。如果没有全局编录服务器,那么必须调动域林中每一个域的查询过程。如果域中只有一个域控制器,那么它就是全局编录服务器,如果有多个域控制器,那么管理员必须把一个域控制器配置为全局编录控制器。

2.2 项目设计及分析

1. 项目设计

下面利用图 2-3 来说明如何建立第 1 个林中的第 1 个域(根域)。我们将先安装一台 Windows Server 2012 R2 服务器,然后将其升级为域控制器并建立域。我们也将架设此域的第 2 台域控制器(Windows Server 2012 R2)、第 3 台域控制器(Windows Server 2012 R2)、一台成员服务器(Windows Server 2012 R2)和一台加入 AD DS 域的 Windows 10 计算机。

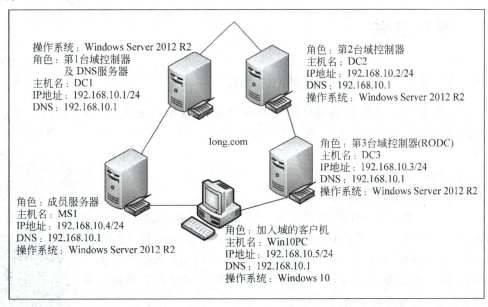

图 2-3 AD DS 网络规划拓扑图

41

提示：建议利用 VMWare Workstation 或 Windows Server 2012 R2 的 Hyper-V 等提供虚拟环境的软件来搭建图中的网络环境。若复制（克隆）现有虚拟机，记得要执行 Sysprep.exe 并选中"通用"选项。

2. 项目分析

我们要将图 2-3 左上角的服务器升级为域控制器（安装 Active Directory 域服务），因为它是第一台域控制器，因此这个升级操作会同时完成下面的工作。

- 建立第一个新林。
- 建立此新林中的第一个域树。
- 建立此新域树中的第一个域。
- 建立此新域中的第一台域控制器。

换句话说，在建立图 2-3 中第一台域控制器 dc1.long.com 时，它就会同时建立此域控制器所隶属的域 long.com、建立域 long.com 所隶属的域树，而域 long.com 也是此域树的根域。由于是第一个域树，因此它同时会建立一个新林，林名称就是第一个域树根域的域名 long.com，域 long.com 就是整个林的林根域。

我们将通过新建服务器角色的方式将图 2-3 中左上角的服务器 dc1.long.com 升级为网络中的第一台域控制器。

注意：超过一台的计算机参与部署环境时，一定保证各计算机间的通信畅通，否则无法进行后续的工作。当使用 ping 命令测试失败时，有两种可能：一种情况是计算机间配置确实存在问题，比如 IP 地址、子网掩码等；另一种情况也可能是计算机间通信是畅通的，但由于对方防火墙等阻挡了 ping 命令的执行。第 2 种情况可以参考作者的《Windows Server 2012 网络操作系统项目教程(第 4 版)》(ISBN：978-7-115-42210-1)中 2.3.2 小节中的"配置防火墙，放行 ping 命令"相关内容进行相应处理，或者关闭防火墙。

2.3 项目实施

2.3.1 创建第一个域（目录林根级域）

由于域控制器所使用的活动目录和 DNS 有着非常密切的关系，因此网络中要求有 DNS 服务器存在，并且 DNS 服务器要支持动态更新。如果没有 DNS 服务器存在，可以在创建域时一起把 DNS 安装上。这里假设图 2-3 中的 DC1 服务器未安装 DNS，并且是该域林中的第一台域控制器。

1. 安装 Active Directory 域服务

活动目录在整个网络中的重要性不言而喻。经过 Windows Server 2003 和 Windows Server 2008 的不断完善，Windows Server 2012 R2 中的活动目录服务功能更加强大，管理更加方便。在 Windows Server 2012 R2 系统中安装活动目录时，需要先安装 Active Directory 域服务，然后"将此服务器提升为域控制器"安装向导完成活动目录的安装。

Active Directory 域服务的主要作用是存储目录数据并管理域之间的

账information，包括用户登录处理、身份验证和目录搜索等。

（1）请先在图2-3中左上角的服务器dc1.long.com上安装 Windows Server 2012 R2，将其计算机名称设置为dc1，IPv4地址等按图2-3所示进行配置。注意将计算机名称设置为dc1即可，等升级为域控制器后，它会自动改写为dc1.long.com。

（2）以管理员身份登录到dc1上，依次选择"开始"→"管理工具"→"服务器管理器"→"仪表板"选项，单击"添加角色和功能"按钮，运行如图2-4所示的"添加角色和功能向导"。

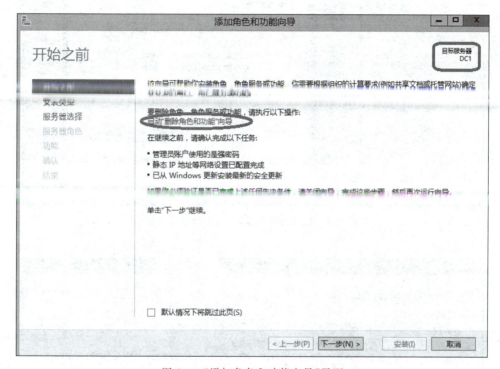

图 2-4 "添加角色和功能向导"界面

提示：请读者注意图2-4所示的"启动'删除角色和功能'向导"按钮。如果安装完成AD服务后需要删除该服务角色，请在此处单击"启动'删除角色和功能'向导"按钮，完成Active Directory域服务的删除。

（3）在"选择服务器角色"对话框中选中"Active Directory域服务"复选框，在自动弹出的对话框中单击"添加功能"按钮，如图2-5所示。

（4）持续单击"下一步"按钮，直到显示图2-6所示的"确认安装所选内容"对话框。

（5）单击"安装"按钮即可开始安装。安装完成后显示图2-7所示的对话框，提示"Active Directory域服务"已经成功安装。再单击"将此服务器提升为域控制器"按钮。

提示：如果在图2-7所示窗口中直接单击"关闭"按钮，则之后要将其提升为域控制器，在图2-8中单击服务器管理器右上方的旗帜符号，再单击"将此服务器提升为域控制器"按钮。

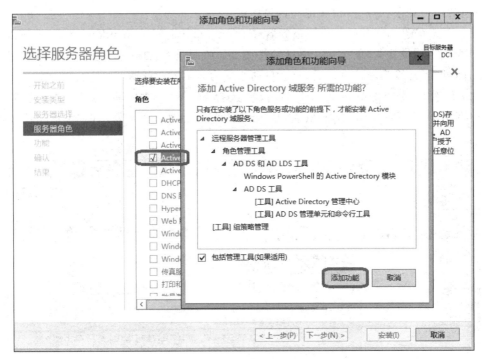

图 2-5 "选择服务器角色"对话框

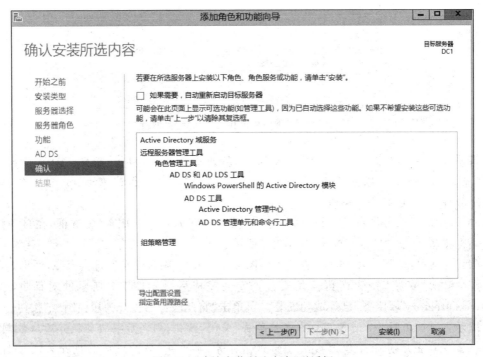

图 2-6 "确认安装所选内容"对话框

项目 2　部署与管理 Active Directory 域服务

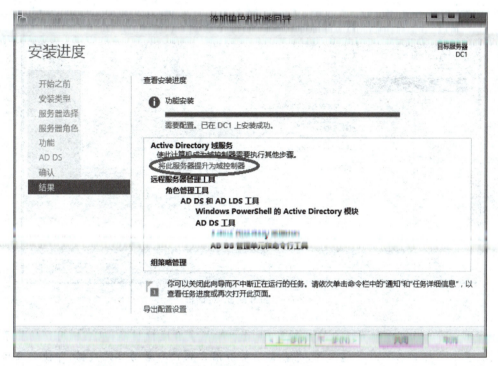

图 2-7　Active Directory 域服务安装成功

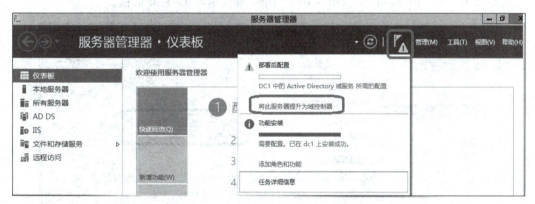

图 2-8　将此服务器提升为域控制器

2．安装活动目录

（1）在图 2-7 或图 2-8 所示界面中单击"将此服务器提升为域控制器"按钮，显示图 2-9 所示的"部署配置"对话框，选择"添加新林"单选按钮，设置林根域名（本例为 long.com），创建一台全新的域控制器。如果网络中已经存在其他域控制器或林，则可以选择"现有林"单选按钮，在现有林中安装。

3 个选项的具体含义如下。

- 将域控制器添加到现有域：可以向现有域添加第 2 台或更多域控制器。
- 将新域添加到现有林：在现有林中创建现有域的子域。
- 添加新林：新建全新的域。

45

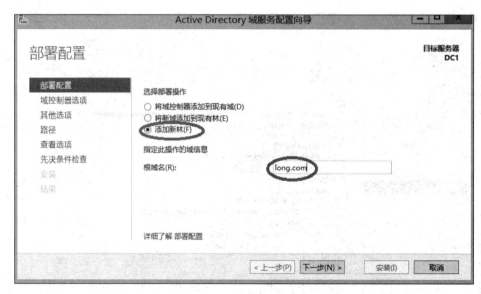

图 2-9 "部署配置"对话框

提示：网络既可以配置一台域控制器，也可以配置多台域控制器，以分担用户的登录和访问。多个域控制器可以一起工作，并会自动备份用户账户和活动目录数据，即使部分域控制器瘫痪后，网络访问仍然不受影响，从而提高网络的安全性和稳定性。

（2）单击"下一步"按钮，显示图 2-10 所示的"域控制器选项"对话框。

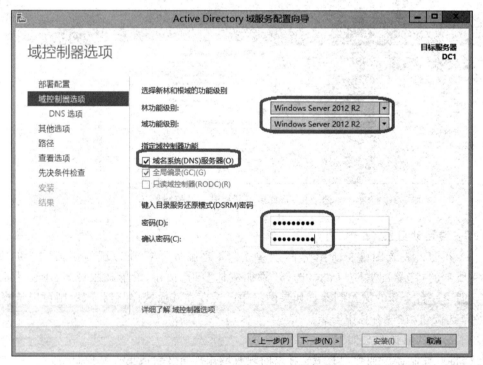

图 2-10 设置林功能和域功能级别

① 设置林功能和域功能级别。不同的林功能级别可以向下兼容不同平台的 Active Directory 服务功能。选择 Windows 2008，则可以提供 Windows 2008 平台以上的所有 Active Directory 功能；选择 Windows Server 2012 R2，则可提供 Windows Server 2012 R2 平台以上的所有 Active Directory 功能。用户可以根据自己实际的网络环境选择合适的功能级别。设置不同的域功能级别主要是为兼容不同平台下的网络用户和子域控制器，在此只能设置 Windows Server 2012 R2 版本的域控制器。

② 设置目录还原模式密码。由于有时需要备份和还原活动目录，且还原时（启动系统时按 F8 键）必须进入"目录服务还原模式"下，所以此处要求输入"目录服务还原模式"时使用的密码。由于该密码和管理员密码可能不同，所以一定要牢记该密码。

③ 指定域控制器功能。默认在此服务器上直接安装 DNS 服务器。如果这样做，该向导将自动创建 DNS 区域委派。无论 DNS 服务器服务是否与 AD DS 集成，都必须将其安装在部署有 AD DS 目录林根级树根第一个域控制器上。

④ 第一台域控制器需要扮演全局编录服务器的角色。

⑤ 第一台域控制器不可以是只读域控制器（RODC）。

提示：安装后若要设置"林功能级别"，登录域控制器，打开"Active Directory 域和信任关系"窗口，右击"Active Directory 域和信任关系"选项，在弹出的快捷菜单中单击"提升林功能级别"命令，选择相应的林功能级别即可。

（3）单击"下一步"按钮，显示图 2-11 所示的"DNS 选项"的警告对话框，目前不会有影响，因此不必理会它，直接单击"下一步"按钮。

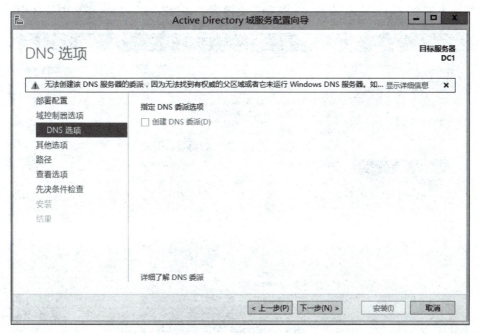

图 2-11 "DNS 选项"对话框

（4）在图 2-12 所示窗口中会自动为此域设置一个 NetBIOS 名称，也可以更改名称。如果此名称已被占用，安装程序会自动指定一个建议名称。完成后单击"下一步"按钮。

图 2-12 "其他选项"对话框

(5) 显示图 2-13 所示的"路径"对话框,可以单击"浏览"按钮更改为其他路径。其中,数据库文件夹用来存储互动目录数据库,日志文件夹用来存储活动目录的变化日志,以便于日常管理和维护。需要注意的是,SYSVOL 文件夹必须保存在 NTFS 格式的分区中。

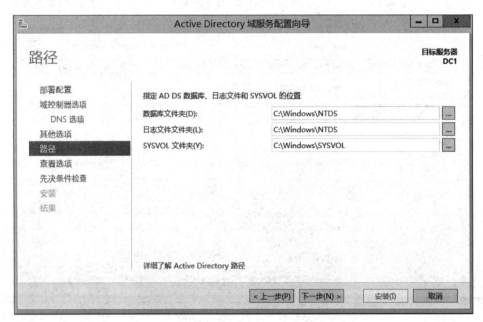

图 2-13 指定 AD DS 数据库、日志文件和 SYSVOL 的位置

(6) 出现"查看选项"对话框,单击"下一步"按钮。

(7) 在图 2-14 所示的"先决条件检查"对话框中,如果顺利通过检查,就直接单击"安

项目 2　部署与管理 Active Directory 域服务

掉"按钮,否则要按提示先排除问题。安装完成后会自动重新启动。

图 2-14　"先决条件检查"对话框

（8）重新启动计算机,升级为 Active Directory 域控制器之后,必须使用域用户账户登录,格式为"域名\用户账户",如图 2-15(a)所示。按左侧箭头可以更换登录用户,比如选择其他用户,如图 2-15(b)所示。

（a）"SamAccountName登录"对话框　　　　　　（b）"UPN登录"对话框

图 2-15　两个对话框

- 用户名 SamAccountName 登录：用户也可以利用此名称（contoso\wang）来登录。其中 wang 是 NetBIOS 名称。同一个域中此名称必须是唯一的。Windows NT 及 Windows 98 等旧版系统不支持 UPN,因此在这些计算机上登录时,只能使用此登录名。如图 2-15(a)所示即为此种登录。
- 用户 UPN 登录：用户可以利用这个域电子邮箱格式相同的名称（administrator@long.com）来登录域,此名称被称为 User Principal Name（UPN）。此名在林中是唯一的。如图 2-15(b)所示即为此种登录。

3. 验证 Active Directory 域服务的安装

活动目录安装完成后,在 dc1 上可以从各方面进行验证。

(1) 查看计算机名

选择"开始"→"控制面板"→"系统和安全"→"系统"→"高级系统设置"→"计算机"选项卡,可以看到计算机已经由工作组成员变成了域成员,而且是域控制器。

(2) 查看管理工具

活动目录安装完成后,会添加一系列的活动目录管理工具,包括"Active Directory 用户和计算机""Active Directory 站点和服务""Active Directory 域和信任关系"等。选择"开始"→"管理工具"选项,可以在"管理工具"中找到这些管理工具的快捷方式。

(3) 查看活动目录对象

打开"Active Directory 用户和计算机"管理工具,可以看到企业的域名 long.com。单击该域,窗口右侧的详细信息窗格中会显示域中的各个容器。其中包括一些内置容器,主要有以下几种。

- built-in:存放活动目录域中的内置组账户。
- computers:存放活动目录域中的计算机账户。
- users:存放活动目录域中的一部分用户和组账户。
- Domain Controllers:存放域控制器的计算机账户。

(4) 查看 Active Directory 数据库

Active Directory 数据库文件保存在%SystemRoot%\Ntds(本例为 C:\windows\ntds)文件夹中,主要的文件如下。

- Ntds.dit:数据库文件。
- Edb.chk:检查点文件。
- Temp.edb:临时文件。

(5) 查看 DNS 记录

为了让活动目录正常工作,需要 DNS 服务器的支持。活动目录安装完成后,重新启动 dc1 时会向指定的 DNS 服务器上注册 SRV 记录。

依次选择"开始"→"管理工具"→DNS 选项,或者在"服务器管理器"窗口中单击右上方的"工具"菜单并选择 DNS,打开"DNS 管理器"窗口。一个注册了 SRV 记录的 DNS 服务器如图 2-16 所示。

如果因为域成员本身的设置有误或者网络问题,造成它们无法将数据注册到 DNS 服务,则可以在问题解决后重新启动这些计算机或利用以下方法来手动注册。

- 如果某域成员计算机的主机名与 IP 地址没有正确注册到 DNS 服务器,可到此计算机上运行 ipconfig /registerdns 来手动注册完成后,到 DNS 服务器检查是否已有正确记录,例如域成员主机名为 dc1.long.com,IP 地址为 192.168.10.1,则请检查区域 long.com 内是否有 dc1 的主机记录、其 IP 地址是否为 192.168.10.1。
- 如果发现域控制器并没有将其扮演的角色注册到 DNS 服务器内,也就是并没有类似图 2-16 所示的_tcp 等文件夹与相关记录,请到此台域控制器上利用"开始"→"系统管理工具"→"服务"选项打开图 2-17 所示的"服务"窗口,选中 Netlogon 服务并右击,选择"重新启动"命令来注册。具体操作也可以使用以下命令。

```
net stop netlogon
net start netlogon
```

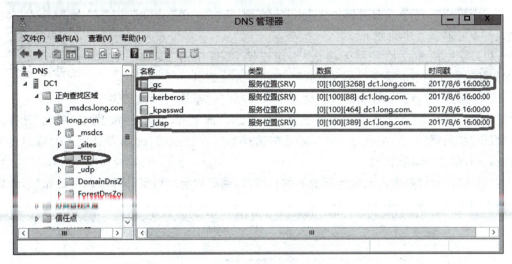

图 2-16　注册 SRV 记录

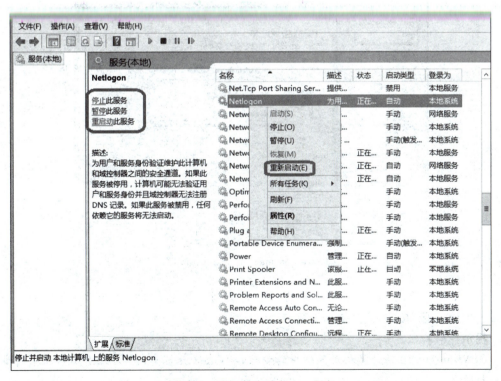

图 2-17　重新启动 Netlogon 服务

试一试：SRV 记录手动添加无效。将注册成功的 DNS 服务器中 long.com 域下面的 SRV 记录删除一些，试着在域控制器上使用上面的命令恢复 DNS 服务器被删除的内容（使用右键菜单中的"刷新"命令即可）。

2.3.2 加入 long.com 域

下面再将 ms1 独立服务器加入 long.com 域，将 ms1 提升为 long.com 的成员服务器。其步骤如下。

(1) 首先在 ms1 服务器上确认"本地连接"属性中的 TCP/IP 首选 DNS 指向了 long.com 域的 DNS 服务器，即 192.168.10.1。

(2) 选择"开始"→"控制面板"→"系统和安全"→"系统"→"高级系统设置"选项，弹出"系统属性"对话框，选择"计算机名"选项卡，单击"更改"按钮，弹出"计算机名/域更改"对话框，在"隶属于"选项区域中选择"域"单选按钮，并输入要加入的域的名字 long.com，单击"确定"按钮。

(3) 输入有权限加入该域账户的名称和密码，确定后重新启动计算机即可。比如，该域控制器的管理员账户如图 2-18 所示。

图 2-18 将 ms1 加入 long.com 域

(4) 加入域后，其完整计算机名的后缀就会附上域名，如图 2-19 所示的 ms1.long.com。单击"关闭"按钮，按照提示重新启动计算机。

提示：

① Windows 10 的计算机加入域中的步骤和 Windows Server 2012 R2 加入域中的步骤是一样的。

② 这些被加入域的计算机，其计算机账户会被创建在 Computers 窗口内。

2.3.3 利用已加入域的计算机登录

我们也可以在已经加入域的计算机上利用本地域用户账户进行登录。

图 2-19 加入 long.com 域后的系统属性

1. 利用本地账户登录

在登录界面中按 Ctrl＋Alt＋Del 组合键后，将出现图 2-20 所示的界面，图中默认让你利用本地系统管理员 Administrator 的身份登录，因此只要输入 Administrator 的密码就可以登录了。

图 2-20 本地用户登录

此时，系统会利用本地安全性数据库来检查账户与密码是否正确，如果正确，就可以成功登录，并可以访问计算机内的资源（若有权限），不过无法访问域内其他计算机的资源，除非在连接其他计算机时再输入有权限的用户名与密码。

2. 利用域用户账户登录

如果要更改利用域系统管理员 Administrator 的身份登录，请单击图 2-20 所示的人像左方的箭头图标 ，然后单击"其他用户"链接，打开图 2-21 所示的"其他用户"登录对话框，输入域系统管理员的账户（long\administrator）与密码，单击"登录"按钮 进行登录。

图 2-21 域用户登录

注意：账户名前面要附加域名，例如 long.com\administrator 或 long\administrator，此时账户与密码会被发送给域控制器，并利用 Active Directory 数据库来检查账户与密码是否正确，如果正确，就可以登录成功，并且可以直接连接域内任何一台计算机并访问其中的资源（如果被赋予权限），不需要手动输入用户名与密码。当然，也可以用 UPN 登录，如 administrator@long.com。

2.3.4 安装额外的域控制器与 RODC

一个域内若有多台域控制器，便可以拥有下面优势。

- 改善用户登录的效率：若同时有多台域控制器来对客户端提供服务，可以分担用户身份验证（账户与密码）的负担，提高用户登录的效率。
- 容错功能：若有域控制器故障，此时仍然可以由其他正常的域控制器来继续提供服务，因此对用户的服务并不会停止。

在安装额外域控制器（Additional Domain Controller）时，需要将 AD DS 数据库由现有的域控制器复制到这台新的域控制器。若数据库非常庞大，这个复制操作势必会增加网络负担，尤其是这台新域控制器位于远程网络内。系统提供了两种复制 AD DS 数据库的方式。

- 通过网络直接复制：若 AD DS 数据库庞大，此方法会增加网络负担，影响网络效率。
- 通过安装介质：需要事先到一台域控制器内制作安装介质（Installation Media），其中包含 AD DS 数据库，接着将安装介质复制到 U 盘、CD、DVD 等媒体或共享文件夹内。然后在安装额外域控制器时，要求安装向导到这个媒体内读取安装介质内的 AD DS 数据库，这种方式可以大幅降低对网络所造成的负担。若在安装介质制作完成之后，现有域控制器的 AD DS 数据库内有新变动数据，这些少量数据会在完成额外域控制器的安装后，再通过网络自动复制过来。

下面同时说明如何将图 2-3 中右上角的 DC2 升级为常规额外域控制器（可写域控制器），将右下角的 DC3 升级为只读域控制器（RODC）。

1. 利用网络直接复制安装额外控制器

（1）先在图 2-3 中的服务器 DC2 与 DC3 上安装 Windows Server 2012 R2，将计算机名称分别设定为 DC2 与 DC3，IPv4 地址等按照图所示来设置（图中采用 TCP/IPv4）。注意将计算机名称分别设置为 DC2 与 DC3 后，等升级为域控制器后，它们会自动被改为 DC2.long.com 与 DC3.long.com。

（2）安装 Active Directory 域服务。操作方法与安装第 1 台域控制器的方法完全相同。

（3）启动 Active Directory 安装向导，当显示"部署配置"窗口时，选择将域控制器添加到现有域单选按钮，单击"更改"按钮，弹出"Windows 安全"对话框，需要指定可以通过相应主域控制器验证的用户账户凭据，该用户账户必须是 Domain Admins 组，拥有域管理员权限。比如，根域控制器的管理员账户 long\administrator，如图 2-22 所示。

注意：只有 Enterprise Admins 或 Domain Admins 内的用户有权利建立其他域控制器。若现在所登录的账户不隶属于这两个组（例如，现在所登录的账户为本机 Administrator），则需按图 2-22 所示另外指定有权利的用户账户。

项目 2　部署与管理 Active Directory 域服务

图 2-22　"Windows 安全"对话框

(4) 单击"下一步"按钮，显示图 2-23 所示的"域控制器选项"对话框。

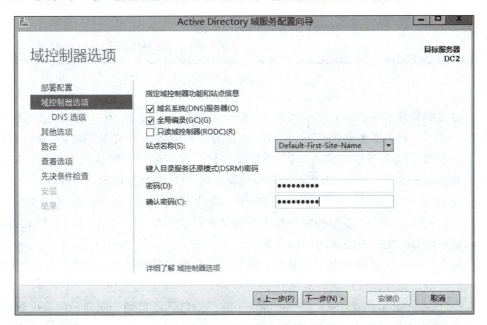

图 2-23　"域控制器选项"对话框

① 选择是否在此服务器上安装 DNS 服务器(默认会)。
② 选择是否将其设定为全局编录服务器(默认会)。
③ 选择是否将其设置为只读域控制器(默认不会)。
④ 设置目录服务还原模式的密码。

(5) 若在图 2-23 中未选中只读域控制器(RODC)，请直接跳到下一个步骤；若是安装

55

RODC,则会出现如图 2-24 所示的画面,在完成图中的设定后单击"下一步"按钮,然后跳到第 7 步。

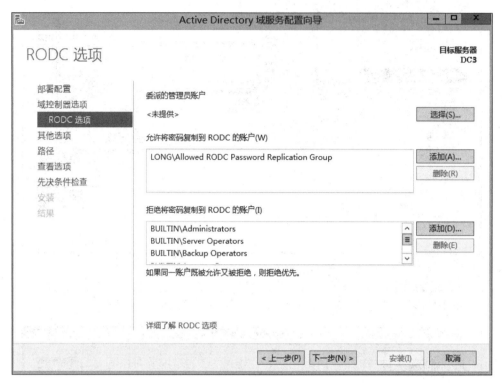

图 2-24 "RODC 选项"对话框

- 委派的管理员账户:可通过"选择"按钮来选取被委派的用户或组,他们在这台 RODC 将拥有本地系统管理员的权限,且若采用阶段式安装 RODC,则他们也可将此 RODC 服务器附加到 AD DS 数据库内的计算机账户。默认仅 Domain Admins 或 Enterprise Admins 组内的用户有权管理此 RODC 与执行附加操作。
- 允许将密码复制到 RODC 的账户:默认仅允许 Allowed RODC Password Replication Group 组内的用户密码可被复制到 RODC(此组默认并无任何成员),可通过"添加"按钮来添加用户或组账户。
- 拒绝将密码复制到 RODC 的账户:此处的用户账户其密码会被拒绝复制到 RODC。此处的设置较允许将密码复制到 RODC 的账户的设置优先级高。部分内建的组账户(例如,Administrators、Server Operators 等)默认已被列于此列表内。可通过"添加"按钮来添加用户或组账户。

注意:在安装域中的第 1 台 RODC 时,系统会自动建立与 RODC 有关的组账户;这些账户会自动被复制给其他域控制器,不过可能需要花费一段时间,尤其是复制给位于不同站点的域控制器时。之后你在其他站点安装 RODC 时,若安装向导无法从这些域控制器得到这些域信息,它会显示警告信息,此时请等待,这些组信息完成复制后再继续安装这台 RODC。

(6)若不是安装 RODC,会出现如图 2-25 所示的界面,然后进入下一步。

项目 2 部署与管理 Active Directory 域服务

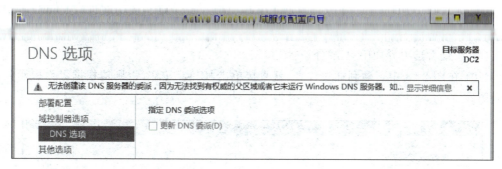

图 2-25 "DNS 选项"对话框

(7) 在图 2-26 中会直接从其他任何一台域控制器来复制 AD DS 数据库。

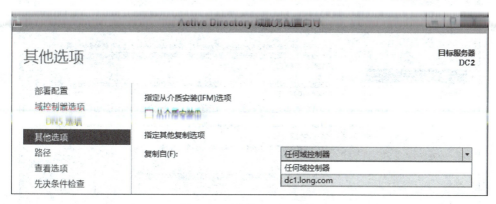

图 2-26 "其他选项"对话框

(8) 在图 2-27 中可看到各种文件路径,然后进入下一步。

图 2-27 "路径"对话框

- 数据库文件夹:用来存储 AD DS 数据库。
- 日志文件文件夹:用来存储 AD DS 数据库的变更日志,此日志文件可被用来修复 AD DS 数据库。

57

- SYSVOL 文件夹：用来存储域共享文件（例如，组策略相关的文件）。出现"查看选项"对话框，单击"下一步"按钮。

（9）在查看选项界面中单击"下一步"按钮。

（10）在图 2-28 中若顺利通过检查，就直接单击"安装"按钮，否则请根据界面提示先排除问题。

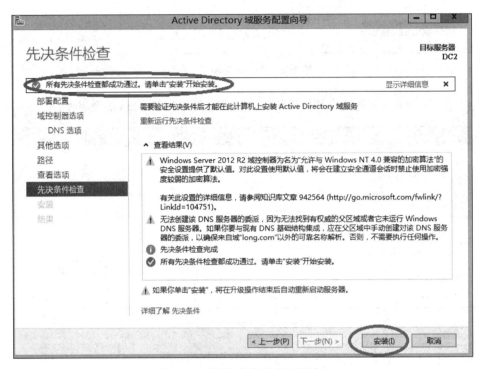

图 2-28 "先决条件检查"对话框

（11）安装完成后会自动重新启动，请重新登录。

（12）分别打开 DC1、DC2、DC3 的 DNS 服务器管理器，检查 DNS 服务器内是否有域控制器 DC2.long.com 与 DC3.long.com 的相关记录，如图 2-29 所示（DC2、DC3 上的 DNS 服务器类似）。

这两台域控制器的 AD DS 数据库内容是从其他域控制器复制过来的，而原本这两台计算机内的本地用户账户会被删除。

注意：在服务器 DC1（第一台域控制器）还没有升级成为域控制器之前，原本位于本地安全性数据库内的本地账户会在升级后被转移到 Active Directory 数据库内，而且是被放置到 Users 容器内。并且这台域控制器的计算机账户会被放置到 Domain Controllers 组织单位内，其他加入域的计算机账户默认会被放置到 Computers 容器内。

只有在创建域内的第一台域控制器时，该服务器原来的本地账户才会被转移到 Active Directory 数据库，其他域控制器（例如，本例中的 DC2、DC3）原来的本地账户并不会被转移到 Active Directory 数据库，而是被删除。

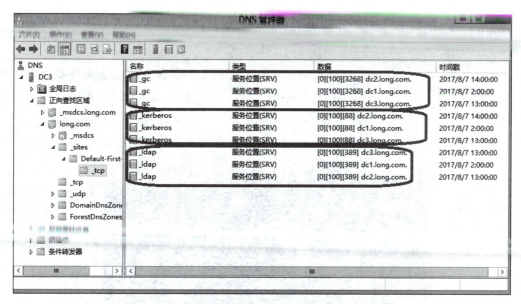

图 2-29 检查 DNS 服务器

2. 利用安装介质来安装额外域控制器

先到一台域控制器上制作安装介质(Installation Media),也就是将 AD DS 数据库存储到安装介质内,并将安装介质复制到 U 盘、CD、DVD 等媒体或共享文件夹内。然后在安装额外域控制器时,要求安装向导从安装介质来读取 AD DS 数据库,这种方式可以大幅降低对网络所造成的负担。

1)制作安装介质

请到现有的域控制器上执行 ntdsutil 命令来制作安装介质。

- 若此安装介质是要给可写域控制器来使用,则你需到现有的可写域控制器上执行 ntdsutil 指令。
- 若此安装介质是要给 RODC(只读域控制器)来使用,则你可以到现有的可写域控制器或 RODC 上执行 ntdsutil 指令。

(1)请到域控制器上利用域系统管理员的身份登录。

(2)选中左下角的开始图标并右击选中"命令提示符"(或单击左下方任务栏中的 Windows PowerShell 图标)。

(3)输入以下命令后按 Enter 键(操作界面可参考图 2-29)。

```
ntdsutil
```

(4)在 ntdsutil 提示符下执行以下命令。

```
activate instance ntds
```

它会将域控制器的 AD DS 数据库设置为"使用中"。

(5)在 ntdsutil 提示符下执行以下命令。

```
ifm
```

(6) 在 ifm 提示符下执行以下命令。

```
create sysvol full c:\InstallationMedia
```

注意：此命令假设要将安装介质的内容存储到 C:\InstallationMedia 文件夹内。其中的 sysvol 表示要制作包含 ntds.dit 与 SYSVOL 的安装介质；full 表示要制作供可写域控制器使用的安装介质，若是要制作供 RODC 使用的安装介质，请将 full 改为 rodc。

(7) 连续执行两次 quit 命令来结束 ntdsutil，图 2-30 为部分操作界面。

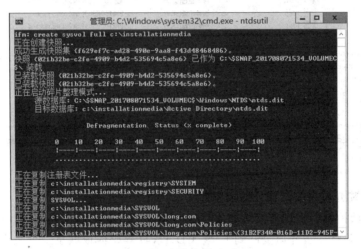

图 2-30　制作安装介质

(8) 将整个 C:\InstallationMedia 文件夹内的所有数据复制到 U 盘、CD、DVD 等媒体或共享文件夹内。

2）安装额外域控制器

将包含安装介质的 U 盘、CD 或 DVD 拿到即将扮演额外域控制器角色的计算机上，或将其放到可以访问到的共享文件夹内。

由于利用安装介质来安装额外域控制器的方法与前一节大致相同，因此下面仅列出不同之处。下面假设安装介质被复制到即将升级为额外域控制器的服务器的 C:\InstallationMedia 文件夹内：在图 2-31 中改为选择指定"从介质安装(I)"选项，并在路径处指定存储安装介质的文件夹 C:\InstallationMedia。

安装过程中会从安装介质所在的文件夹 C:\InstallationMedia 来复制 AD DS 数据库。若在安装介质制作完成之后，现有域控制器的 AD DS 数据库更新数据，这些少量数据会在完成额外域控制器安装后再通过网络自动复制过来。

3. 修改 RODC 的委派与密码复制策略设置

若要修改密码复制策略设置或 RODC 系统管理工作的委派设置，请在开启"Active Directory 用户和计算机"后，在图 2-32 中单击容器 Domain Controllers 右方扮演 RODC 角色的域控制器，再单击上方的属性图标，通过图 2-33 中的"密码复制策略"与"管理者"选项卡来设置。

项目 2　部署与管理 Active Directory 域服务

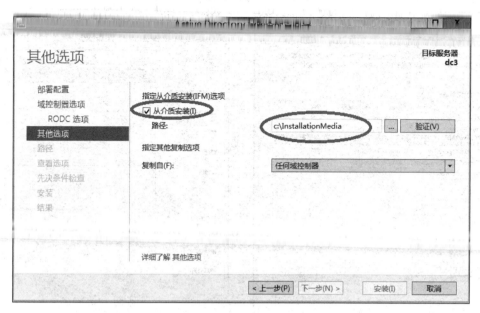

图 2-31　选择"从介质安装"复选框

图 2-32　Active Directory 用户和计算机

也可以通过"Active Directory 管理中心"来修改上述设置：在开启 Active Directory 管理中心后，如图 2-34 所示，单击容器 Domain Controllers 界面中间扮演 RODC 角色的域控制器，单击右方的"属性"，通过图 2-35 中的"管理者"选项与"扩展"选项中的"密码复制策略"选项卡来设定。

4. 验证额外域控制器运行正常

DC1 是第一台域控制器，DC2 服务器已经提升为额外域控制器，现在可以将成员服务器 ms1 的首选 DNS 指向 DC1 域控制器，备用 DNS 指向 DC2 额外域控制器，当 DC1 域控制器发生故障，DC2 额外域控制器可以负责域名解析和身份验证等工作，从而实现不间断服务。

（1）在 ms1 上配置"首选"为 192.168.10.1，"备用 DNS"为 192.168.10.2。

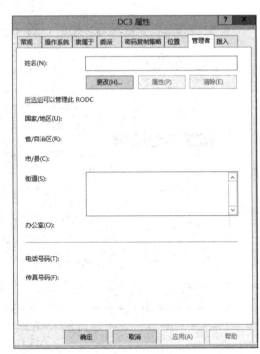

图 2-33 "密码复制策略"和"管理者"选项卡

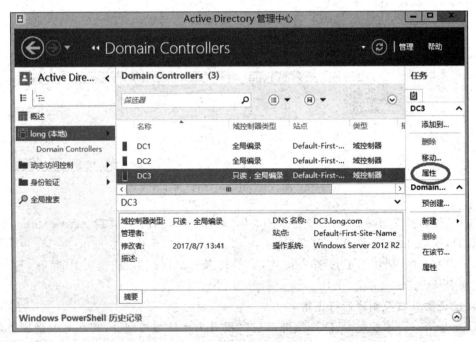

图 2-34 "Active Directory 管理中心"中的 Domain Controllers

（2）利用 DC1 域控制器的"Active Directory 用户和计算机"建立供测试用的域用户 domainuser1。刷新 DC2、DC3 的"Active Directory 用户和计算机"中的 users 容器，发现 domainuser1 几乎同时同步到了这两台域控制器上。

项目 2　部署与管理 Active Directory 域服务

图 2-35　"密码复制策略"选项卡

(3) 将"DC1 域控制器"暂时关闭, 在 VMWare Workstation 中也可以将"DC1 域控制器"暂时挂起。

(4) 在 ms1 上使用 domainuser1 登录域, 观察是否能够登录, 结果是可以登录成功的, 这样就可以提供 AD 的不间断服务了, 也验证了额外域控制器安装的成功。

(5) 在"服务器管理器"主窗口下, 单击"工具"并打开"Active Directory 站点和服务"窗口, 依次展开 Sites→Default-First-Site-Name→Servers→DC2→NTDS Settings, 右击, 在弹出的快捷菜单中选择"属性"命令, 如图 2-36 所示。

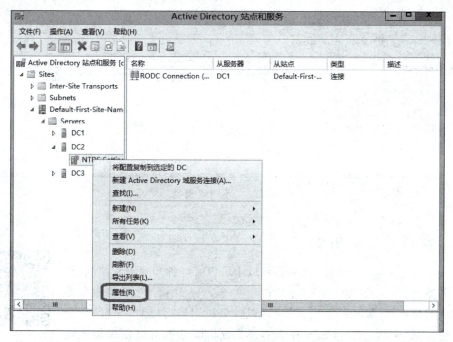

图 2-36　"Active Directory 站点和服务"窗口

63

（6）在弹出的对话框中取消选中"全局编录"复选框，如图 2-37 所示。

图 2-37　取消选中"全局编录"复选框

（7）在"服务器管理器"主窗口下单击"工具"命令，打开"Active Directory 用户和计算机"窗口，展开 Domain Controllers，可以看到 DC2 的"DC 类型"由之前的 GC 变为现在的 DC，如图 2-38 所示。

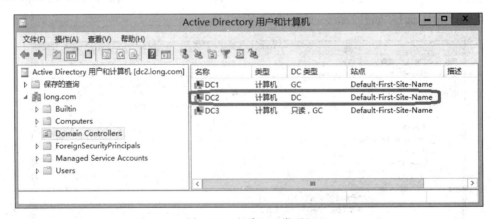

图 2-38　查看"DC 类型"

2.3.5　转换服务器角色

Windows Server 2012 R2 服务器在域中可以有 3 种角色：域控制器、成员服务器和独立服务器。当一台 Windows Server 2012 R2 成员服务器安装了活动目录后，服务器就成为域控制器，域控制器可以对用户的登录等进行验证；然而 Windows Server 2012 R2 成员服务器可以仅仅加入域中,而个么状活动目录,这时服务器的主要目的是提供网络资源,这样的服务器称为成员服务器。严格来说,独立服务器和域没有什么关系,如果服务器不加入域中,也不安装活动目录,服务器就称为独立服务器。服务器的这3个角色的转换如图2-39所示。

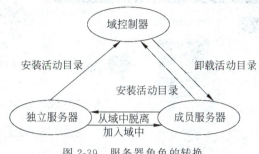

图 2-39　服务器角色的转换

1. 域控制器降级为成员服务器

在域控制器上把活动目录删除,服务器就降级为成员服务器了。下面以图2-3中的DC2降级为例,介绍具体步骤。

1) 删除活动目录注意要点

用户删除活动目录也就是将域控制器降级为独立服务器。降级时要注意以下几点。

(1) 如果该域内还有其他域控制器,则该域会被降级为该域的成员服务器。

(2) 如果这个域控制器是该域的最后一个域控制器,则被降级后该域内将不存在任何域控制器。因此,该域控制器被删除,而该计算机被降级为独立服务器。

(3) 如果这台域控制器是"全局编录",则将其降级后它将不再担当"全局编录"的角色,因此要先确定网络上是否还有其他"全局编录"域控制器。如果没有,则要先指派一台域控制器来担当"全局编录"的角色;否则将影响用户的登录操作。

提示:指派"全局编录"的角色时,可以依次选择"开始"→"管理工具"→"Active Directory 站点和服务"→Sites→Default-First-Site-Name→Servers 选项,展开要担当"全局编录"角色的服务器名称,右击"NTDS Settings 属性"选项,在弹出的快捷菜单中选择"属性"命令,在显示的"NTDS Settings 属性"对话框中选中"全局编录"复选框。

2) 删除活动目录

(1) 以管理员身份登录DC2,单击左下角的服务器管理器图标,在图2-40所示的窗口中选择右上方的"管理"菜单下的"删除角色和功能"。

(2) 在图2-41所示的对话框中取消选中"Active Directory 域服务",在上面的对话框中单击"删除功能"按钮。

(3) 出现图2-42所示的界面时,单击"确定"按钮即可将此域控制器降级。

(4) 如果在图2-43所示界面中当前的用户有权删除此域控制器,单击"下一步"按钮,否则单击"更改"按钮来输入新的账户与密码。

提示:如果因故无法删除此域控制器(例如,在删除域控制器时,需要能够先连接到其他域控制器,但是却一直无法连接),或者是最后一个域控制器,此时选中图中的"强制删除此域控制器"复选框。

(5) 在图2-44所示界面中选中"继续删除"复选框后,然后进入"下一步"。

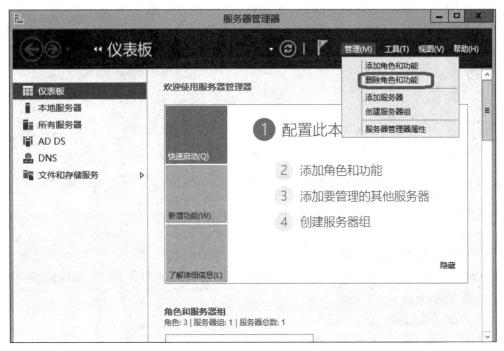

图 2-40 删除角色和功能

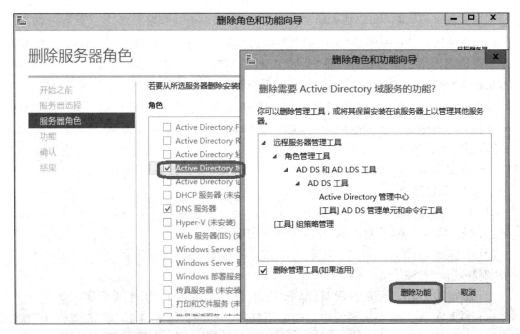

图 2-41 "删除角色和功能向导"对话框

(6) 在图 2-45 中为当前即将被降级为独立或成员服务器的计算机设置本地 Administrator 的新密码后进入"下一步"。

(7) 在查看选项界面中单击"降级"按钮。

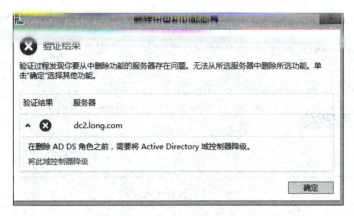

图 2-42 验证结果

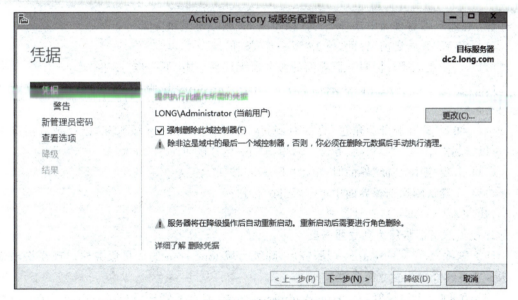

图 2-43 "凭据"对话框

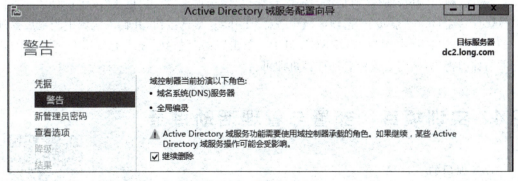

图 2-44 "警告"对话框

(8) 完成后会自动重新启动计算机,请重新登录。(以域管理员登录)

图 2-45 新管理员密码

注意:虽然当前的服务器已经不再是域控制器了,不过此时其 Active Directory 域服务组件仍然存在,并没有被删除。

(9) 在服务器管理器中选择"管理"菜单下的"删除角色和功能"。

(10) 出现"开始之前"界面,单击"下一步"按钮。

(11) 确认在选择目标服务器界面的服务器无误后单击"下一步"按钮。

(12) 在图 2-41 所示界面中取消选中"Active Directory 域服务"复选框,单击"删除功能"按钮。

(13) 回到"删除服务器角色"界面时,确认"Active Directory 域服务"已经被取消选中(也可以一起取消选中"DNS 服务器")后单击"下一步"按钮。

(14) 出现"删除功能"界面时,单击"下一步"按钮。

(15) 在确认删除选择界面中单击"删除"按钮。

(16) 完成后,重新启动计算机。

2. 成员服务器降级为独立服务器

DC2 删除 Active Directory 域服务后,降级为域 long.com 的成员服务器。现在将该成员服务器继续降级为独立服务器。

首先在 DC2 上以域管理员(long\administrator)或本地管理员(dc2\administrator)身份登录。登录成功后,依次选择"开始"→"控制面板"→"系统和安全"→"系统"→"高级系统设置"选项,弹出"系统属性"对话框,选择"计算机名"选项卡,单击"更改"按钮;弹出"计算机名/域更改"窗口;在"隶属于"选项区域中选择"工作组"单选按钮,并输入从域中脱离后要加入的工作组的名字(本例为 WORKGROUP),单击"确定"按钮;输入有权限脱离该域的账户的名称和密码,确定后重新启动计算机即可。

2.4 实训项目　部署与管理活动目录

1. 实训目的

- 掌握规划和安装局域网中的活动目录的方法。
- 掌握创建目录林根级域的方法。

- 掌握安装额外域控制器的方法。
- 掌握创建子域的方法。
- 掌握创建双向可传递的林信任的方法。
- 掌握备份与恢复活动目录的方法。
- 掌握将服务器 3 种角色相互转换的方法。

2. 项目背景

随着公司的发展壮大,已有的工作组式的网络已经不能满足公司的业务需要,需要构筑新的网络结构。经过多方论证,确定了公司新的服务器拓扑结构,如图 2-3 所示。

3. 项目要求

根据图 2-3 所示的公司域环境,构建满足公司需要的域环境。具体要求如下。

(1) 创建域 long.com,域控制器的计算机名称为 DC1。
(2) 检查安装后的域控制器。
(3) 安装域 long.com 的额外域控制器,域控制器的计算机名称为 DC2。
(4) 利用介质文件创建 RODC 域控制器,其计算机名称为 DC3。
(5) 验证额外域控制器是否工作正常。
(6) 转换 DC2 域控制器为独立服务器。

4. 做一做

根据实训项目录像进行项目的实训,检查学习效果。

2.5　习题

1. 填空题

(1) 通过 Windows Server 2012 R2 系统组建客户机/服务器模式的网络时,应该将网络配置为_____。

(2) 在 Windows Server 2012 R2 系统中活动目录存放在_____中。

(3) 在 Windows Server 2012 R2 系统中安装_____后,计算机即成为一台域控制器。

(4) 同一个域中的域控制器的地位是_____。域树中,子域和父域的信任关系是_____。独立服务器上安装了_____就升级为域控制器。

(5) Windows Server 2012 R2 服务器的 3 种角色是_____、_____、_____。

(6) 活动目录的逻辑结构包括_____、_____、_____和_____。

(7) 物理结构的 3 个重要概念是_____、_____和_____。

(8) 无论 DNS 服务器服务是否与 AD DS 集成,都必须将其安装在部署的 AD DS 目录林根级域的第_____个域控制器上。

(9) Active Directory 数据库文件保存在_____。

(10) 解决在 DNS 服务器中未能正常注册 SRV 记录的问题,需要重新启动_____服务。

2. 判断题

（1）在一台 Windows Server 2012 R2 计算机上安装 AD 后,计算机就成了域控制器。
（　　）
（2）客户机在加入域时,需要正确设置首选 DNS 服务器地址,否则无法加入。（　　）
（3）在一个域中,至少有一个域控制器(服务器),也可以有多个域控制器。（　　）
（4）管理员只能在服务器上对整个网络实施管理。（　　）
（5）域中所有账户信息都存储于域控制器中。（　　）
（6）OU 是可以应用组策略和委派责任的最小单位。（　　）
（7）一个 OU 只指定一个受委派管理员,不能为一个 OU 指定多个管理员。（　　）
（8）同一域林中的所有域都显式或者隐式地相互信任。（　　）
（9）一个域目录树不能称为域目录林。（　　）

3. 简答题

（1）什么时候需要安装多个域树？
（2）简述活动目录、域、活动目录树和活动目录林。
（3）简述信任关系。
（4）为什么在域中常常需要 DNS 服务器？
（5）活动目录中存放了什么信息？

项目 3 配置与管理 DNS 服务器

项目背景

某高校组建了学校的校园网,为了使校园网中的计算机简单快捷地访问本地网络及 Internet 上的资源,需要在校园网中架设 DNS 服务器,用来提供域名转换成 IP 地址的功能。

在完成该项目之前,首先应当确定网络中 DNS 服务器的部署环境,明确 DNS 服务器的各种角色及其作用。

项目目标

- 了解 DNS 服务器的作用及其在网络中的重要性。
- 理解 DNS 的域名空间结构及其工作过程。
- 理解并掌握主 DNS 服务器的部署。
- 理解并掌握辅助 DNS 服务器的部署。
- 理解并掌握 DNS 客户机的部署。
- 掌握 DNS 服务的测试以及动态更新。

3.1 相关知识

在 TCP/IP 网络上,每个设备必须分配一个唯一的地址。计算机在网络上通信时只能识别如 202.97.135.160 之类的数字地址,而人们在使用网络资源时,为了便于记忆和理解,更倾向于使用有代表意义的名称,如域名 www.yahoo.com(雅虎网站)。

DNS(Domain Name System)服务器就承担了将域名转换成 IP 地址的功能。当在浏览器地址栏中输入如 www.yahoo.com 的域名后,有一台称为 DNS 服务器的计算机自动把域名"翻译"成相应的 IP 地址。

DNS 实际上是域名系统的缩写,它的目的是为客户机对域名的查询(如 www.yahoo.com)提供该域名的 IP 地址,以便用户用易记的名字搜索和访问必须通过 IP 地址才能定位的本地网络或 Internet 上的资源。

DNS 服务使网络服务的访问更加简单,对于一个网站的推广发布起到极其重要的作用。而且许多重要网络服务(如 E-mail 服务、Web 服务)的实现,也需要借助 DNS 服务。因此,DNS 服务可视为网络服务的基础。另外,在稍具规模的局域网中,DNS 服务也被大量采用,因为 DNS 服务不仅可以使网络服务的访问更加简单,而且可以完美地实现与 Internet 的融合。

3.1.1 域名空间结构

域名系统 DNS 的核心思想是分级的,是一种分布式的、分层次型的、客户机/服务器式的数据库管理系统,它主要用于将主机名或电子邮件地址映射成 IP 地址。一般来说,每个组织有自己的 DNS 服务器,并维护域名称映射数据库记录或资源记录。每个登记的域都将自己的数据库列表提供给整个网络复制。

目前负责管理全世界 IP 地址的单位是 InterNIC(Internet Network Information Center),在 InterNIC 之下的 DNS 结构共分为若干个域(Domain)。图 3-1 所示的阶层式树状结构称为域名空间(Domain Name Space)。

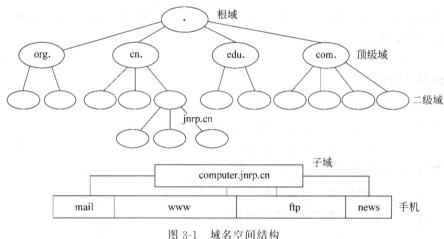

图 3-1 域名空间结构

注意:域名和主机名只能用字母 a~z(在 Windows 服务器中大小写等效,而在 UNIX 中则不同)、数字 0~9 和连线(-)组成。其他公共字符,如连接符(&)、斜杠(/)、句点(.)和下画线(_)都不能用于表示域名和主机名。

1. 根域

在图 3-1 中,位于层次结构最高端的是域名树的根,提供根域名服务,用"."表示。在 Internet 中,根域是默认的,一般都不需要表示出来。全世界共有 13 台根域服务器,它们分布于世界各大洲,并由 InterNIC 管理。根域名服务器中并没有保存任何网址,只具有初始指针指向第一层域,也就是顶级域,如 com、edu、net 等。

2. 顶级域

顶级域位于根域之下,数目有限,且不能轻易变动。顶级域也是由 InterNIC 统一管理的。在互联网中,顶级域大致分为两类:各种组织的顶级域(机构域)和各个国家地区的顶级域(地理域)。顶级域所包含的部分域名称如表 3-1 所示。

表 3-1 顶级域所包含的部分域名称

域 名 称	说 明
com	商业机构
edu	教育、学术研究单位
gov	官方政府单位
net	网络服务机构
org	非营利机构
mil	军事部门
其他国家或地区代码	代表其他国家/地区的代码,如 cn 表示中国,jp 表示日本

3. 子域

在 DNS 域名空间中,除了根域和顶级域之外,其他域都称为子域。子域是有上级域的域,一个域可以有许多个子域。子域是相对而言的,如 www.jnrp.edu.cn 中,jnrp.edu 是 cn 的子域,jnrp 是 edu.cn 的子域。表 3-2 中给出了域名层次结构中的若干层。

表 3-2 域名层次结构中的若干层

域 名	域名层次结构中的位置
.	根是唯一没有名称的域
.cn	顶级域名称,中国子域
.edu.cn	二级域名称,中国的教育部门
.jnrp.edu.cn	子域名称,教育网中的济南铁道职业技术学院

和根域相比,顶级域实际是处于第二层的域,但它们还是被称为顶级域。根域从技术的含义上是一个域,但常常不被当作一个域。根域只有很少几个根级成员,它们的存在只是为了支持域名树的存在。

第二层域(顶级域)是属于单位团体或地区的,用域名的最后一部分即域后缀来分类。例如,域名 edu.cn 代表中国的教育系统。多数域后缀可以反映使用这个域名所代表的组织的性质,但并不总是很容易通过域后缀来确定所代表的组织、单位的性质。

4. 主机

在域名层次结构中,主机可以存在于根以下的各层上。因为域名树是层次型的而不是平面型的,因此只要求主机名在每一连续的域名空间中是唯一的,而在相同层中可以有相同的名字,如 www.163.com、www.263.com 和 www.sohu.com 都是有效的主机名。也就是说,即使这些主机有相同的名字 www,但都可以被正确地解析到唯一的主机。即只要是在不同的子域,就可以重名。

3.1.2 DNS 名称的解析方法

DNS 名称的解析方法主要有两种:一种是通过 hosts 文件进行解析;另一种是通过 DNS 服务器进行解析。

1. hosts 文件

hosts 文件解析只是 Internet 中最初使用的一种查询方式。采用 hosts 文件进行解析时，必须由人工输入、删除、修改所有 DNS 名称与 IP 地址的对应数据，即把全世界所有的 DNS 名称写在一个文件中，并将该文件存储到解析服务器上。客户端如果需要解析名称，就到解析服务器上查询 hosts 文件。全世界所有的解析服务器上的 hosts 文件都需保持一致。当网络规模较小时，hosts 文件解析还是可以采用的。然而，当网络越来越大时，为保持网络里所有服务器中 hosts 文件的一致性，就需要大量管理和维护工作。在大型网络中，这将是一项沉重的负担，此种方法显然是不适用的。

在 Windows Server 2012 R2 中，hosts 文件位于％systemroot％\system32\drivers\etc 目录中，本例为 C:\windows\system32\drivers\etc。该文件是一个纯文本文件，如图 3-2 所示。

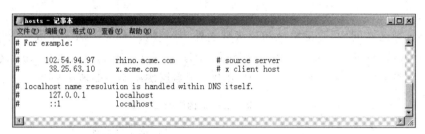

图 3-2　Windows Server 2012 R2 中的 hosts 文件

2. DNS 服务器

DNS 服务器是目前 Internet 上最常用也是最便捷的名称解析方法。全世界有众多 DNS 服务器各司其职，互相呼应，协同工作，构成了一个分布式的 DNS 名称解析网络。例如，jnrp.cn 的 DNS 服务器只负责本域内数据的更新，而其他 DNS 服务器并不知道也无须知道 jnrp.cn 域中有哪些主机，但它们知道 jnrp.cn 的 DNS 服务器的位置；当需要解析 www.jnrp.cn 时，它们就会向 jnrp.cn 的 DNS 服务器请求帮助。采用这种分布式解析结构时，一台 DNS 服务器出现问题并不会影响整个体系，而数据的更新操作也只在其中的一台或几台 DNS 服务器上进行，使整体的解析效率大大提高。

3.1.3　DNS 服务器的类型

DNS 服务器用于实现 DNS 名称和 IP 地址的双向解析。在网络中，主要有以下 4 种类型的 DNS 服务器。

1. 主 DNS 服务器

主 DNS 服务器（Primary Name Server）是特定 DNS 域所有信息的权威性信息源。它从域管理员构造的本地数据库文件（区域文件，Zone File）中加载域信息，该文件包含该服务器具有管理权的 DNS 域的最精确信息。

主 DNS 服务器保存着自主生成的区域文件，该文件是可读可写的。当 DNS 域中的信息发生变化时（如添加或删除记录），这些变化都会保存到主 DNS 服务器的区域文件中。

2. 辅助 DNS 服务器

辅助 DNS 服务器（Secondary Name Server）可以从主 DNS 服务器中复制一整套域信

息,该服务器的区域文件是从主 DNS 服务器中复制生成的,并作为本地文件存储。这种复制称为区域传输。在辅助 DNS 服务器中存有一个域所有信息的完整只读副本,可以对该域的解析请求提供权威的回答。由于辅助 DNS 服务器的区域文件仅是只读副本,因此无法进行更改,所有针对区域文件的更改必须在主 DNS 服务器上进行。在实际应用中,辅助 DNS 服务器主要用于均衡负载和容错。如果主 DNS 服务器出现故障,可以根据需要将辅助 DNS 服务器转换为主 DNS 服务器。

3. 转发 DNS 服务器

转发 DNS 服务器(Forwarder Name Server)可以向其他 DNS 转发解析请求。当 DNS 服务器收到客户端的解析请求后,它首先会尝试从其本地数据库中查找;若未能找到,则需要向其他指定的 DNS 服务器转发解析请求;其他 DNS 服务器完成解析后会返回解析结果,转发 DNS 服务器将该解析结果缓存在自己的 DNS 缓存中,并向客户端返回解析结果。在缓存期内,如果客户端请求解析相同的名称,则转发 DNS 服务器会立即回应客户端,否则,将会再次发生转发解析的过程。

目前网络中所有的 DNS 服务器均被配置为转发 DNS 服务器,向指定的其他 DNS 服务器或根域服务器转发自己无法完成的解析请求。

4. 惟缓存 DNS 服务器

惟缓存 DNS 服务器(Caching-only Name Server)可以提供名称解析服务器,但其没有任何本地数据库文件。惟缓存 DNS 服务器必须同时是转发 DNS 服务器,它将客户端的解析请求转发给指定的远程 DNS 服务器并从远程 DNS 服务器取得每次解析的结果,然后将该结果存储在 DNS 缓存中,以后收到相同的解析请求时就用 DNS 缓存中的结果。所有的 DNS 服务器都按这种方式使用缓存中的信息,但惟缓存服务器则依赖于这一技术实现所有的名称解析。

当刚安装好 DNS 服务器时,它就是一台缓存 DNS 服务器。

惟缓存服务器并不是权威性的服务器,因为它提供的所有信息都是间接信息。

说明:

(1) 所有的 DNS 服务器均可使用 DNS 缓存机制相应解析请求,以提高解析效率。

(2) 可以根据实际需要将上述几种 DNS 服务器结合,进行合理配置。

(3) 一些域的主 DNS 服务器可以是另一些域的辅助 DNS 服务器。

(4) 一个域只能部署一个主 DNS 服务器,它是该域的权威性信息源;另外,至少应该部署一个辅助 DNS 服务器,将其作为主 DNS 服务器的备份。

(5) 配置惟缓存 DNS 服务器可以减轻主 DNS 服务器和辅助 DNS 服务器的负载,从而减少网络传输。

3.1.4 DNS 名称解析的查询模式

当 DNS 客户端向 DNS 服务器发送解析请求或 DNS 服务器向其他 DNS 服务器转发解析请求时,均需要使用请求其所需的解析结果。目前使用的查询模式主要有递归查询和迭代查询两种。

1. 递归查询

递归查询是最常见的查询方式,域名服务器将代替提出请求的客户机(下级 DNS 服务器)进行域名查询。若域名服务器不能直接回答,则域名服务器会在域各树中的各分支的上下进行递归查询,最终返回查询结果给客户机。在域名服务器查询期间,客户机完全处于等待状态。

2. 迭代查询(又称转寄查询)

当服务器收到 DNS 工作站的查询请求后,如果在 DNS 服务器中没有查到所需数据,该 DNS 服务器便会告诉 DNS 工作站另外一台 DNS 服务器的 IP 地址,然后由 DNS 工作站自行向此 DNS 服务器查询,以此类推,直到查到所需数据为止。如果到最后一台 DNS 服务器都没有查到所需数据,则通知 DNS 工作站查询失败。"转寄"的意思就是若在某地查不到,该地就会告诉用户其他地方的地址,让用户转到其他地方去查。一般在 DNS 服务器之间的查询请求属于转寄查询(DNS 服务器也可以充当 DNS 工作站的角色),在 DNS 客户端与本地 DNS 服务器之间的查询属于递归查询。

下面以查询 www.163.com 为例介绍转寄查询的过程,如图 3-3 所示。

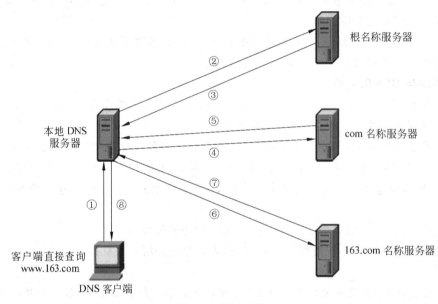

图 3-3 转寄查询

(1) 客户端向本地 DNS 服务器直接查询 www.163.com 的域名。

(2) 本地 DNS 无法解析此域名,先向根域服务器发出请求,查询.com 的 DNS 地址。

说明:

① 正确安装完成 DNS 后,在 DNS 属性中的"根目录提示"选项卡中,系统显示了包含在解析名称中为要使用和参考的服务器所建议的根服务器的根提示列表,默认共有 13 个。

② 目前全球共有 13 个域名根服务器。1 个为主根服务器,放置在美国。其余 12 个均为辅助根服务器,其中美国 9 个、欧洲 2 个(英国和瑞典各 1 个)、亚洲 1 个(日本)。所有的根服务器均由 ICANN(互联网名称与数字地址分配机构)统一管理。

(3) 根域 DNS 管理着.com、.net、.org 等顶级域名的地址解析。它收到请求后,把解析结果(管理.com 域的服务器地址)返回给本地的 DNS 服务器。

(4) 本地 DNS 服务器得到查询结果后,接着向管理.com 域的 DNS 服务器发出进一步的查询请求,要求得到 163.com 的 DNS 地址。

(5) .com 域把解析结果(管理 163.com 域的服务器地址)返回给本地 DNS 服务器。

(6) 本地 DNS 服务器得到查询结果后,接着向管理 163.com 域的 DNS 服务器发出查询具体主机 IP 地址的请求(www),以便得到满足要求的主机 IP 地址。

(7) 163.com 把解析结果返回给本地 DNS 服务器。

(8) 本地 DNS 服务器得到了最终的查询结果。它把这个结果返回给客户端,从而使客户端能够和远程主机通信。

提示:为了便于根据实际情况来分散 DNS 名称管理工作的负荷,将 DNS 命名空间划分为区域(Zone)来进行管理。

3.2 项目设计及分析

1. 部署需求

在部署 DNS 服务器前需满足以下要求。

- 设置 DNS 服务器的 TCP/IP 属性,手工指定 IP 地址、子网掩码、默认网关和 DNS 服务器地址等。
- 部署域环境,域名为 long.com。

2. 部署环境

本项目的所有实例部署在同一个域环境下,域名为 long.com。其中 DNS 服务器主机名为 Win2012-1,其本身也是域控制器,IP 地址为 192.168.10.1。DNS 客户机主机名为 Win2012-2,其本身是域成员服务器,IP 地址为 192.168.10.2。这两台计算机都是域中的计算机,具体网络拓扑图如图 3-4 所示。

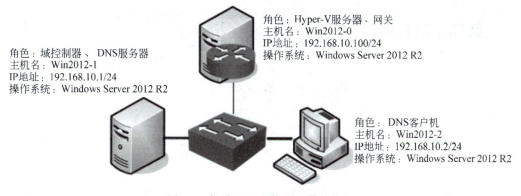

图 3-4 架设 DNS 服务器网络拓扑图

3.3 项目实施

3.3.1 添加 DNS 服务器

设置 DNS 服务器的首要任务就是建立 DNS 区域和域的树状结构。DNS 服务器以区域为单位来管理服务。区域是一个数据库,用来链接 DNS 名称和相关数据,如 IP 地址和网络服务,在 Internet 环境中一般用二级域名来命名,如 computer.com。而 DNS 区域分为两类:一类是正向搜索区域,即域名到 IP 地址的数据库,用于提供将域名转换为 IP 地址的服务;另一类是反向搜索区域,即 IP 地址到域名的数据库,用于提供将 IP 地址转换为域名的服务。

注意:DNS 数据库由区域文件、缓存文件和反向搜索文件等组成,其中区域文件是最主要的,它保存着 DNS 服务器所管辖区域的主机的域名记录。默认的文件名是"区域名.dns",在 Windows NT/2000/2003/2008 系统中,置于"windows\system32\dns"目录中。而缓存文件用于保存根域中的 DNS 服务器名称与 IP 地址的对应表,文件名为 cache.dns。DNS 服务就是依赖于 DNS 数据库来实现的。

1. 安装 DNS 服务器角色

在安装 Active Directory 域服务角色时,可以选择一起安装 DNS 服务器角色。如果没有安装,那么可以在计算机 Win2012-1 上通过"服务器管理器"安装 DNS 服务器角色,具体步骤如下。

(1)依次选择"开始"→"管理工具"→"服务器管理器"选项,在"仪表板"选项中选择"添加角色和功能",持续单击"下一步"按钮,直到出现如图 3-5 所示的"选择服务器角色"对话框时选中"DNS 服务器"复选框,在打开的对话框中单击"添加功能"按钮。

图 3-5 选择服务器角色

(2)持续单击"下一步"按钮,最后单击"安装"按钮,开始安装 DNS 服务器。安装完毕后,单击"关闭"按钮,完成 DNS 服务器角色的安装。

1. DNS 服务的停止和启动

要启动或停止 DNS 服务,可以使用 net 命令、DNS 管理器 控制台或 服务 控制台,具体步骤如下。

(1)使用 net 命令

以域管理员账户登录 Win2012-1,单击左下角的 PowerShell 按钮,在打开的窗口中输入 net stop dns 命令是停止 DNS 服务,输入 net start dns 命令是启动 DNS 服务。

(2)使用"DNS 管理器"控制台

依次选择"开始"→"管理工具"→DNS 选项,打开"DNS 管理器"控制台,在左侧控制台树中右击服务器 Win2012-1,在弹出的菜单中选择"所有任务"中的"停止""启动"或"重新启动",即可停止或启动 DNS 服务,如图 3-6 所示。

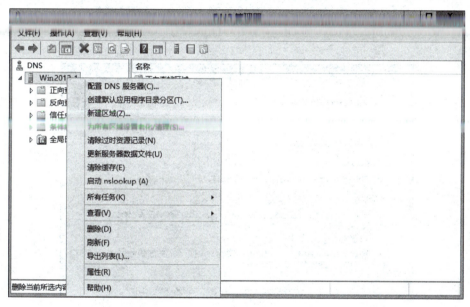

图 3-6 "DNS 管理器"控制台

(3)使用"服务"控制台

依次选择"开始"→"管理工具"→"服务"选项,打开"服务"控制台,找到 DNS Server 服务,选择"启动"或"停止"操作,即可启动或停止 DNS 服务。

3.3.2 部署主 DNS 服务器的 DNS 区域

在域控制器上安装完成 DNS 服务器角色后,将存在一个与 Active Directory 域服务集成的区域 long.com,先将其删除,再完成以下任务。

1. 创建正向主要区域

在 DNS 服务器上创建正向主要区域 long.com,具体步骤如下。

(1)在 Win2012-1 上选择"开始"→"管理工具"→DNS 选项,打开"DNS 管理器"控制台,展开 DNS 服务器目录树。右击"正向查找区域"选项,在弹出的快捷菜单中选择"新建区域"命令,如图 3-7 所示,显示"新建区域向导"。

(2)单击"下一步"按钮,出现如图 3-8 所示的"区域类型"对话框,用来选择要创建的区域的类型,有"主要区域""辅助区域"和"存根区域"3种。若要创建新的区域,应当选中"主要区域"单选按钮。

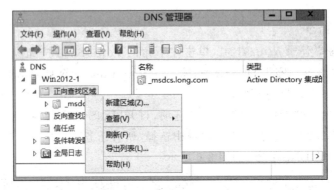

图 3-7 "DNS 管理器"控制台

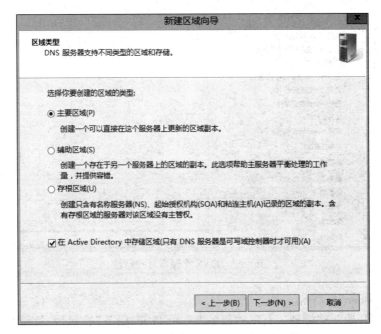

图 3-8 "区域类型"对话框

注意:如果当前 DNS 服务器上安装了 Active Directory 服务,则"在 Active Directory 中存储区域"复选框将会自动被选中。

(3)单击"下一步"按钮,选择在网络上如何复制 DNS 数据,本例选择"至此域中域控制器上运行的所有 DNS 服务器(D):long.com"选项,如图 3-9 所示。

(4)单击"下一步"按钮,在"区域名称"文本框(见图 3-10)中设置要创建的区域名称,如 long.com。区域名称用于指定 DNS 命名空间的部分,由此实现 DNS 服务器管理。

(5)单击"下一步"按钮,选择"只允许安全的动态更新"选项。

(6)单击"下一步"按钮,显示新建区域摘要。单击"完成"按钮,完成区域的创建。

注意:由于是活动目录集成的区域,因此不需要指定区域文件;否则需要指定区域文件

图 3-9 Active Directory 区域传送作用域

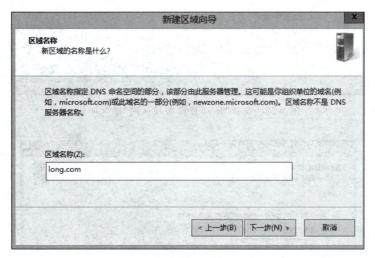

图 3-10 "区域名称"对话框

long.com.dns。

2. 创建反向主要区域

反向查找区域用于通过 IP 地址来查询 DNS 名称。创建的具体过程如下。

(1) 在 DNS 控制台中选择反向查找区域,右击,在弹出的快捷菜单中选择"新建区域"命令(见图 3-11),并在区域类型中选中"主要区域"单选按钮(见图 3-8)。

(2) 在"反向查找区域名称"窗口中选中"IPv4 反向查找区域"单选按钮,如图 3-12 所示。

(3) 在如图 3-13 所示的对话框中输入网络 ID 或者反向查找区域名称,本例中输入的

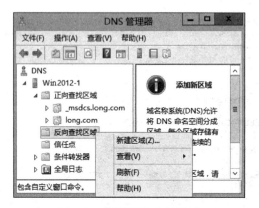

图 3-11 新建反向查找区域

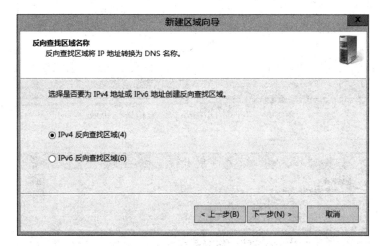

图 3-12 选择"IPv4 反向查找区域"单选按钮

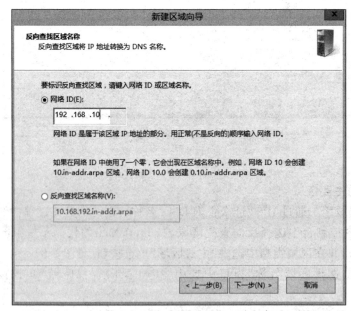

图 3-13 设置"网络 ID"和"反向查找区域名称"

是网络 ID，区域名称根据网络 ID 自动生成。例如，当输入网络 ID 为 192.168.10 时，反向查找区域的名称自动变为 10.168.192.in-addr.arpa。

（4）单击"下一步"按钮，选择"只允许安全的动态更新"选项。

（5）单击"下一步"按钮，显示新建区域摘要。单击"完成"按钮，完成区域的创建。如图 3-14 所示为创建后的效果。

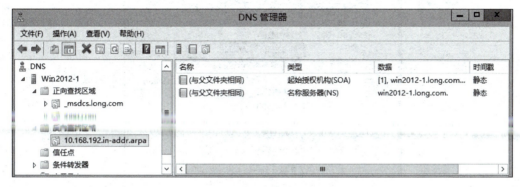

图 3-14 创建正、反向区域后的 DNS 管理器

3. 创建资源记录

DNS 服务器需要根据区域中的资源记录提供该区域的名称解析。因此，在区域创建完成后，需要在区域中创建所需的资源记录。

1）创建主机记录

创建 Win2012-2 对应的主机记录。其步骤如下。

（1）以域管理员账户登录 Win2012-1，打开"DNS 管理器"控制台，在左侧控制台树中选择要创建资源记录的正向主要区域 long.com，然后在右侧控制台窗口空白处右击或右击要创建资源记录的正向主要区域，在弹出的菜单中选择相应功能项即可创建资源记录，如图 3-15 所示。

（2）选择"新建主机"命令，打开"新建主机"对话框，通过此对话框可以创建 A 记录，如图 3-16 所示。

- 在"名称"文本框中输入 A 记录的名称，该名称即为主机名，本例为 Win2012-2。
- 在"IP 地址"文本框中输入该主机的 IP 地址，本例为 192.168.10.2。
- 若选中"创建相关的指针（PTR）记录"复选框，则在创建 A 记录的同时，可在已经存在的相对应的反向主要区域中创建 PTR 记录。若之前没有创建对应的反向主要区域，则不能成功创建 PTR 记录。本例不选中，后面单独建立 PTR 记录。

2）创建别名记录

Win2012-1 同时还是 Web 服务器，为其设置别名 www。其操作步骤如下。

（1）在图 3-15 所示的窗口中选择"新建别名（CNAME）"命令，打开"新建资源记录"对话框的"别名（CNAME）"选项卡，通过此选项卡可以创建 CNAME 记录，如图 3-17 所示。

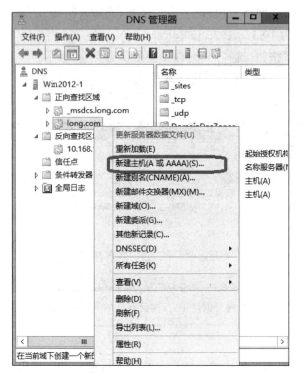

图 3-15 "新建主机"命令

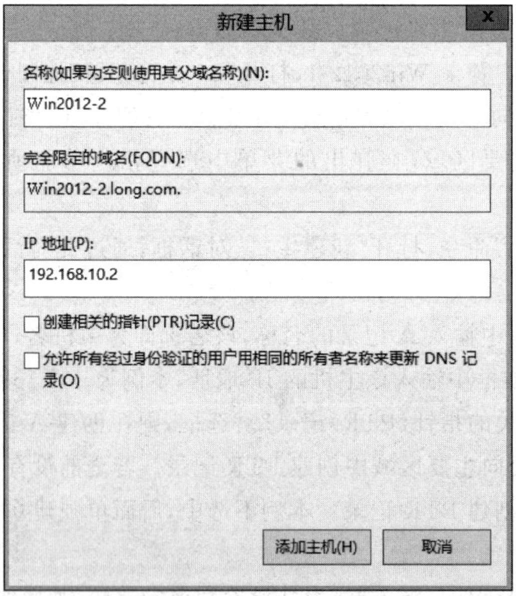

图 3-16 创建 A 记录

（2）在"别名"文本框中输入一个规范的名称（本例为 www），单击"浏览"按钮，选中要起别名的目的服务器域名（本例为 Win2012-1.long.com）。或者直接输入目的服务器的名字。在"目标主机的完全合格的域名（FQDN）"文本框中输入需要定义别名的完整 DNS

图 3-17 创建 CNAME 记录

域名。

3）创建邮件交换器记录

Win2012-1 主机同时还是 E-mail 服务器。在图 3-15 中的快捷菜单中选择"新建邮件交换器（MX）"命令，将打开"新建资源记录"对话框的"邮件交换器（MX）"选项卡，通过此选项卡可以创建 MX 记录，如图 3-18 所示。

图 3-18 创建 MX 记录

（1）在"主机或子域"文本框中输入 MX 记录的名称,该名称将与所在区域的名称一起构成邮件地址中@右面的后缀。例如,邮件地址为 yy@long.com,则应将 MX 记录的名称设置为空(使用其中所属域的名称 long.com);如果邮件地址为 yy@mail.long.com,则应将输入 mail 为 MX 记录的名称。本例输入 mail。

（2）在"邮件服务器的完全限定的域名（FQDN）"文本框中输入该邮件服务器的名称(此名称必须是已经创建的对应于邮件服务器的 A 记录)。本例为 Win2012-1.long.com。

（3）在"邮件服务器优先级"文本框中设置当前 MX 记录的优先级;如果存在两个或更多的 MX 记录,则在解析时将首选优先级高的 MX 记录。

4）创建指针记录

（1）以域管理员账户登录 Win2012-1,打开"DNS 管理器"控制台。

（2）在左侧控制台树中选择要创建资源记录的反向主要区域 10.168.192.in-addr.arpa,然后在右侧控制台窗口空白处右击或右击要创建资源记录的反向主要区域,在弹出的菜单中选择"新建指针（PTR）"命令(见图 3-19),在打开的"新建资源记录"对话框的"指针（PTR）"选项卡中即可创建 PTR 记录(见图 3-20)。同理创建 192.168.10.1 的指针记录。

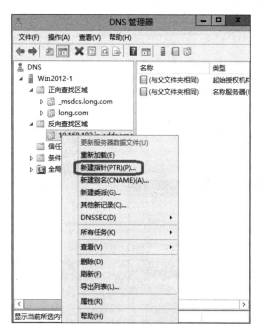

图 3-19 创建 PTR 记录（1）

图 3-20 创建 PTR 记录（2）

（3）资源记录创建完成之后,在"DNS 管理器"控制台和区域数据库文件中都可以看到这些资源记录,如图 3-21 所示。

注意：如果区域是和 Active Directory 域服务集成,那么资源记录将保存到活动目录中;如果不是和 Active Directory 域服务集成,那么资源记录将保存到区域文件中。默认 DNS 服务器的区域文件存储在"C:\windows\system32\dns"下。若不集成活动目录,则本例正向区域文件为 long.com.dns,反向区域文件为 10.168.192.in-addr.arpa.dns。这两个文件可以用记事本打开。

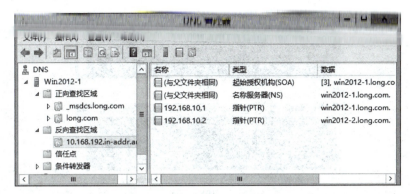

图 3-21 通过"DNS 管理器"控制台查看反向区域中的资源记录

3.3.3 配置 DNS 客户端并测试主 DNS 服务器

1. 配置 DNS 客户端

可以通过手工方式配置 DNS 客户端，也可以通过 DHCP 自动配置 DNS 客户端（要求 DNS 客户端是 DHCP 客户端）。

（1）以管理员账户登录 DNS 客户端计算机 Win2012-2，打开"Internet 协议版本 4 (TCP/IPv4)属性"对话框，在"首选 DNS 服务器"编辑框中设置所部署的主 DNS 服务器 Win2012-1 的 IP 地址为 192.168.10.1。最后单击"确定"按钮即可。

（2）通过 DHCP 自动配置 DNS 客户端。

2. 测试 DNS 服务器

部署完主 DNS 服务器并启动 DNS 服务后，应该对 DNS 服务器进行测试，最常用的测试工具是 nslookup 和 ping 命令。

nslookup 是用来进行手动 DNS 查询的最常用工具，可以判断 DNS 服务器是否工作正常。如果有故障，可以判断可能的故障原因。它的一般命令用法为：

```
nslookup [-option...] [host to find] [sever]
```

这个工具可以用于两种模式：非交互模式和交互模式。

1）非交互模式

非交互模式要从命令行输入完整的命令，例如：

```
C:\>nslookup www.long.com
```

2）交互模式

输入 nslookup 并按 Enter 键，不需要参数，就可以进入交互模式。在交互模式下，直接输入 FQDN 进行查询。

任何一种模式都可以将参数传递给 nslookup，但在域名服务器出现故障时更多地会使用交互模式。在交互模式下，可以在命令提示符下输入 help 或"?"来获得帮助信息。

下面在客户端 Win2012-2 的交互模式下测试上面部署的 DNS 服务器。

（1）进入 PowerShell 或者在"运行"窗口中输入 CMD 命令，进入 nslookup 测试环境，如图 3-22(a)所示。

图 3-22 测试 DNS 服务器

(4) 测试 MX 记录,如图 3-22(d)所示。

说明:set type 表示设置查找的类型;set type=mx 表示查找邮件服务器记录;set type=cname 表示查找别名记录;set type=A 表示查找主机记录;set type=PTR 表示查找指针记录;set type=NS 表示查找区域。

(5) 测试指针记录,如图 3-22(e)所示。

(6) 查找区域信息,结束并退出 nslookup 环境,如图 3-22(f)所示。

做一做:可以利用"ping 域名或 IP 地址"简单测试 DNS 服务器与客户端的配置,读者不妨试一试。

3. 管理 DNS 客户端缓存

(1) 进入 PowerShell 或置在"运行"窗口中输入"CMD",进入命令提示符。

(2) 查看 DNS 客户端缓存。

```
C:\>ipconfig /displaydns
```

(3) 清空 DNS 客户端缓存。

```
C:\>ipconfig /flushdns
```

3.3.4 部署惟缓存 DNS 服务器

尽管所有的 DNS 服务器都会缓存其已解析的结果,但惟缓存 DNS 服务器是仅执行查询、缓存解析结果的 DNS 服务器,不存储任何区域数据库。惟缓存 DNS 服务器对于任何域来说都不是权威的,并且它所包含的信息限于解析查询时已缓存的内容。

当惟缓存 DNS 服务器初次启动时,并没有缓存任何信息,只有在响应客户端请求时才会缓存。如果 DNS 客户端位于远程网络且该远程网络与主 DNS 服务器(或辅助 DNS 服务器)所在的网络通过慢速广域网链路进行通信,则在远程网络中部署惟缓存 DNS 服务器是一种合理的解决方案。因此,一旦惟缓存 DNS 服务器(或辅助 DNS 服务器)建立了缓存,其与主 DNS 服务器的通信量便会减少。此外,由于惟缓存 DNS 服务器不需要执行区域传输,因此不会出现因区域传输而导致网络通信量的增大。

1. 部署惟缓存 DNS 服务器的需求和环境

本小节的所有实例按图 3-23 所示部署网络环境。在原有网络环境下增加主机名为 Win2012-3 的 DNS 转发器,其 IP 地址为 192.168.10.3,首选 DNS 服务器是 192.168.10.1,该计算机是域 long.com 的成员服务器。

2. 配置 DNS 转发器

1) 更改客户端 DNS 服务器 IP 地址指向

(1) 登录 DNS 客户端计算机 Win2012-2,将其首选 DNS 服务器指向 192.168.10.3,备用 DNS 服务器设置为空。

(2) 打开命令提示符,输入 ipconfig /flushdns 命令清空客户端计算机 Win2012-2 上的缓存。输入 ping Win2012-2.long.com 命令,发现不能解析,因为该记录存在于服务器 Win2012-1 上,不存在于服务器 192.168.10.3 上。

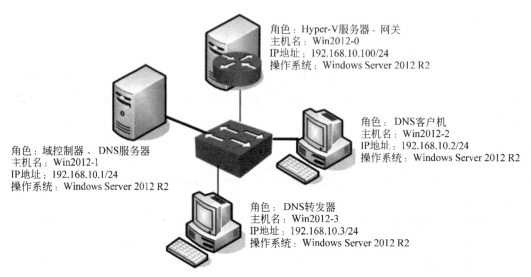

图 3-23　配置 DNS 转发器网络拓扑图

2）在惟缓存 DNS 服务器上安装 DNS 服务并配置 DNS 转发器

（1）以具有管理员权限的用户账户登录将要部署惟缓存 DNS 服务器的计算机 Win2012-3。

（2）安装 DNS 服务（不配置 DNS 服务器区域）。

（3）打开"DNS 管理器"控制台，在左侧的控制台树中右击 DNS 服务器 Win2012-3，在弹出的菜单中选择"属性"命令。

（4）在打开的 DNS 服务器的属性对话框中单击"转发器"标签，打开"转发器"选项卡，如图 3-24 所示。

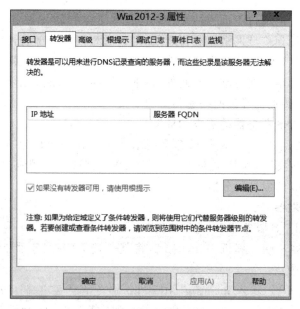

图 3-24　"转发器"选项卡

(5) 单击"编辑"按钮,打开"编辑转发器"对话框。在"转发服务器的 IP 地址"选项区域中,添加需要转发到的 DNS 服务器的地址为 192.168.10.1,或者计算机能解析到相应服务器的 FQDN,如图 3-25 所示。最后单击"确定"按钮即可。

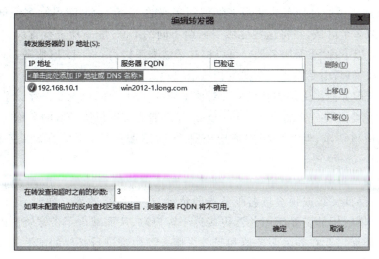

图 3-25 添加解析转达请求的 DNS 服务器的 IP 地址

(6) 采用同样的方法,根据需要配置其他区域的转发。

3. 测试惟缓存 DNS 服务器

在 Win2012-2 上打开命令提示符窗口,使用 nslookup 命令测试惟缓存 DNS 服务器,如图 3-26 所示。

图 3-26 在 Win2012-2 上测试惟缓存 DNS 服务器

3.3.5 部署子域和委派

1. 部署子域和委派的需求和环境

下面的所有实例按图 3-23 部署网络环境。在原有网络环境下增加主机名为 Win2012-3 的辅助 DNS 服务器,其 IP 地址是 192.168.10.3,首选 DNS 服务器是 192.168.10.1,该计算机是域 long.com 的成员服务器。

2. 创建子域及其资源记录

当一个区域较大时,为了便于管理,可以把一个区域划分成若干个子域。例如,在 long.com 下可以按照部门划分出 sales、market 等子域。使用这种方式时,实际上是子域和原来的区域都共享原来的 DNS 服务器。

添加一个区域的子域时,在 Win2012-1 的 DNS 控制台中先选中一个区域,例如 long.

com,然后右击,从快捷菜单中选择"新建域"命令,在出现的输入子域的窗口中输入 sales 并单击"确定"按钮,然后可以在该子域下创建资源记录。请读者动手试一试。

3. 区域委派

DNS 名称解析是通过分布式结构来管理和实现的,它允许将 DNS 命名空间根据层次结构分割成一个或多个区域,并将这些区域委派给不同的 DNS 服务器进行管理。例如,某区域的 DNS 服务器(以下称"委派服务器")可以将其子域委派给另一台 DNS 服务器(以下称"受委派服务器")全权管理,由受委派服务器维护该子域的数据库,并负责响应针对该子域的名称解析请求。而委派服务器则无须进行任何针对该子域的管理工作,也无须保存该子域的数据库,只需保留到达受委派服务器的指向,即当 DNS 客户端请求解析该子域的名称时,委派服务器将无法直接响应该请求,但其明确知道应由哪个 DNS 服务器(即受委派服务器)来响应该请求。

采用区域委派可有效地均衡负载。将子域的管理和解析任务分配到各个受委派服务器,可以大幅度降低父级或顶级域名服务器的负载,提高解析效率。同时,通过这种分布式结构,使真正提供解析的受委派服务器更接近于客户端,从而减少了带宽资源的浪费。

部署区域委派需要在委派服务器和受委派服务器中都进行必要的配置。

在图 3-23 中,在委派的 DNS 服务器上创建委派区域 Beijing,然后在被委派的 DNS 服务器上创建主区域 Beijing.long.com,并且在该区域中创建资源记录。其具体步骤如下。

1)配置委派服务器

本任务中委派服务器是 Win2012-1,需要将区域 long.com 中的 Beijing 域委派给 Win2012-3(IP 地址是 192.168.10.3)。

(1)使用具有管理员权限的用户账户登录委派服务器 Win2012-1。

(2)打开"DNS 管理器"控制台,在区域 long.com 下创建 Win2012-3 的主机记录,该主机记录是被委派 DNS 服务器的主机记录。(Win2012-3.long.com 对应 192.168.10.3。)

(3)右击域 long.com,在弹出的菜单中选择"新建域"命令,打开"新建 DNS 域"对话框,新建 Beijing 子域,如图 3-27 所示。

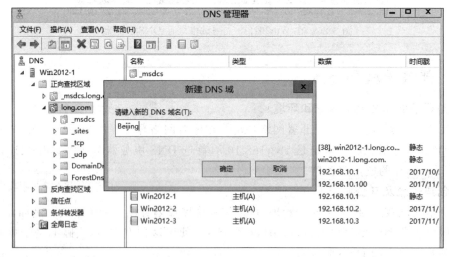

图 3-27 新建 Beijing 子域

(4) 右击域 long.com，在弹出的菜单中选择"新建委派"命令，打开"新建委派向导"界面。

(5) 单击"下一步"按钮，将打开"受委派域名"对话框，在此对话框中指定要委派给受委派服务器进行管理的域名 Beijing，如图 3-28 所示。

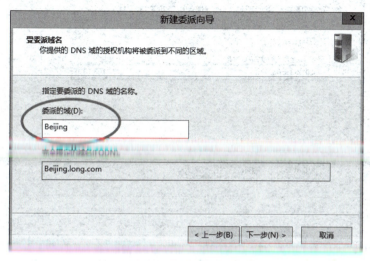

图 3-28　指定受委派域名

(6) 单击"下一步"按钮，将打开"名称服务器"对话框，在此对话框中指定受委派的服务器。单击"添加"按钮，将打开"新建名称服务器记录"对话框，在"服务器完全限定的域名（FQDN）"文本框中输入被委派计算机的主机记录的完全合格域名 Win2012-3.long.com，在"IP 地址"文本框中输入被委派 DNS 服务器的 IP 地址 192.168.10.3，然后单击"确定"按钮，如图 3-29 所示。

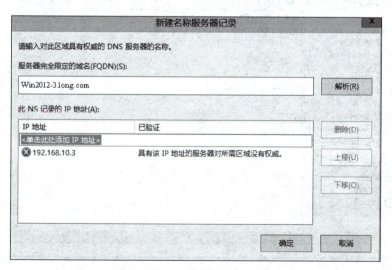

图 3-29　添加受委派服务器

(7) 单击"确定"按钮，将返回"名称服务器"对话框，从中可以看到受委派服务器，如图 3-30 所示。

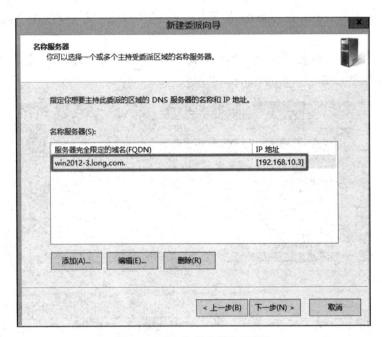

图 3-30 "名称服务器"对话框

（8）单击"下一步"按钮，将打开"完成"对话框。单击"完成"按钮，将返回"DNS 管理器"控制台，从中可以看到已经添加的委派子域 Beijing。委派服务器配置完成，如图 3-31 所示。（注意一定不要在该域上建立 Beijing 子域。）

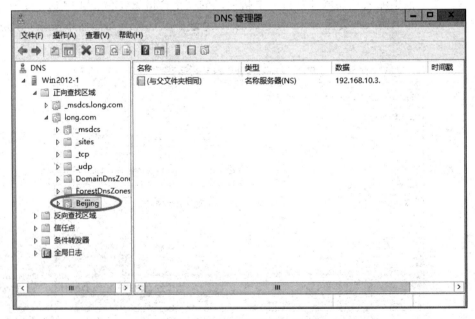

图 3-31 完成委派设置的界面

注意：受委派服务器必须在委派服务器中有一个对应的 A 记录，以便委派服务器指向受委派服务器。该 A 记录可以在新建委派之前创建，否则在新建委派时会自动创建。

2. 配置受委派服务器

(1) 使用具有管理员权限的用户账户登录受委派服务器 Win2012-3。

(2) 在受委派服务器上安装 DNS 服务。

(3) 在受委派服务器 Win2012-3 上创建正、反向主要区域 beijing.long.com（正向主要区域的名称必须与受委派区域的名称相同），如图 3-32 和图 3-33 所示。

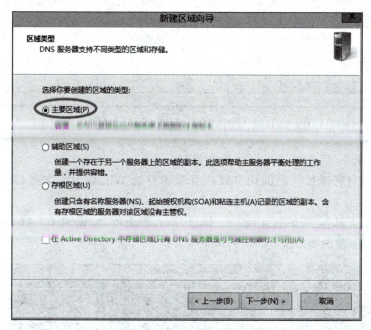

图 3-32　创建正、反向主要区域 beijing.long.com

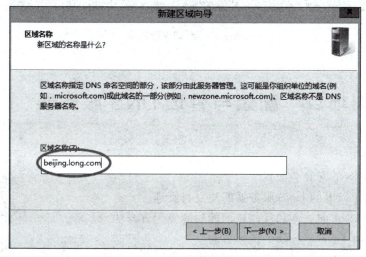

图 3-33　创建正反向主要区域 beijing.long.com

(4) 创建区域完成后，新建资源记录，比如建立主机 test.beijing.long.com，对应 IP 地址是 192.168.10.4，完成后如图 3-34 所示。

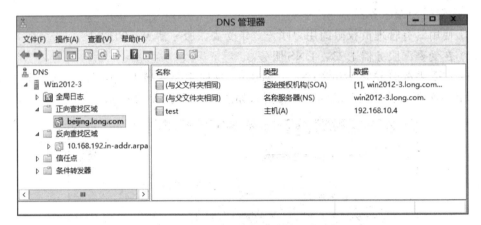

图 3-34　DNS 管理器设置完成后的界面

3）测试委派

（1）使用具有管理员权限的用户账户登录客户端 Win2012-2，首选 DNS 服务器设为 192.168.10.1。

（2）使用 nslookup 测试 test.beijing.long.com，如果成功，说明 192.168.10.1 服务器到 192.168.10.3 服务器的委派成功，如图 3-35 所示。

图 3-35　测试委派成功

3.4　实训项目　配置与管理 DNS 服务器

1. 实训目的

- 掌握 DNS 的安装与配置。
- 掌握两个以上的 DNS 服务器的建立与管理。
- 掌握 DNS 正向查询和反向查询的功能及配置方法。
- 掌握各种 DNS 服务器的配置方法。
- 掌握 DNS 资源记录的规划和创建方法。

2. 项目背景

本次实训项目所依据的网络拓扑图分别如图 3-4 和图 3-23 所示。

3. 项目实训

(1) 依据图 3-4 完成任务：添加 DNS 服务器，部署主 DNS 服务器，配置 DNS 客户端并测试主 DNS 服务器的配置。

(2) 依据图 3-23 完成任务：部署惟缓存 DNS 服务器，配置转发器，测试惟缓存 DNS 服务器。

4. 做一做

根据实训项目录像进行项目的实训，检查学习效果。

3.5 习题

1. 填空题

(1) _____是一个用于存储单个 DNS 域名的数据库，是域命名空间树状结构的一部分，它将域名空间分区为较小的区段。

(2) DNS 顶级域名中表示官方政府单位的是_____。

(3) _____表示邮件交换的资源记录。

(4) 可以用来检测 DNS 资源创建是否正确的两个工具是_____、_____。

(5) DNS 服务器的查询方式有_____、_____。

2. 选择题

(1) 某企业的网络工程师安装了一台基本的 DNS 服务器，用来提供域名解析。网络中的其他计算机都作为这台 DNS 服务器的客户机。他在服务器创建了一个标准主要区域，在一台客户机上使用 nslookup 工具查询一个主机名称，DNS 服务器能够正确地将其 IP 地址解析出来。可是当使用 nslookup 工具查询该 IP 地址时，DNS 服务器却无法将其主机名称解析出来，那么应如何解决这个问题？（　　）

　　A. 在 DNS 服务器反向解析区域中，为这条主机记录创建相应的 PTR 指针记录

　　B. 在 DNS 服务器区域属性上设置允许动态更新

　　C. 在要查询的这台客户机上运行命令 ipconfig /registerdns

　　D. 重新启动 DNS 服务器

(2) 在 Windows Server 2012 R2 的 DNS 服务器上不可以新建的区域类型有（　　）。

　　A. 转发区域　　　B. 辅助区域　　　C. 存根区域　　　D. 主要区域

(3) DNS 提供了一个（　　）命名方案。

　　A. 分级　　　　　B. 分层　　　　　C. 多级　　　　　D. 多层

(4) DNS 顶级域名中表示商业组织的是（　　）。

　　A. COM　　　　　B. GOV　　　　　C. MIL　　　　　D. ORG

(5) （　　）表示别名的资源记录。

　　A. MX　　　　　　B. SOA　　　　　C. CNAME　　　　D. PTR

3. 简答题

(1) DNS 的查询模式有哪几种？

(2) DNS 的常见资源记录有哪些？

(3) DNS 的管理与配置流程是什么？

(4) DNS 服务器属性中的"转发器"的作用是什么？

(5) 什么是 DNS 服务器的动态更新？

4. 案例分析

某企业安装了自己的 DNS 服务器，为企业内部客户端计算机提供主机名称解析。然而企业内部的客户除了访问内部的网络资源外，还想访问 Internet 资源。作为企业的网络管理员，应该怎样配置 DNS 服务器？

项目 4 配置与管理 DHCP 服务器

 项目背景

目前很多单位都建立了学校的校园网,从而随着笔记本电脑的普及,教师移动办公以及学生移动学习的现象越来越多。当计算机从一个网络移动到另一个网络时,需要重新获知新网络的 IP 地址、网关等信息,并对计算机进行设置。这样,客户端就需要知道整个网络的部署情况,需要知道自己处于哪个网段、哪些 IP 地址是空闲的,以及默认网关是多少等信息,不仅用户觉得烦琐,同时也为网络管理员规划网络分配 IP 地址带来了困难。网络中的用户需要无论处于网络中什么位置,都不需要配制 IP 地址、默认网关等信息就能够上网。这就需要在网络中部署 DHCP 服务器。

在完成该项目之前,首先应当对整个网络进行规划,确定网段的划分以及每个网段可能的主机数量等信息。

 项目目标

- 了解 DHCP 服务器在网络中的作用。
- 理解 DHCP 的工作过程。
- 掌握 DHCP 服务器的基本配置。
- 掌握 DHCP 客户端的配置和测试。
- 掌握常用 DHCP 选项的配置。
- 理解在网络中部署 DHCP 服务器的解决方案。
- 掌握常见 DHCP 服务器的维护。

4.1 相关知识

手动设置每一台计算机的 IP 地址是管理员最不愿意做的一件事,于是出现了自动配置 IP 地址的方法,这就是 DHCP。DHCP(Dynamic Host Configuration Protocol,动态主机配置协议),可以自动为局域网中的每一台计算机分配 IP 地址,并完成每台计算机的 TCP/IP 配置,包括 IP 地址、子网掩码、网关及 DNS 服务器等。DHCP 服务器能够从预先设置的 IP 地址池中自动给主机分配 IP 地址,它不仅能够解决 IP 地址冲突的问题,还能及时回收 IP 地址以提高 IP 地址的利用率。

4.1.1 何时使用 DHCP 服务

网络中每一台主机的 IP 地址与相关配置,可以采用以下两种方式获得:手工配置和自动获得(自动向 DHCP 服务器获取)。

在网络主机数目少的情况下,可以手工为网络中的主机分配静态的 IP 地址,但有时工作量很大,这就需要动态 IP 地址方案。在该方案中,每台计算机并不设定固定的 IP 地址,而是在计算机开机时才被分配一个 IP 地址,这台计算机被称为 DHCP 客户端(DHCP Client)。在网络中提供 DHCP 服务的计算机称为 DHCP 服务器。DHCP 服务器利用 DHCP(动态主机配置协议)为网络中的主机分配动态 IP 地址,并提供子网掩码、默认网关、路由器的 IP 地址以及一个 DNS 服务器的 IP 地址等。

动态 IP 地址方案可以减少管理员的工作量。只要 DHCP 服务器正常工作,IP 地址就不会发生冲突。要大批量更改计算机的所在子网或其他 IP 参数,只要在 DHCP 服务器上进行即可,管理员不必设置每一台计算机。

需要动态分配 IP 地址的情况包括以下 3 种。

- 网络的规模较大,网络中需要分配 IP 地址的主机很多,特别要在网络中增加和删除网络主机或者要重新配置网络时,使用手工分配工作量很大,而且常常会因为用户不遵守规则而出现错误,如导致 IP 地址的冲突等。
- 网络中的主机多,而 IP 地址不够用,这时也可以使用 DHCP 服务器来解决这一问题。例如,某个网络上有 200 台计算机,采用静态 IP 地址时,每台计算机都需要预留一个 IP 地址,即共需要 200 个 IP 地址。然而,这 200 台计算机并不同时开机,甚至可能只有 20 台计算机同时开机,这样就浪费了 180 个 IP 地址。这种情况对 ISP(Internet Service Provider,互联网服务供应商)来说是一个十分严重的问题。如果 ISP 有 10 万个用户,是否需要 10 万个 IP 地址? 解决这个问题的方法就是使用 DHCP 服务。
- DHCP 服务使移动客户可以在不同的子网中移动,并在他们连接到网络时自动获得网络中的 IP 地址。随着笔记本电脑的普及,移动办公已成为常态。当计算机从一个网络移动到另一个网络时,每次移动也需要改变 IP 地址,并且移动的计算机在每个网络都需要占用一个 IP 地址。

利用拨号上网实际上就是从 ISP 那里动态获得了一个共有的 IP 地址。

4.1.2 DHCP 地址分配类型

DHCP 允许 3 种类型的地址分配。

- 自动分配方式:当 DHCP 客户端第一次成功地从 DHCP 服务器端租用到 IP 地址之后,就永远使用这个地址。
- 动态分配方式:当 DHCP 客户端第一次从 DHCP 服务器端租用到 IP 地址之后,并非永久地使用该地址,只要租约到期,客户端就得释放这个 IP 地址,以给其他工作站使用。当然,客户端可以比其他主机更优先地更新租约,或是租用其他 IP 地址。
- 手工分配方式:DHCP 客户端的 IP 地址是由网络管理员指定的,DHCP 服务器只是把指定的 IP 地址告诉客户端。

4.1.3 DHCP 服务的工作过程

1. DHCP 工作站第一次登录网络

当 DHCP 客户机启动登录网络时,通过以下步骤从 DHCP 服务器获得租约。

(1) DHCP 客户机在本地子网中先发送 DHCP Discover 报文。此报文以广播的形式发送,因为客户机现在不知道 DHCP 服务器的 IP 地址。

(2) 在 DHCP 服务器收到 DHCP 客户机广播的 DHCP Discover 报文后,它向 DHCP 客户机发送 DHCP Offer 报文,其中包括一个可租用的 IP 地址。

如果没有 DHCP 服务器对客户机的请求做出反应,可能发生以下两种情况。

(1) 如果客户使用的是 Windows 2000 及后续版本的 Windows 操作系统,且自动设置 IP 地址的功能处于激活状态,那么客户端将自动从 Microsoft 保留 IP 地址段中选择一个自动私有地址(Automatic Private IP Address,APIPA)作为自己的 IP 地址。自动私有 IP 地址的范围是 169.254.0.1~169.254.255.254。使用自动私有 IP 地址可以确保在 DHCP 服务器不可用时,DHCP 客户端之间仍然可以利用私有 IP 地址进行通信。所以,即使在网络中没有 DHCP 服务器,计算机之间仍能通过网上邻居发现彼此。

(2) 如果使用其他操作系统或自动设置 IP 地址的功能被禁止,则客户机无法获得 IP 地址,初始化失败。但客户机在后台每隔 5 分钟发送 4 次 DHCP Discover 报文,直到它收到 DHCP Offer 报文。

一旦客户机收到 DHCP Offer 报文,它发送 DHCP Request 报文到服务器,表示它将使用服务器所提供的 IP 地址。

DHCP 服务器在收到 DHCP Request 报文后,立即发送 DHCP YACK 确认报文,以确定此租约成立,且此报文还包含其他 DHCP 选项信息。

客户机收到确认信息后,利用其中的信息配置它的 TCP/IP 并加入网络中。上述过程如图 4-1 所示。

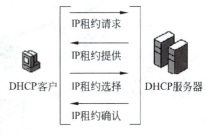

图 4-1 过程解析

2. DHCP 工作站第二次登录网络

DHCP 客户机获得 IP 地址后再次登录网络时,就不需要再发送 DHCP Discover 报文了,而是直接发送包含前一次所分配的 IP 地址的 DHCP Request 报文。DHCP 服务器收到 DHCP Request 报文,会尝试让客户机继续使用原来的 IP 地址,并回答一个 DHCP YACK(确认信息)报文。

如果 DHCP 服务器无法分配给客户机原来的 IP 地址,则回答一个 DHCP NACK(不确认信息)报文。当客户机接收到 DHCP NACK 报文后,就必须重新发送 DHCP Discover 报文来请求新的 IP 地址。

3. DHCP 租约的更新

DHCP 服务器将 IP 地址分配给 DHCP 客户机后,有租用时间的限制,DHCP 客户机必须在该次租用过期前对它进行更新。客户机在 50% 租借时间过去以后,每隔一段时间就开始请求 DHCP 服务器更新当前租借。如果 DHCP 服务器应答,则租用延期。如果 DHCP 服务器始终没有应答,在有效租借期的 87.5% 时,客户机应该与任何一个其他 DHCP 服务器通信,并请求更新它的配置信息。如果客户机不能和所有的 DHCP 服务器取得联系,租借时间到期后,它必须放弃当前的 IP 地址,并重新发送一个 DHCP Discover 报文开始上述 IP 地址获得过程。

客户端可以主动向服务器发出 DHCP Release 报文,将当前的 IP 地址释放。

4.2 项目设计及分析

部署 DHCP 之前应该先进行规划,明确哪些 IP 地址用于自动分配给客户端(作用域中应包含的 IP 地址),哪些 IP 地址用于手工指定给特定的服务器。例如,在项目中,将 IP 地址 192.168.10.1～200/24 用于自动分配,将 IP 地址 192.168.10.100/24～192.168.10.120/24、192.168.10.10/24 排除,预留给需要手工指定 TCP/IP 参数的服务器,将 192.168.10.200/24 用作保留地址等。

根据图 4-2 所示的环境来部署 DHCP 服务。

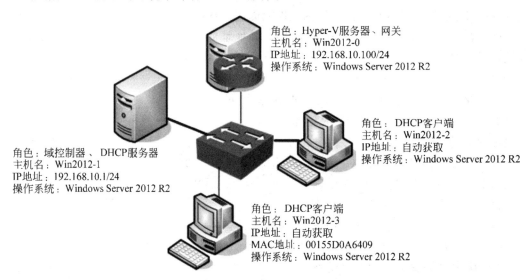

图 4-2　架设 DHCP 服务器的网络拓扑图

注意:用于手工配置的 IP 地址,一定要排除地址池之外的地址(见图 4-2 中的 192.168.10.100/24～192.168.10.120/24 和 192.168.10.10/24),否则会造成 IP 地址冲突。请读者思考原因。

4.3 项目实施

4.3.1 安装 DHCP 服务器角色

(1) 依次选择"开始"→"管理工具"→"服务器管理器"选项,在"仪表板"中选择"添加角色和功能",持续单击"下一步"按钮,直到出现图 4-3 所示的"选择服务器角色"对话框时选中"DHCP 服务器"复选框,在打开的对话框中单击"添加功能"按钮。

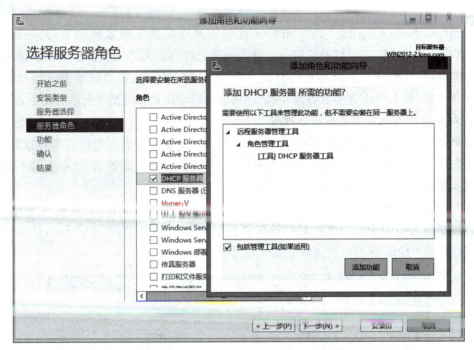

图 4-3 "选择服务器角色"对话框

(2) 持续单击"下一步"按钮,最后单击"安装"按钮,开始安装 DHCP 服务器。安装完毕后,单击"关闭"按钮,完成 DHCP 服务器角色的安装。

(3) 单击"关闭"按钮关闭向导,DHCP 服务器安装完成。依次选择"开始"→"管理工具"→DHCP 选项,打开 DHCP 控制台,如图 4-4 所示,可以在此配置和管理 DHCP 服务器。

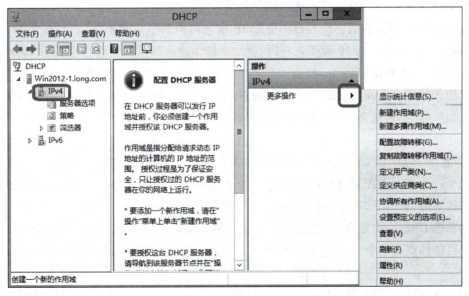

图 4-4 DHCP 控制台

103

4.3.2 授权 DHCP 服务器

Windows Server 2012 R2 为使用活动目录的网络提供了集成的安全性支持。针对 DHCP 服务器,它提供了授权的功能。通过这一功能可以对网络中配置正确的合法 DHCP 服务器进行授权,允许它们对客户端自动分配 IP 地址。同时,还能够检测未授权的非法 DHCP 服务器,以及防止这些服务器在网络中启动或运行,从而提高了网络的安全性。

1. 对域中的 DHCP 服务器进行授权

如果 DHCP 服务器是域的成员,并且在安装 DHCP 服务器过程中没有选择授权,那么在安装完成后就必须先进行授权,才能为客户端计算机提供 IP 地址,独立服务器不需要授权。其步骤如下。

在 DHCP 控制台中右击 DHCP 服务器 Win2012-1.long.com,选择快捷菜单中的"授权"选项,即可为 DHCP 服务器授权。重新打开 DHCP 控制台,如图 4-5 所示,显示 DHCP 服务器已授权:IPv4 前面由红色向下箭头变为绿色对钩。

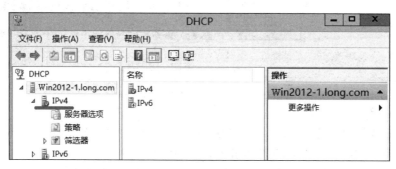

图 4-5 DHCP 服务器已授权

2. 为什么要授权 DHCP 服务器

由于 DHCP 服务器为客户端自动分配 IP 地址时均采用广播机制,而且客户端在发送 DHCP Request 消息进行 IP 租用选择时,也只是简单地选择第一个收到的 DHCP Offer,这意味着在整个 IP 租用过程中,网络中所有的 DHCP 服务器都是平等的。如果网络中的 DHCP 服务器都是正确配置的,则网络将能够正常运行。如果在网络中出现了错误配置的 DHCP 服务器,则可能会引发网络故障。例如,错误配置的 DHCP 服务器可能会为客户端分配不正确的 IP 地址,导致该客户端无法进行正常的网络通信。在图 4-6 所示的网络环境中,配置正确的 DHCP 服务器 dhcp1 可以为客户端提供的是符合网络规划的 IP 地址 192.168.2.10~200/24,而配置错误的非法 DHCP 服务器 bad_dhcp 为客户端提供的却是不符合网络规划的 IP 地址 10.0.0.11~100/24。对于网络中的 DHCP 客户端 client1 来说,由于在自动获得 IP 地址的过程中两台 DHCP 服务器具有平等的被选择权,因此 client1 将有 50% 的可能性获得一个由 bad_dhcp 提供的 IP 地址,这意味着网络出现故障的可能性将高达 50%。

为了解决这一问题,Windows Server 2012 R2 引入了 DHCP 服务器的授权机制。通过授权机制,DHCP 服务器在服务于客户端之前,需要验证是否已在 AD 中被授权。如果未经

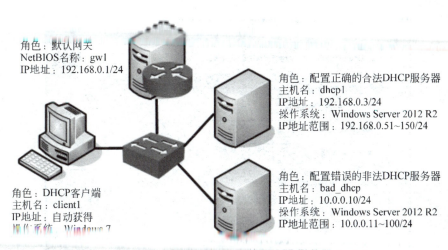

图 4-6 网络中出现非法的 DHCP 服务器

授权,将不能为客户端分配 IP 地址。这样就避免了由于网络中出现错误配置的 DHCP 服务器而导致的大多数意外网络故障。

注意:①工作组环境中,DHCP 服务器肯定是独立的服务器,无须授权(也不能授权)即能向客户端提供 IP 地址。②域环境中,域控制器或域成员身份的 DHCP 服务器能够被授权,为客户端提供 IP 地址。③域环境中,独立服务器身份的 DHCP 服务器不能被授权。若域中有被授权的 DHCP 服务器,则该服务器不能为客户端提供 IP 地址;若域中没有被授权的 DHCP 服务器,则该服务器可以为客户端提供 IP 地址。

4.3.3 创建 DHCP 作用域

在 Windows Server 2012 R2 中,作用域可以在安装 DHCP 服务器的过程中创建,也可以在安装完成后在 DHCP 控制台中创建。一台 DHCP 服务器可以创建多个不同的作用域。如果在安装时没有建立作用域,也可以单独建立 DHCP 作用域。其具体步骤如下。

(1) 在 Win2012-1 上打开 DHCP 控制台,展开服务器名,选择 IPv4,右击并选择快捷菜单中的"新建作用域"命令,打开新建作用域向导。

(2) 单击"下一步"按钮,显示"作用域名"对话框,在"名称"文本框中输入新作用域的名称,用来与其他作用域相区分。

(3) 单击"下一步"按钮,显示如图 4-7 所示的"IP 地址范围"对话框。在"起始 IP 地址"和"结束 IP 地址"文本框中输入欲分配的 IP 地址范围。

(4) 单击"下一步"按钮,显示如图 4-8 所示的"添加排除和延迟"对话框,设置客户端的排除地址。在"起始 IP 地址"和"结束 IP 地址"文本框中输入欲排除的 IP 地址或 IP 地址段,单击"添加"按钮,添加到"排除的地址范围"列表框中。

(5) 单击"下一步"按钮,显示"租用期限"对话框,设置客户端租用 IP 地址的时间。

(6) 单击"下一步"按钮,显示"配置 DHCP 选项"对话框,提示是否配置 DHCP 选项,选择默认的"是,我想现在配置这些选项"单选按钮。

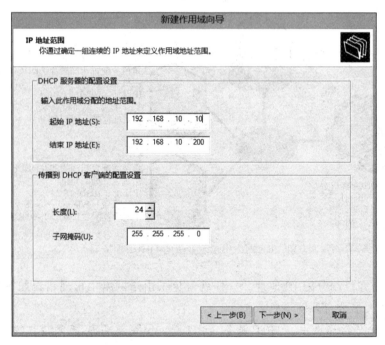

图 4-7 "IP 地址范围"对话框

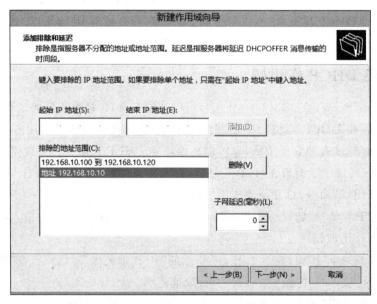

图 4-8 "添加排除和延迟"对话框

(7) 单击"下一步"按钮,显示如图 4-9 所示的"路由器(默认网关)"对话框,在"IP 地址"文本框中输入要分配的网关,单击"添加"按钮将其添加到列表框中。本例为 192.168.10.100。

(8) 单击"下一步"按钮,显示"域名称和 DNS 服务器"对话框。在"父域"文本框中输入进行 DNS 解析时使用的父域,在"IP 地址"文本框中输入 DNS 服务器的 IP 地址,单击"添加"按钮将其添加到列表框中,如图 4-10 所示。本例为 192.168.10.1。

图 4-10 "域名称和 DNS 服务器"对话框

(9) 单击"下一步"按钮,显示"WINS 服务器"对话框,设置 WINS 服务器。如果网络中没有配置 WINS 服务器,则不必设置。

(10) 单击"下一步"按钮,显示"激活作用域"对话框,询问是否要激活作用域。建议使用默认的"是,我想现在激活此作用域"。

(11) 单击"下一步"按钮,显示"正在完成新建作用域向导"对话框。

(12) 单击"完成"按钮,作用域创建完成并自动激活。

4.3.4 保留特定的 IP 地址

如果用户想保留特定的 IP 地址给指定的客户机,以便 DHCP 客户机在每次启动时都获得相同的 IP 地址,就需要将该 IP 地址与客户机的 MAC 地址绑定。其设置步骤如下。

(1) 打开 DHCP 控制台,在左窗格中选择作用域中的"保留"项。

(2) 执行"操作"→"添加"命令,打开"[192.168.10.200]保留1属性"对话框,如图 4-11 所示。

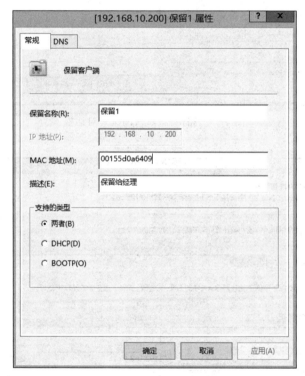

图 4-11 "[192.168.10.200]保留 1 属性"对话框

(3) 在"IP 地址"文本框中输入要保留的 IP 地址,本例为 192.168.10.200。

(4) 在"MAC 地址"文本框中输入 IP 地址要保留的网卡。

(5) 在"保留名称"文本框中输入客户名称。注意此名称只是一般的说明文字,并不是用户账号的名称,但此处不能为空白。

(6) 如果有需要,可以在"描述"文本框内输入一些描述此客户的说明性文字。

添加完成后,用户可利用作用域中的"地址租约"选项进行查看。大部分情况下,客户机使用的仍然是以前的 IP 地址。也可用以下方法进行更新。

- ipconfig /release:释放现有 IP。
- ipconfig /renew:更新 IP。

(7) 在 MAC 地址为 00155D0A6409 的计算机 Win2012-3 上进行测试, 结果如图 4-12 所示。

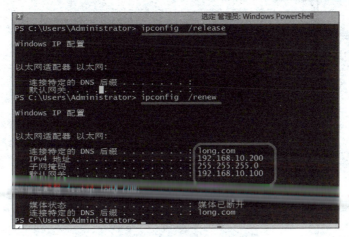

图 4-12 保留地址的测试结果

注意: 如果在设置保留地址时, 网络上有多台 DHCP 服务器存在, 用户需要在其他服务器中将此保留地址排除, 以便客户机可以获得正确的保留地址。

4.3.5 配置 DHCP 服务器

DHCP 服务器除了可以为 DHCP 客户机提供 IP 地址外, 还可以设置 DHCP 客户机启动时的工作环境, 如可以设置客户机登录的域名称、DNS 服务器、WINS 服务器、路由器、默认网关等。在客户机启动或更新租约时, DHCP 服务器可以自动设置客户机启动后的 TCP/IP 环境。

DHCP 服务器提供了许多选项, 如默认网关、域名、DNS、WINS、路由器等。选项包括 4 种类型。

- 默认服务器选项: 这些选项的设置影响 DHCP 控制台中该服务器下所有作用域中的客户和类选项。
- 作用域选项: 这些选项的设置只影响该作用域下的地址租约。
- 类选项: 这些选项的设置只影响被指定使用该 DHCP 类 ID 的客户机。
- 保留客户选项: 这些选项的设置只影响指定的保留客户。

如果在服务器选项与作用域选项中设置了不同的选项, 则作用域的选项起作用, 即在应用时, 作用域选项将覆盖服务器选项。同理, 类选项会覆盖作用域选项、保留客户选项覆盖以上 3 种选项, 它们的优先级为: 保留客户选项＞类选项＞作用域选项＞默认服务器选项。

为了进一步了解选项设置, 以在作用域中添加 DNS 选项为例, 说明 DHCP 的选项设置。

(1) 打开 DHCP 控制台, 在左窗格中展开服务器, 选择"作用域选项", 执行"操作"→"配置选项"命令。

(2) 打开"作用域选项"对话框, 如图 4-13 所示。在"常规"选项卡的"可用选项"列表中选择"006 DNS 服务器"复选框, 输入 IP 地址, 单击"确定"按钮结束。

图 4-13 设置作用域选项

4.3.6 配置超级作用域

超级作用域是运行 Windows Server 2012 R2 的 DHCP 服务器的一种管理功能。当 DHCP 服务器上有多个作用域时，就可以组成超级作用域，作为单个实体来管理。超级作用域常用于多网配置。多网是指在同一物理网段上使用两个或多个 DHCP 服务器以管理分离的逻辑 IP 网络。在多网配置中，可以使用 DHCP 超级作用域来组合多个作用域，为网络中的客户机提供来自多个作用域的租约。其网络拓扑图如图 4-14 所示。

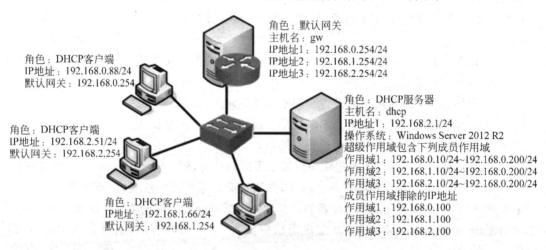

图 4-14 超级作用域应用实例

超级作用域的设置方法如下。

（1）在 DHCP 控制台中右击 DHCP 服务器下的 IPv4，在弹出的快捷菜单中选择"新建超级作用域"命令，打开"新建超级作用域向导"对话框。在"选择作用域"对话框中可选择要加入超级作用域管理的作用域。

（2）超级作用域创建完成以后会显示在 DHCP 控制台中，还可以将其他作用域也添加到该超级作用域中。

超级作用域可以解决多网结构中的某些 DHCP 部署问题。比较典型的情况就是，当前活动作用域的可用地址池几乎已耗尽，而又要向网络添加更多的计算机，可使用另一个 IP 网络地址范围以扩展同一物理网段的地址空间。

注意：超级作用域只是一个简单的容器，删除超级作用域时并不会删除其中的子作用域。

4.3.7 配置 DHCP 客户端并进行测试

1. 配置 DHCP 客户端

目前常用的操作系统均可作为 DHCP 客户端，下面仅以 Windows 平台为客户端进行配置。在 Windows 平台中配置 DHCP 客户端非常简单。

（1）在客户端 Win2012-2 上打开"Internet 协议版本 4(TCP/IPv4)属性"对话框。
（2）选中"自动获得 IP 地址"和"自动获得 DNS 服务器地址"两项即可。

提示：由于 DHCP 客户机是在开机时自动获得 IP 地址的，因此并不能保证每次获得的 IP 地址是相同的。

2. 测试 DHCP 客户端

在 DHCP 客户端上打开命令提示符窗口，通过 ipconfig /all 和 ping 命令对 DHCP 客户端进行测试，如图 4-15 所示。

图 4-15　测试 DHCP 客户端

3. 手动释放 DHCP 客户端 IP 地址租约

在 DHCP 客户端上打开命令提示符窗口，使用 ipconfig /release 命令手动释放 DHCP 客户端 IP 地址租约。请读者试着做一下。

4. 手动更新 DHCP 客户端 IP 地址租约

在 DHCP 客户端上打开命令提示符窗口，使用 ipconfig /renew 命令手动更新 DHCP

客户端 IP 地址租约。请读者试着做一下。

5. 在 DHCP 服务器上验证租约

使用具有管理员权限的用户账户登录 DHCP 服务器，打开 DHCP 管理控制台。在左侧控制台树中双击 DHCP 服务器，在展开的树中双击作用域，然后选择"地址租用"选项，将能够看到从当前 DHCP 服务器的当前作用域中租用 IP 地址的租约，如图 4-16 所示。

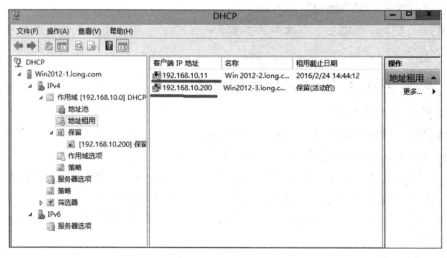

图 4-16　IP 地址租约

4.4　实训项目　配置与管理 DHCP 服务器

1. 实训目的
- 掌握 DHCP 服务器的配置方法。
- 掌握 DHCP 的用户类别的配置。
- 掌握测试 DHCP 服务器的方法。

2. 项目背景

本项目根据图 4-2 所示的环境来部署 DHCP 服务器。

3. 项目要求

（1）将 DHCP 服务器的 IP 地址池设为 192.168.2.10/20～192.168.2.200/24。

（2）将 IP 地址 192.168.2.104/24 预留给需要手工指定 TCP/IP 参数的服务器。

（3）将 192.168.2.100 用作保留地址。

（4）增加一台客户端 Win2012-3，要使 Win2012-2 客户端与 Win2012-3 客户端自动获取的路由器和 DNS 服务器地址不同。

4. 做一做

根据实训项目录像进行项目的实训，检查学习效果。

4.5 习题

1. 填空题

(1) DHCP 工作过程包括_____、_____、_____、_____ 4 种报文。

(2) 如果 Windows 的 DHCP 客户端无法获得 IP 地址,将自动从 Microsoft 公司保留地址段_____中选择一个作为自己的地址。

(3) 在 Windows Server 2012 R2 的 DHCP 服务器中,根据不同的应用范围划分的不同级别的 DHCP 选项包括_____、_____、_____、_____。

(4) 在 Windows Server 2012 R2 中可以利用_____命令可以查看 IP 地址配置,释放 IP 地址使用_____命令,续订 IP 地址使用_____命令。

2. 选择题

(1) 在一个局域网中利用 DHCP 服务器为网络中的所有主机提供动态 IP 地址分配,DHCP 服务器的 IP 地址为 192.168.2.1/24,在服务器上创建一个作用域 192.168.2.11/24～192.168.2.200/24 并激活。在 DHCP 服务器选项中设置 003 为 192.168.2.254,也作用域选项中设置 003 为 192.168.2.253,则网络中租用到 IP 地址 192.168.2.20 的 DHCP 客户端所获得的默认网关地址应为(   )。

    A. 192.168.2.1   B. 192.168.2.254   C. 192.168.2.253   D. 192.168.2.20

(2) DHCP 选项的设置中,不可以设置的是(   )。

    A. DNS 服务器   B. DNS 域名   C. WINS 服务器   D. 计算机名

(3) 使用 Windows Server 2012 R2 的 DHCP 服务时,当客户机租约使用时间超过租约的 50% 时,客户机会向服务器发送(   )数据包,以更新现有的地址租约。

    A. DHCPDiscover   B. DHCPOffer

    C. DHCPRequest   D. DHCPIACk

(4) 下列用来显示网络适配器的 DHCP 类别信息的是(   )。

    A. ipconfig /all   B. ipconfig /release

    C. ipconfig /renew   D. ipconfig /showclassid

3. 简答题

(1) 动态 IP 地址方案有什么优点和缺点?简述 DHCP 服务器的工作过程。

(2) 如何配置 DHCP 作用域选项?如何备份与还原 DHCP 数据库?

4. 案例分析

(1) 某企业用户反映,他的一台计算机从人事部搬到财务部后就不能连接到 Internet 了,这是什么原因?应该怎么处理?

(2) 学校因为计算机数量的增加,需要在 DHCP 服务器上添加一个新的作用域。可用户反映客户端计算机并不能从服务器获得新的作用域中的 IP 地址。可能是什么原因?如何处理?

项目 5　配置与管理 Web 服务器

 项目背景

目前，大部分公司都有自己的网站，用来实现信息发布、资料查询、数据处理、网络办公、远程教育和视频点播等功能，还可以用来实现电子邮件服务。搭建网站要靠 Web 服务来实现，而在中小型网络中使用最多的系统是 Windows Server 系统，因此微软公司的 IIS 系统提供的 Web 服务也成为使用最为广泛的服务。

 项目目标

- 学会 IIS 的安装与配置。
- 学会 Web 网站的配置与管理。
- 学会创建 Web 网站和虚拟主机。
- 学会 Web 网站的目录管理。
- 学会实现安全的 Web 网站。

5.1　相关知识

IIS 提供了基本服务，包括发布信息、传输文件、支持用户通信和更新这些服务所依赖的数据存储。

1. 万维网发布服务

通过将客户端 HTTP 请求连接到在 IIS 中运行的网站上，万维网发布服务向 IIS 最终用户提供 Web 发布。WWW 服务管理 IIS 的核心组件，这些组件处理 HTTP 请求并配置和管理 Web 应用程序。

2. 文件传输协议服务

通过文件传输协议（FTP）服务，IIS 提供对管理和处理文件的完全支持。该服务使用传输控制协议（TCP），这就确保了文件传输的完成和数据传输的准确。该版本的 FTP 支持在站点级别上隔离用户，以帮助管理员保护其 Internet 站点的安全并使之商业化。

3. 简单邮件传输协议服务

通过使用简单邮件传输协议（SMTP）服务，IIS 能够发送和接收电子邮件。例如，为确认用户提交表格成功，可以对服务器进行编程以自动发送邮件来响应事件。也可以使用 SMTP 服务以接收来自网站客户反馈的消息。SMTP 不支持完整的电子邮件服务。要提供完整的电子邮件服务，可使用 Microsoft Exchange Server。

4. 网络新闻传输协议服务

可以使用网络新闻传输协议（NNTP）服务主控单个计算机上的 NNTP 本地讨论组。因为该功能完全符合 NNTP 协议，所以用户可以使用任何新闻阅读客户端程序加入新闻组进行讨论。

5. 管理服务

该项功能管理 IIS 配置数据库，并为 WWW 服务、FTP 服务、SMTP 服务和 NNTP 服务更新 Microsoft Windows 操作系统注册表。配置数据库用来保存 IIS 的各种配置参数。IIS 管理服务对其他应用程序公开配置数据库，这些应用程序包括 IIS 核心组件、在 IIS 上建立的应用程序以及独立于 IIS 的第三方应用程序（如管理或监视工具）。

5.2 项目设计及分析

在架设 Web 服务器之前，读者需要了解本任务实例部署的需求和实验环境。

1. 部署需求

在部署 Web 服务前需满足以下要求。

- 设置 Web 服务器的 TCP/IP 属性，手工指定 IP 地址、子网掩码、默认网关和 DNS 服务器 IP 地址等。
- 部署域环境，域名为 long.com。

2. 部署环境

本项目所有实例被部署在一个域环境下，域名为 long.com。其中 Web 服务器主机名为 Win2012-1，其本身也是域控制器和 DNS 服务器，IP 地址为 192.168.10.1。Web 客户机主机名为 Win2012-2，其本身是域成员服务器，IP 地址为 192.168.10.2。网络拓扑图如图 5-1 所示。

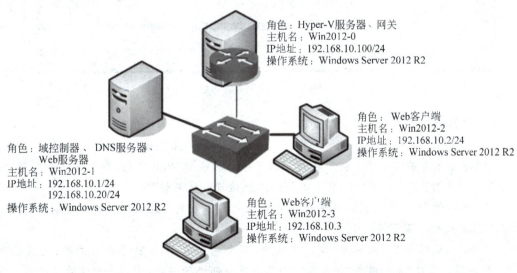

图 5-1　架设 Web 服务器网络拓扑图

5.3 项目实施

5.3.1 安装 Web 服务器(IIS)角色

在计算机 Win2012-1 上通过"服务器管理器"安装 Web 服务器(IIS)角色,具体步骤如下。

(1)依次选择"开始"→"管理工具"→"服务器管理器"选项,在"仪表板"中选择"添加角色和功能",持续单击"下一步"按钮,直到出现图 5-2 所示的"选择服务器角色"对话框时选中"Web 服务器"复选框,在打开的对话框中单击"添加功能"按钮。

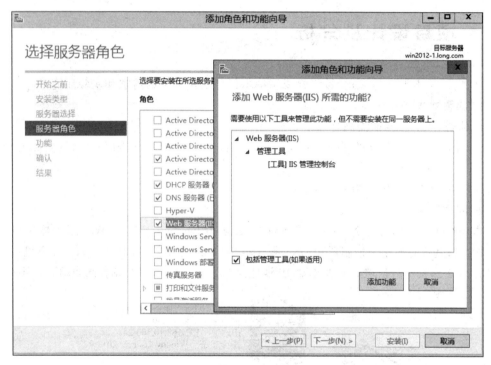

图 5-2 选择服务器角色

(2)持续单击"下一步"按钮,直到出现如图 5-3 所示的"选择角色服务"对话框。全部选中"安全性"下面的选项,同时选中"FTP 服务器"(界面上未能显示出来)。

提示:如果在前面安装某些角色时安装了部分功能和 Web 角色,界面将稍有不同,这时应注意选中"FTP 服务器"和"安全性"中的"IP 地址和域限制"。

(3)最后单击"安装"按钮,开始安装 Web 服务器。安装完成后,显示"安装结果"窗口,单击"关闭"按钮结束安装。

提示:在此将"FTP 服务器"复选框选中,那么在安装 Web 服务器的同时,也安装了 FTP 服务器。建议"角色服务"列表框中的各选项全部进行安装,特别是身份验证方式。如果安装不全,后面做网站安全时,会有部分功能不能使用。

安装完 IIS 以后,还应对该 Web 服务器进行测试,以检测网站是否正确安装并运行。在局

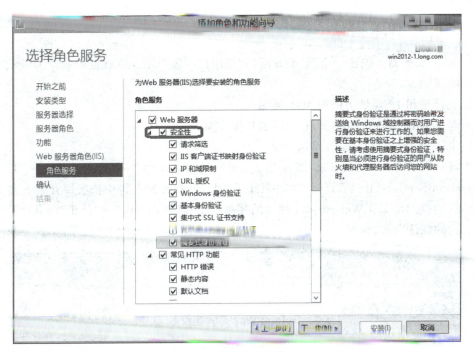

图 5-3 "选择角色服务"对话框

域网中的一台计算机(本例为 Win2012-2)上,通过浏览器打开以下 3 种地址格式进行测试。

- DNS 域名地址(延续前面的 DNS 设置):http://Win2012-1.long.com/。
- IP 地址:http://192.168.10.1/。
- 计算机名:http://Win2012-1/。

如果 IIS 安装成功,则会在 IE 浏览器中显示如图 5-4 所示的网页。如果没有显示出该网页,检查 IIS 是否出现问题或重新启动 IIS 服务,也可以删除 IIS 重新安装。

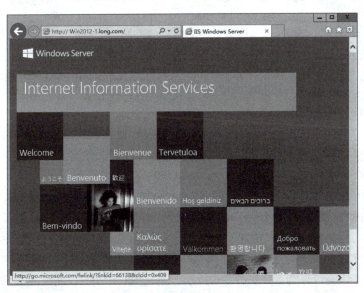

图 5-4　IIS 安装成功

5.3.2 创建 Web 网站

在 Web 服务器上创建一个新 Web 网站,使用户在客户端计算机上能通过 IP 地址和域名进行访问。

1. 创建使用 IP 地址访问的 Web 网站

创建使用 IP 地址访问的 Web 网站的具体步骤如下。

1)停止默认网站(Default Web Site)

以域管理员账户登录 Web 服务器上,依次选择"开始"→"管理工具"→"Internet Information Services(IIS)管理器"选项来打开控制台,在控制台树中依次展开服务器和"网站"节点。右击 Default Web Site,在弹出的菜单中选择"管理网站"→"停止"命令,即可停止正在运行的默认网站,如图 5-5 所示。停止后默认网站的状态显示为"已停止"。

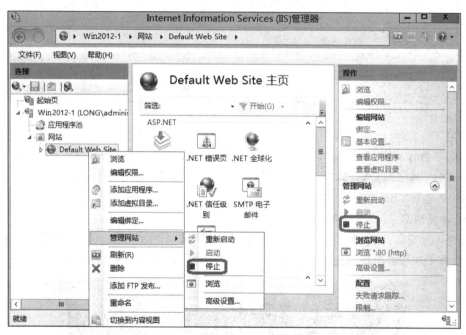

图 5-5　停止默认网站(Default Web Site)

2)准备 Web 网站内容

在 C 盘上创建文件夹 C:\web 作为网站的主目录,并在其文件夹内存放网页 index.htm 作为网站的首页,网站首页可以用记事本或 Dreamweaver 软件编写。

3)创建 Web 网站

(1)在"Internet 信息服务(IIS)管理器"控制台树中展开服务器节点,右击"网站",在弹出的菜单中选择"添加网站"命令,打开"添加网站"对话框。在该对话框中可以指定网站名称、应用程序池、网站内容目录、传递身份验证、网站类型、IP 地址、端口号、主机名以及是否启动网站。在此设置网站名称为 Test Web,物理路径为 C:\web,类型为 http,IP 地址为 192.168.10.1,默认端口号为 80,如图 5-6 所示。单击"确定"按钮,完成 Web 网站的创建。

(2)返回"Internet 信息服务(IIS)管理器"控制台,可以看到刚才所创建的网站已经启动,如图 5-7 所示。

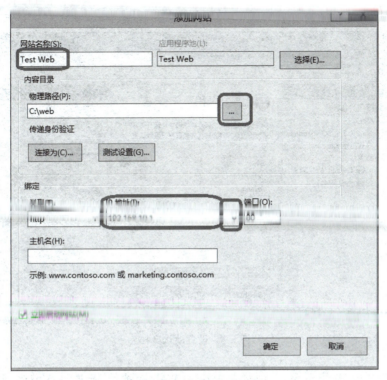

图 5-6 "添加网站"对话框

图 5-7 "Internet 信息服务(IIS)管理器"控制台

（3）用户在客户端计算机 Win2012-2 上打开浏览器,输入 http://192.168.10.1,就可以访问刚才建立的网站了。

提示：在图5-7中双击右侧视图中的"默认文档"，打开如图5-8所示的"默认文档"窗口，可以对默认文档进行添加、删除及更改顺序的操作。

图 5-8　设置默认文档

所谓默认文档，是指在 Web 浏览器中输入 Web 网站的 IP 地址或域名即显示出来的 Web 页面，也就是通常所说的主页（HomePage）。IIS 8.0 默认文档的文件名有 5 种，分别为 default.htm、default.asp、index.htm、index.html 和 iisstart.htm。这也是一般网站中最常用的主页名。如果 Web 网站无法找到这 5 个文件中的任何一个，那么，将在 Web 浏览器上显示"该页无法显示"的提示。默认文档既可以是一个，也可以是多个。当设置多个默认文档时，IIS 将按照排列的前后顺序依次调用这些文档。当第一个文档存在时，将直接把它显示在用户的浏览器上，而不再调用后面的文档；当第一个文档不存在时，则将第二个文件显示给用户，以此类推。

提示：由于本例首页文件名为 index.htm，所以在客户端直接输入 IP 地址即可浏览网站。如果网站首页的文件名不在列出的 5 个默认文档中，该如何处理？请读者试着做一下。

2. 创建使用域名访问的 Web 网站

创建使用域名 www.long.com 访问的 Web 网站，具体步骤如下。

（1）在 Win2012-1 上打开"DNS 管理器"控制台，依次展开"服务器"和"正向查找区域"节点，单击区域 long.com。

（2）创建别名记录。右击区域 long.com，在弹出的菜单中选择"新建别名"，出现"新建资源记录"对话框。在"别名"文本框中输入 www，在"目标主机的完全合格的域名（FQDN）"文本框中输入 Win2012-1.long.com。

（3）单击"确定"按钮，别名创建完毕。

（4）用户在客户端计算机 Win2012-2 上打开浏览器，输入 http://www.long.com，就可以访问刚才建立的网站。

注意：保证客户端计算机 Win2012-2 的 DNS 服务器的地址是 192.168.10.1。

5.3.3 管理 Web 网站的目录

在 Web 网站中，Web 内容文件都会保存在一个或多个目录树下，包括 HTML 内容文件、Web 应用程序和数据库等，甚至有的会保存在多个计算机上的多个目录中。因此，为了使其他目录中的内容和信息也能够通过 Web 网站发布，可通过创建虚拟目录来实现。当然，也可以在物理目录下直接创建目录来管理内容。

1. 虚拟目录与物理目录

在 Internet 上浏览网页时，经常会看到一个网站下面有许多子目录，这就是虚拟目录。虚拟目录只是一个文件夹，并不一定包含于主目录内，但在浏览 Web 站点的用户看来，就像位于主目录中一样。

对于任何一个网站，都需要使用目录来保存文件，即可以将所有的网页及相关文件都存放到网站的主目录之下，也就是在主目录之下建立文件夹，然后将文件放到这些子文件夹内，这些文件夹也称物理目录。也可以将文件保存到其他物理文件夹内，如本地计算机或其他计算机内，然后通过虚拟目录映射到这个文件夹，每个虚拟目录都有一个别名。虚拟目录的好处是在不需要改变别名的情况下，可以随时改变其对应的文件夹。

在 Web 网站中，默认发布主目录中的内容。但如果要发布其他物理目录中的内容，就需要创建虚拟目录。虚拟目录也就是网站的子目录，每个网站都可能会有多个子目录，不同的子目录内容不同，在磁盘中会用不同的文件夹来存放不同的文件。例如，使用 BBS 文件夹存放论坛程序，用 image 文件夹存放网站图片等。

2. 创建虚拟目录

在 www.long.com 对应的网站上创建一个名为 BBS 的虚拟目录，其路径为本地磁盘中的 C:\my_bbs 文件夹，该文件夹下有个文档 index.htm。具体创建过程如下。

（1）以域管理员身份登录 Win2012-1。在 IIS 管理器中展开左侧的"网站"目录树，选择要创建虚拟目录的 Web 网站，右击，在弹出的快捷菜单中选择"添加虚拟目录"选项，显示虚拟目录创建向导，利用该向导便可为该虚拟网站创建不同的虚拟目录。

（2）在"添加虚拟目录"对话框的"别名"文本框中设置该虚拟目录的别名，本例为 bbs，用户用该别名来连接虚拟目录。该别名必须唯一，不能与其他网站或虚拟目录重名。在"物理路径"文本框中输入该虚拟目录的文件夹路径，或单击"浏览"按钮进行选择，本例为 C:\MY_BBS，如图 5-9 所示。这里既可以使用本地计算机上的路径，也可以使用网络中的文件夹路径。

（3）用户在客户端计算机 Win2012-2 上打开浏览器，输入 http://www.long.com/bbs，就可以访问 C:\MY_BBS 里的默认网站。

5.3.4 管理 Web 网站的安全

Web 网站安全的重要性是由 Web 应用的广泛性和 Web 在网络信息系统中的重要地位决定的。尤其是当 Web 网站中的信息非常敏感，只允许特殊用户才能浏览时，数据的加密传输和用户的授权就成为网络安全的重要组成部分。

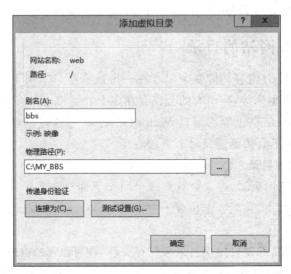

图 5-9 "添加虚拟目录"对话框

1. Web 网站身份验证简介

身份验证是验证客户端访问 Web 网站身份的行为。一般情况下,客户端必须提供某些证据,一般称为凭据,以证明其身份。

通常,凭据包括用户名和密码。Internet 信息服务(IIS)和 ASP.NET 都提供以下几种身份验证方案。

- 匿名身份验证。允许网络中的任意用户进行访问,不需要使用用户名和密码登录。
- ASP.NET 模拟。如果要在非默认安全上下文中运行 ASP.NET 应用程序,可使用 ASP.NET 模拟身份验证。如果对某个 ASP.NET 应用程序启用了模拟,那么该应用程序可以运行在以下两种不同的上下文中:作为通过 IIS 身份验证的用户或作为用户设置的任意账户。例如,如果要使用的是匿名身份验证,并选择作为已通过身份验证的用户运行 ASP.NET 应用程序,那么该应用程序将在为匿名用户设置的账户(通常为 IUSR)下运行。同样,如果选择在任意账户下运行应用程序,则它将运行在为该账户设置的任意安全上下文中。
- 基本身份验证。需要用户输入用户名和密码,然后以明文方式通过网络将这些信息传送到服务器,经过验证后方可允许用户访问。
- Forms 身份验证。使用客户端重定向来将未经过身份验证的用户重定向至一个 HTML 表单,用户可在该表单中输入凭据,通常是用户名和密码。确认凭据有效后,系统将用户重定向至它们最初请求的页面。
- Windows 身份验证。使用哈希技术标识用户,而不通过网络实际发送密码。
- 摘要式身份验证。与基本身份验证非常类似,所不同的是将密码作为"哈希"值发送。摘要式身份验证仅用于 Windows 域控制器的域。

使用这些方法可以确认任何请求访问网站的用户的身份,以及授予访问站点公共区域的权限,同时又可防止未经授权的用户访问专用文件和目录。

2. 禁止使用匿名账户访问 Web 网站

设置 Web 网站安全,使所有用户不能匿名访问 Web 网站,而只能以 Windows 身份验证访问。其具体步骤如下。

1）禁用匿名身份验证

（1）以域管理员身份登录 Win2012-1。在 IIS 管理器中展开左侧的"网站"目录树，单击网站 Test Web，在"功能视图"界面中找到"身份验证"并双击打开，可以看到 Test Web 网站默认启用"匿名身份验证"，也就是说，任何人都能访问 Test Web 网站，如图 5-10 所示。

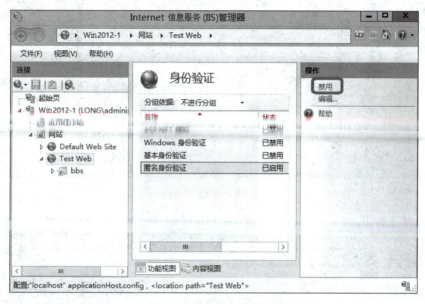

图 5-10 "身份验证"窗口

（2）选择"匿名身份验证"，然后单击"操作"界面中的"禁用"按钮，即可禁用 Test Web 网站的匿名访问。

2）启用 Windows 身份验证

在图 5-10 所示的"身份验证"窗口中选择"Windows 身份验证"，然后单击"操作"界面中的"启用"按钮，即可启用该身份验证方法。

3）在客户端计算机 Win2012-2 上测试

用户在客户端计算机 Win2012-2 上打开浏览器，输入 http://www.long.com/ 来访问网站，弹出如图 5-11 所示的"Windows 安全"对话框，输入能被 Web 网站进行身份验证的用户账户和密码，在此输入 yangyun 账户和密码进行访问，然后单击"确定"按钮即可访问Web 网站。（打开 Web 网站的目录属性，选择"安全"选项卡，设置特定用户，比如 yangyun 有读取、列文件目录和运行权限。）

提示：本例中的用户 yangyun 应该设置适当的 NTFS 权限。为方便后面的网站设置工作，将网站访问改为匿名后继续进行。

3. 限制访问 Web 网站的客户端数量

设置"限制连接数"限制访问 Web 网站的用户数量为 1，具体步骤如下。

1）设置 Web 网站限制连接数

（1）以域管理员账户登录 Web 服务器，打开"Internet 信息服务（IIS）管理器"控制台，依次展开服务器和"网站"节点，单击网站 Test Web，然后在"操作"界面中单击"配置"区域的"限制"链接,如图 5-12 所示。

图 5-11 "Windows 安全"对话框

图 5-12 在"Internet 信息服务(IIS)管理器"控制台中单击"限制"链接

(2) 在打开的"编辑网站限制"对话框中选择"限制连接数"复选框,并设置要限制的连接数为 1,最后单击"确定"按钮,即可完成限制连接数的设置,如图 5-13 所示。

2) 在 Web 客户端计算机上测试限制连接数

(1) 在客户端计算机 Win2012-2 上打开浏览器,输入 http://www.long.com/ 来访问网站,访问正常。

(2) 打开虚拟机 Win2012-3,该计算机 IP 地址为 192.168.10.3/24,DNS 服务器为 192.168.10.1。

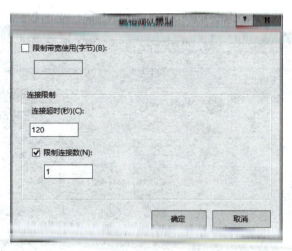

图 5-13　设置"限制连接数"

（3）在客户端计算机 Win2012-3 上，打开浏览器，输入 http://www.long.com/ 来访问网站，显示图 5-14 所示的页面，表示超过网站限制连接数。（关闭 Win2012-2 上的浏览器后，刷新该网站又会怎样？读者不妨试一试。）

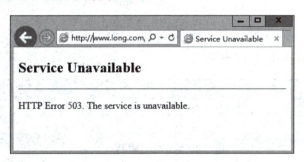

图 5-14　访问 Web 网站时超过连接数

4. 使用"限制带宽使用"限制客户端访问 Web 网站

（1）参照前面的内容，在图 5-13 所示的对话框中选择"限制带宽使用（字节）"复选框，并设置要限制的带宽数为 1024。最后单击"确定"按钮，即可完成限制带宽使用的设置。

（2）在 Win2012-2 上打开 IE 浏览器，输入 http://www.long.com，发现网速非常慢，这是因为设置了带宽限制的原因。

5. 使用"IPv4 地址限制"限制客户端计算机访问 Web 网站

使用用户验证的方式，每次访问该 Web 站点都需要输入用户名和密码，对于授权用户而言比较麻烦。由于 IIS 会检查每个来访者的 IP 地址，因此可以通过限制 IP 地址的访问，防止或允许某些特定的计算机、计算机组、域甚至整个网络访问 Web 站点。

使用"IPv4 地址限制"限制 IP 地址范围为 192.168.10.0/24 的客户端计算机访问 Web 网站，具体步骤如下。

（1）以域管理员账户登录到 Web 服务器 Win2012-1 上，打开"Internet 信息服务（IIS）管理器"控制台，依次展开"服务器"和"网站"节点，然后在"Web 主页"界面中找到"IP 地址和域限制",如图 5-15 所示。

图 5-15 "IP 地址和域限制"选项

（2）双击"IP 地址和域限制",打开"IP 地址和域限制"设置界面,选择"操作"窗格中的"添加拒绝条目"选项,如图 5-16 所示。

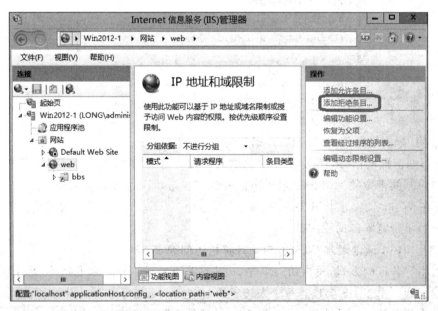

图 5-16 "IP 地址和域限制"设置界面

（3）在打开的"添加拒绝限制规则"对话框中选择"特定 IP 地址"单选按钮,并设置要拒绝的 IP 地址范围为 192.168.10.0/24,如图 5-17 所示。最后单击"确定"按钮,完成 IP 地址的限制。

项目 5　配置与管理 Web 服务器

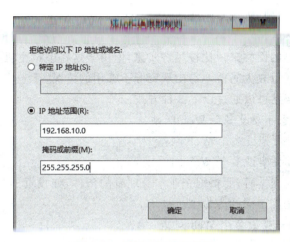

图 5-17　添加拒绝限制规则

（4）在 Win2012-2 和 Win2012-3 上打开 IE 浏览器，输入 http://www.long.com，这时客户机不能访问，显示错误号为"403-禁止访问：访问被拒绝"，说明客户端计算机的 IP 地址在被拒绝访问 Web 网站的范围内，如图 5-18 所示。

图 5-18　访问被限制

5.3.5　架设多个 Web 网站

Web 服务的实现采用客户/服务器模型，信息提供者称为服务器，信息的需要者或获取者称为客户。作为服务器的计算机中安装有 Web 服务器端程序（如 Netscape iPlanet Web Server、Microsoft Internet Information Server 等），并且保存有大量的公用信息，随时等待用户的访问。作为客户的计算机中则安装 Web 客户端程序，即 Web 浏览器，可通过局域网络或 Internet 从 Web 服务器中浏览或获取信息。

使用 IIS 8.0 可以很方便地架设 Web 网站。虽然在安装 IIS 时系统已经建立了一个现成的默认 Web 网站，直接将网站内容放到其主目录或虚拟目录中即可直接浏览，但最好还是要重新设置，以保证网站的安全。如果需要，还可在一台服务器上建立多个虚拟主机，以实现多个 Web 网站。这样可以节约硬件资源，节省空间，降低能源成本。

使用 IIS 8.0 的虚拟主机技术，通过分配 TCP 端口、IP 地址和主机头名，可以在一台服务器上建立多个虚拟 Web 网站。每个网站都具有唯一的、由端口号、IP 地址和主机头名三部分组成的网站标识，用来接收来自客户端的请求。不同的 Web 网站可以提供不同的 Web 服务，而且每一个虚拟主机和一台独立的主机完全一样。这种方式适用于企业或组织

127

需要创建多个网站的情况,可以节省成本。

不过,这种虚拟技术将一个物理主机分割成多个逻辑上的虚拟主机使用,虽然能够节省经费,对于访问量较小的网站来说比较经济实惠,但由于这些虚拟主机共享这台服务器的硬件资源和带宽,在访问量较大时就容易出现资源不够用的情况。

架设多个 Web 网站可以通过以下 3 种方式。
- 使用不同 IP 地址架设多个 Web 网站。
- 使用不同端口号架设多个 Web 网站。
- 使用不同主机头架设多个 Web 网站。

在创建一个 Web 网站时,要根据企业本身现有的条件,如投资的多少、IP 地址的多少、网站性能的要求等,选择不同的虚拟主机技术。

1. 使用不同端口号架设多个 Web 网站

如今 IP 地址资源越来越紧张,有时需要在 Web 服务器上架设多个网站,但计算机却只有一个 IP 地址,这时该怎么办呢?此时,利用这一个 IP 地址,使用不同的端口号也可以达到架设多个网站的目的。

其实,用户访问所有的网站都需要使用相应的 TCP 端口。不过,Web 服务器默认的 TCP 端口为 80,在用户访问时不需要输入。但如果网站的 TCP 端口不为 80,在输入网址时就必须添加端口号,而且用户在上网时也会经常遇到必须使用端口号才能访问网站的情况。利用 Web 服务的这个特点,可以架设多个网站,每个网站均使用不同的端口号。这种方式创建的网站,其域名或 IP 地址部分完全相同,仅端口号不同。只是用户在使用网址访问时,必须添加相应的端口号。

在同一台 Web 服务器上使用同一个 IP 地址、两个不同的端口号(80、8080)创建两个网站,具体步骤如下。

1) 新建第 2 个 Web 网站

(1) 以域管理员账户登录到 Web 服务器 Win2012-1 上。

(2) 在"Internet 信息服务(IIS)管理器"控制台中创建第 2 个 Web 网站,网站名称为 web2,内容目录物理路径为 C:\web2,IP 地址为 192.168.10.1,端口号是 8080,如图 5-19 所示。

2) 在客户端上访问两个网站

在 Win2012-2 上,打开 IE 浏览器,分别输入 http://192.168.10.1 和 http://192.168.10.1:8080,这时会发现打开了两个不同的网站。

提示:如果在访问 web2 网站时出现不能访问的情况,请检查防火墙,最好将全部防火墙(包括域的防火墙)关闭。后面类似问题不再说明。

2. 使用不同的主机头名架设多个 Web 网站

使用 www.long.com 访问第 1 个 Web 网站,使用 www1.long.com 访问第 2 个 Web 网站,具体步骤如下。

1) 在区域 long.com 上创建别名记录

(1) 以域管理员账户登录到 Web 服务器 Win2012-1 上。

(2) 打开"DNS 管理器"控制台,依次展开"服务器"和"正向查找区域"节点,单击区域 long.com。

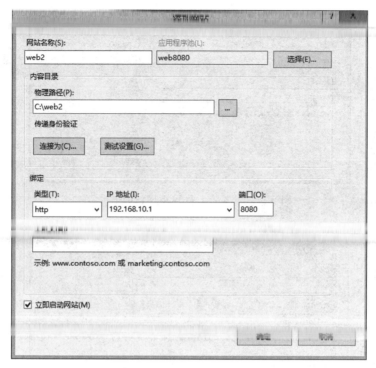

图 5-19 "添加网站"对话框

(3) 创建别名记录。右击区域 long.com,在弹出的菜单中选择"新建别名"命令,出现"新建资源记录"对话框。在"别名"文本框中输入 www1,在"目标主机的完全合格的域名(FQDN)"文本框中输入 win2012-1.long.com。

(4) 单击"确定"按钮,别名创建完毕,如图 5-20 所示。

图 5-20 DNS 配置结果

2) 设置 Web 网站的主机名

(1) 以域管理员账户登录 Web 服务器,打开第 1 个 Web 网站的"编辑绑定"对话框,选中 192.168.10.1 地址行,单击"编辑"按钮,在"主机名"文本框中输入 www.long.com,端口为 80,IP 地址为 192.168.10.1,如图 5-21 所示。最后单击"确定"按钮即可。

(2) 打开第 2 个 Web 网站的"编辑绑定"对话框,选中 192.168.10.1 地址行,单击"编辑"按钮,在"主机名"文本框中输入 www1.long.com,端口为 80,IP 地址为 192.168.10.1,如图 5-22 所示。最后单击"确定"按钮即可。

3) 在客户端上访问两个网站

在 Win2012-2 上,保证 DNS 首要地址是 192.168.10.1。打开 IE 浏览器,分别输入 http://www.long.com 和 http://www1.long.com,这时会发现打开了两个不同的网站。

3. 使用不同的 IP 地址架设多个 Web 网站

如果要在一台 Web 服务器上创建多个网站,为了使每个网站域名都能对应于独立的

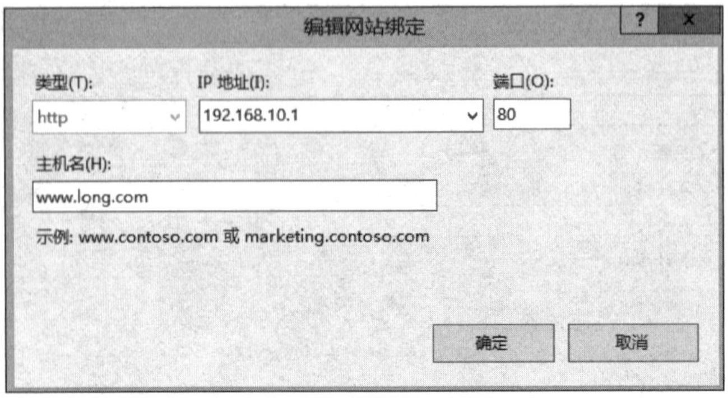

图 5-21 设置第 1 个 Web 网站的主机名

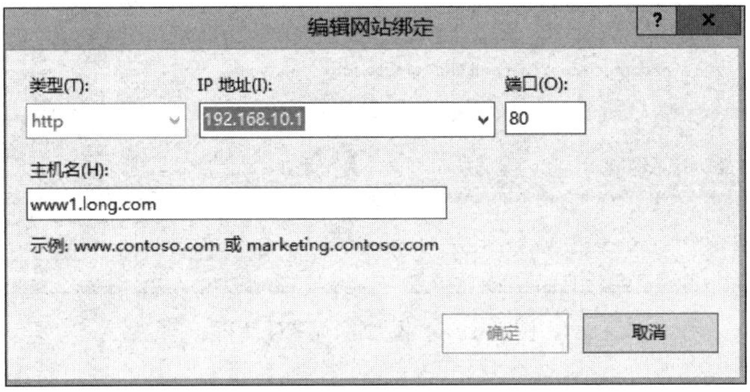

图 5-22 设置第 2 个 Web 网站的主机名

IP 地址,一般都使用多个 IP 地址来实现。这种方案称为 IP 虚拟主机技术,也是比较传统的解决方案。当然,为了用户在浏览器中可以使用不同的域名来访问不同的 Web 网站,必须将主机名及其对应的 IP 地址添加到域名解析系统(DNS)中。如果使用此方法在 Internet 上维护多个网站,也需要通过 InterNIC 注册域名。

要使用多个 IP 地址架设多个网站,首先需要在一台服务器上绑定多个 IP 地址。而 Windows 2008 及 Windows Server 2012 R2 系统均支持一台服务器上安装多块网卡,一块网卡可以绑定多个 IP 地址。再将这些 IP 地址分配给不同的虚拟网站,就可以达到一台服务器利用多个 IP 地址来架设多个 Web 网站的目的。例如,要在一台服务器上创建两个网站 Linux.long.com 和 Windows.long.com,所对应的 IP 地址分别为 192.168.10.1 和 192.168.10.20,需要在服务器网卡中添加这两个地址。其具体步骤如下。

1) 在 Win2012-1 上再添加第 2 个 IP 地址

(1) 以域管理员账户登录 Web 服务器,右击桌面右下角任务托盘区域的网络连接图标,选择快捷菜单中的"打开网络和共享中心"命令,打开"网络和共享中心"窗口。

(2) 单击"本地连接",打开"本地连接状态"对话框。

(3) 单击"属性"按钮,显示"本地连接属性"对话框。Windows Server 2012 R2 中包含 IPv6 和 IPv4 两个版本的 Internet 协议,并且默认都已启用。

(4) 在"此连接使用下列项目"选项框中选择"Internet 协议版本 4(TCP/IP)",单击"属性"按钮,显示"Internet 协议版本 4(TCP/IPv4)属性"对话框。单击"高级"按钮,打开"高级

TCP/IP 设置"对话框

（5）单击"添加"按钮，出现 TCP/IP 对话框，在该对话框中输入 IP 地址 192.168.10.20，子网掩码为 255.255.255.0。单击"确定"按钮，完成设置，如图 5-23 所示。

图 5-23 "高级 TCP/IP 设置"对话框

2）更改第 2 个网站的 IP 地址和端口号

以域管理员账户登录 Web 服务器，打开第 2 个 Web 网站的"编辑绑定"对话框，选中 192.168.10.1 地址行，单击"编辑"按钮，在"主机名"文本框中不输入内容（清空原有内容），端口为 80，IP 地址为 192.168.10.20，如图 5-24 所示。最后单击"确定"按钮即可。

图 5-24 "编辑网站绑定"对话框

3)在客户端上进行测试

在 Win2012-2 上,打开 IE 浏览器,分别输入 http://192.168.10.1 和 http://192.168.10.20,这时会发现打开了两个不同的网站。

5.4 实训项目 配置与管理 Web 服务器

1. 实训目的

掌握 Web 服务器的配置方法。

2. 项目背景

本项目根据图 5-1 所示的环境来部署 Web 服务器。

3. 项目要求

根据网络拓扑图(见图 5-1),完成以下任务。

(1)安装 Web 服务器。

(2)创建 Web 网站。

(3)管理 Web 网站目录。

(4)管理 Web 网站的安全。

(5)管理 Web 网站的日志。

(6)架设多个 Web 网站。

4. 做一做

根据实训项目录像进行项目的实训,检查学习效果。

5.5 习题

1. 填空题

(1)微软 Windows Server 2012 R2 的 IIS(Internet Information Server,Internet 信息服务)在_____、_____或_____上提供了集成、可靠、可伸缩、安全和可管理的 Web 服务器功能,为动态网络应用程序创建了强大的通信平台的工具。

(2)Web 中的目录分为两种类型:_____和_____。

2. 简答题

(1)简述架设多个 Web 网站的方法。

(2)IIS 8.0 提供的服务有哪些?

(3)什么是虚拟主机?

项目 6　配置与管理 FTP 服务器

项目背景

File Transfer Protocol)是一个用来在两台计算机之间传输文件的通信协议,这两台计算机中,一台是 FTP 服务器,一台是 FTP 客户端。FTP 客户端可以从 FTP 服务器下载文件,也可以将文件上传到 FTP 服务器。

项目目标

- FTP 概述。
- 安装 FTP 服务器。
- 创建虚拟目录。
- 创建虚拟机。
- 配置与使用客户端。
- 配置域环境下隔离 FTP 服务器。

6.1　相关知识

以 HTTP 为基础的 WWW 服务功能虽然强大,但对于文件传输来说却略显不足。一种专门用于文件传输的服务——FTP 服务应运而生。

FTP 服务指的是文件传输服务。FTP 的全称是 File Transfer Protocol,顾名思义,就是文件传输协议,具备更强的文件传输可靠性和更高的效率。

6.1.1　FTP 工作原理

FTP 大大简化了文件传输的复杂性,它能够使文件通过网络从一台主机传送到另外一台计算机上却不受计算机和操作系统类型的限制。无论是 PC、服务器、大型机,还是 iOS、Linux、Windows 操作系统,只要双方都支持协议 FTP,就可以方便、可靠地进行文件的传送。

FTP 服务的具体工作过程如下(见图 6-1)。

(1) 客户端向服务器发出连接请求,同时客户端系统动态地打开一个大于 1024 的端口等候服务器连接(比如 1031 端口)。

(2) 若 FTP 服务器在端口 21 侦听到该请求,则会在客户端 1031 端口和服务器的 21

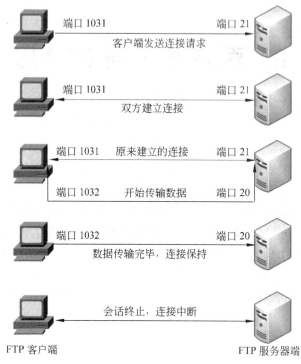

图 6-1　FTP 服务的工作过程

端口之间建立起一个 FTP 会话连接。

（3）当需要传输数据时，FTP 客户端再动态地打开一个大于 1024 的端口（比如 1032 端口）连接到服务器的 20 端口，并在这两个端口之间进行数据的传输。当数据传输完毕后，这两个端口会自动关闭。

（4）当 FTP 客户端断开与 FTP 服务器的连接时，客户端上动态分配的端口将自动释放。

6.1.2　匿名用户

FTP 服务不同于 WWW，它首先要求登录到服务器上，然后再进行文件的传输，这对于很多公开提供软件下载的服务器来说十分不便，于是匿名用户访问就诞生了。通过使用一个共同的匿名用户名 anonymous、密码不限的管理策略（一般使用用户的邮箱作为密码即可），让任何用户都可以很方便地从这些服务器上传或下载软件。

6.1.3　FTP 服务的传输模式

FTP 服务有两种工作模式：主动传输模式（Active FTP）和被动传输模式（Passive FTP）。

1. 主动传输模式

在主动传输模式下，FTP 客户端随机开启一个大于 1024 的端口 N（比如 1031）向服务器的 21 号端口发起连接，然后开放 N+1 号端口（1032）进行监听，并向服务器发出 PORT 1032 命令。服务器接收到命令后，会用其本地的 FTP 数据端口（通常是 20）来连接客户端指定的端口(1032)进行数据传输，如图6-2所示。

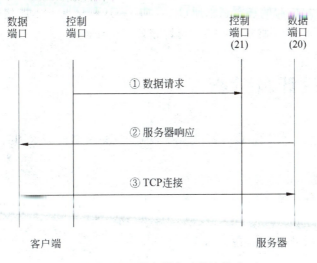

图6-2　FTP服务器主动传输模式

2. 被动传输模式

在被动传输模式下，FTP客户端随机开启一个大于1024的端口N（比如1031）向服务器的21号端口发起连接，同时会开启N+1号端口(1032)，然后向服务器发送PASV命令，通知服务器自己处于被动模式。服务器收到命令后，会开放一个大于1024的端口P(1521)进行监听，然后用PORT P命令通知客户端，自己的数据端口是1521。客户端收到命令后，会通过1032号端口连接服务器的端口1521，然后在两个端口之间进行数据传输，如图6-3所示。

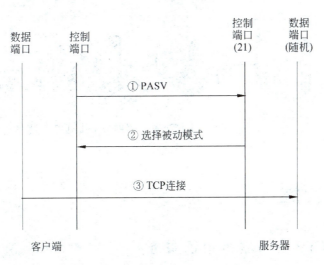

图6-3　FTP服务器被动传输模式

总之，主动传输模式的FTP是指服务器主动连接客户端的数据端口，被动传输模式的FTP是指服务器被动地等待客户端连接自己的数据端口。

被动传输模式的FTP通常用在处于防火墙之后的FTP客户访问外界FTP服务器的

情况,因为在这种情况下,防火墙通常配置为不允许外界访问防火墙之后的主机,而只允许由防火墙之后的主机发起的连接请求通过。因此,在这种情况下不能使用主动传输模式的FTP传输,而使用被动传输模式的FTP可以很好地工作。

6.2 项目设计及分析

在架设 Web 服务器之前,读者需要了解本任务实例部署的需求和实验环境。

1. 部署需求

在部署 FTP 服务前需满足以下要求。

- 设置 FTP 服务器的 TCP/IP 属性,手工指定 IP 地址、子网掩码、默认网关和 DNS 服务器 IP 地址等。
- 部署域环境,域名为 long.com。

2. 部署环境

本项目所有实例被部署在一个域环境下,域名为 long.com。其中 FTP 服务器主机名为 Win2012-1,其本身也是域控制器和 DNS 服务器,IP 地址为 192.168.10.1。FTP 客户机主机名为 Win2012-2,其本身是域成员服务器,IP 地址为 192.168.10.2。网络拓扑图如图 6-4 所示。

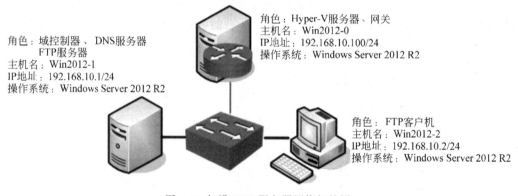

图 6-4 架设 FTP 服务器网络拓扑图

6.3 项目实施

6.3.1 安装 FTP 发布服务角色服务

在计算机 Win2012-1 上通过"服务器管理器"安装 Web 服务器(IIS)角色,具体步骤如下。

(1) 单击"服务器管理器"窗口中的"仪表板",单击"添加角色"链接,启动"添加角色向导"。

(2) 单击"下一步"按钮,显示"选择服务角色"对话框,其中显示了当前系统所有可以安装的网络服务。在"角色"列表框中选中"Web 服务器(IIS)"复选框。

单击"下一步"按钮,直到显示"选择角色服务"对话框,选中"FTP 服务器"复选框即可,而"FTP 服务器"包含"FTP 服务"和"FTP 扩展"两个选项,如图 6-5 所示。后面的安装过程此处不再赘述。

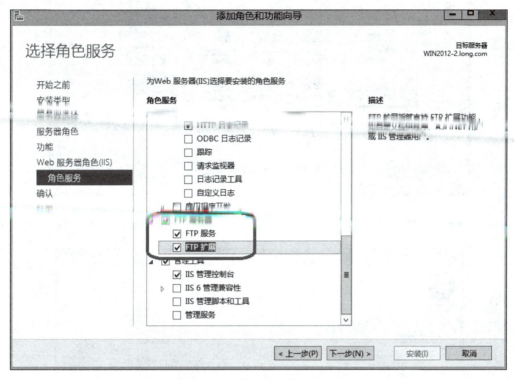

图 6-5 "选择角色服务"对话框

6.3.2 创建和访问 FTP 站点

在 FTP 服务器上创建一个新网站 ftp,使用户在客户端计算机上能通过 IP 地址和域名进行访问。

1. 创建使用 IP 地址访问的 FTP 站点

创建使用 IP 地址访问的 FTP 站点的具体步骤如下。

1) 准备 FTP 主目录

在 C 盘上创建文件夹 C:\ftp 作为 FTP 主目录,并在其文件夹同时存放一个文件 file1.txt,供用户在客户端计算机上下载和上传测试。

2) 创建 FTP 站点

(1) 在"Internet 信息服务(IIS)管理器"控制台中右击服务器 Win2012-1,在弹出的菜单中选择"添加 FTP 站点"命令,如图 6-6 所示,打开"添加 FTP 站点"对话框。

(2) 在"FTP 站点名称"文本框中输入 ftp test,物理路径为 C:\ftp,如图 6-7 所示。

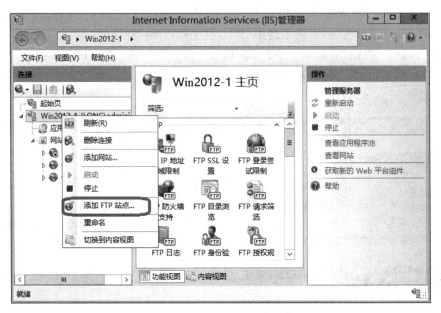

图 6-6 "添加 FTP 站点"命令

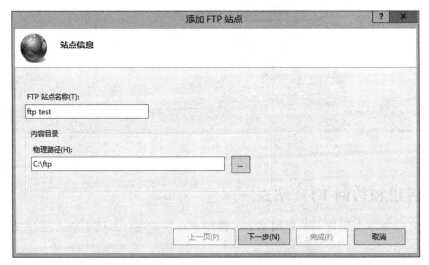

图 6-7 "添加 FTP 站点"对话框

(3) 单击"下一步"按钮,打开如图 6-8 所示的"绑定和 SSL 设置"对话框,在"IP 地址"文本框中输入 192.168.10.1,端口为 21,在 SSL 选项下面选中"无 SSL"单选按钮。

(4) 单击"下一步"按钮,打开如图 6-9 所示的"身份验证和授权信息"对话框。输入相应信息。本例允许匿名访问,也允许特定用户访问。

注意:访问 FTP 服务器主目录的最终权限由此处的权限与用户对 FTP 主目录的 NTFS 权限共同作用,哪一个严格则选取哪一个。

3) 测试 FTP 站点

用户在客户端计算机 Win2012-2 上打开浏览器或资源管理器,输入 ftp://192.168.10.1 就

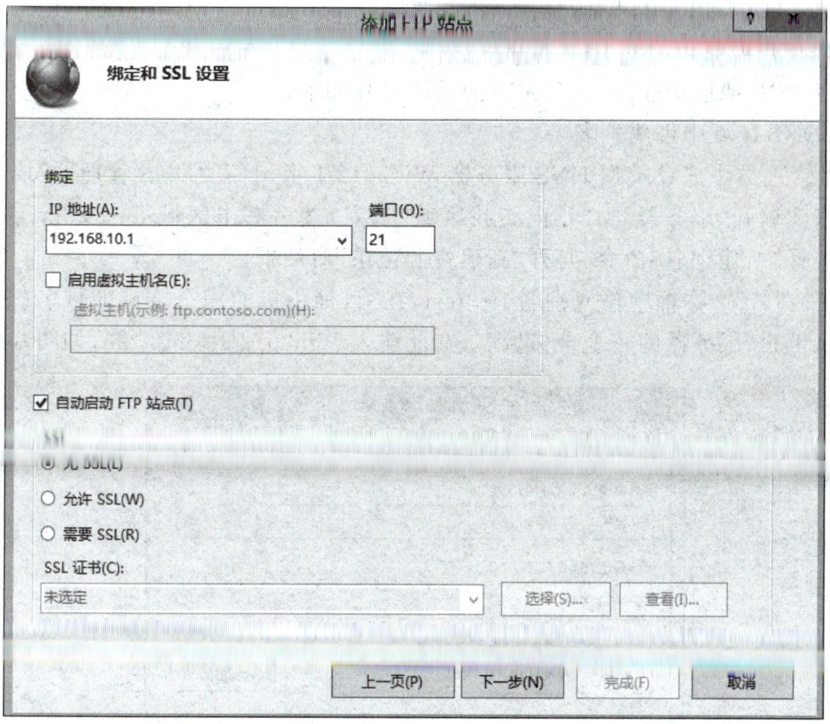

图 6-8 "绑定和 SSL 设置"对话框

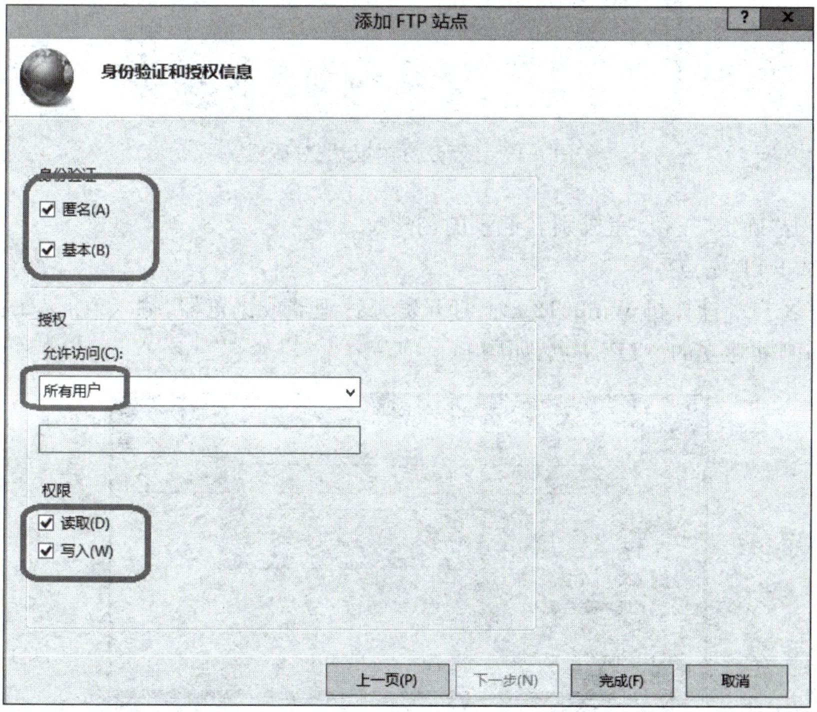

图 6-9 "身份验证和授权信息"对话框

可以访问刚才建立的FTP站点。

2. 创建使用域名访问的FTP站点

创建使用IP地址访问的FTP站点的具体步骤如下。

1) 在DNS区域中创建别名

（1）以管理员账户登录到DNS服务器Win2012-1上，打开"DNS管理器"控制台，在控制台树中依次展开"服务器"和"正向查找区域"节点，然后右击区域long.com，在弹出的快捷菜单中选择"新建别名"命令，打开"新建资源记录"对话框。

（2）在"别名"文本框中输入别名ftp test，在"目标主机的完全合格的域名（FQDN）"文本框中输入FTP服务器的完全合格域名，在此输入Win2012-1.long.com，如图6-10所示。

图6-10 "新建资源记录"对话框

（3）单击"确定"按钮，完成别名记录的创建。

2) 测试FTP站点

用户在客户端计算机Win2012-2上打开资源管理器或浏览器，输入ftp://ftp.long.com就可以访问刚才建立的FTP站点，如图6-11所示。

图6-11 使用完全合格域名（FQDN）访问FTP站点

6.3.3 创建虚拟目录

使用虚拟目录可以在服务器硬盘上创建多个物理目录，或者引用其他计算机上的主目录，从而为不同上传或下载服务的用户提供不同的目录，并且可以为不同的目录分别设置不同的权限，如读取、写入等。使用 FTP 虚拟目录时，由于用户不知道文件的具体储存位置，文件存储会更加安全。

在 FTP 站点上创建虚拟目录 xunimulu 的具体步骤如下。

1）准备虚拟目录内容

以管理员账户登录到 DNS 服务器 Win2012-1 上，创建文件夹 C:\xuni，作为 FTP 虚拟目录的主目录，在该文件夹下存入一个文件 test.txt 供用户在客户端计算机上下载。

2）创建虚拟目录

(1) 在"Internet 信息服务 (IIS) 管理器"控制台树中，依次展开 FTP 服务器和 FTP 站点，右击刚才创建的站点 ftp test，在弹出的快捷菜单中选择"添加虚拟目录"命令，打开"添加虚拟目录"对话框。

(2) 在"别名"处输入 xunimulu，在"物理路径"处输入 C:\xuni，如图 6-12 所示。

图 6-12 "添加虚拟目录"对话框

3）测试 FTP 站点的虚拟目录

用户在客户端计算机 Win2012-2 上打开文件资源管理器和浏览器，输入 ftp://ftp.long.com/xunimulu 或者 ftp://192.168.10.1/xunimulu，就可以访问刚才建立的 FTP 站点的虚拟目录。

提示：在各种服务器的配置中，要时刻注意账户的 NTFS 权限，避免由于 NTFS 权限设置不当而无法完成相关配置。同时注意防火墙的影响。

6.3.4 安全设置 FTP 服务器

FTP 服务的配置和 Web 服务相比要简单得多，主要是站点的安全性设置，包括指定不同的授权用户,如允许不同权限的用户访问,允许来自不同 IP 地址的用户访问,或限制不同 IP 地址的不同用户的访问等。再就是和 Web 站点一样,FTP 服务器也要设置 FTP 站点的主目录和性能等。

1. 设置 IP 地址和端口

(1) 在"Internet 信息服务(IIS)管理器"控制台树中,依次展开 FTP 服务器,选择 FTP 站点 ftp test,然后单击操作列的"绑定"按钮,弹出"网站绑定"对话框,如图 6-13 所示。

图 6-13　绑定网站

(2) 选择 ftp 条目后,单击"编辑"按钮,完成 IP 地址和端口号的更改,比如改为 2121。

(3) 测试 FTP 站点。用户在客户端计算机 Win2012-2 上打开浏览器或资源管理器,输入 ftp://192.168.10.1:2121 就可以访问刚才建立的 FTP 站点。

(4) 为了后面的实训继续完成,测试完毕后,请再将端口号改为默认值,即 21。

2. 其他配置

在"Internet 信息服务(IIS)管理器"控制台树中依次展开 FTP 服务器,选择 FTP 站点 ftp test。可以分别进行"FTP IP 地址和域限制""FTP SSL 设置""FTP 当前会话""FTP 防火墙支持""FTP 目录浏览""FTP 请求筛选""FTP 日志""FTP 身份验证""FTP 授权规则""FTP 消息""FTP 用户隔离"等内容的设置或浏览,如图 6-14 所示。

在"操作"列,可以进行"浏览""编辑权限""绑定""基本设置""查看应用程序""查看虚拟目录""重新启动""启动""停止"和"高级设置"等操作。

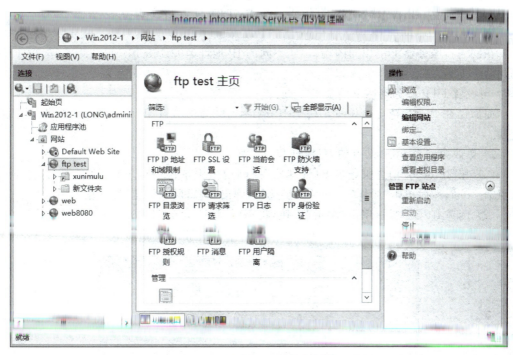

图 6-14 "ftp test 主页"界面

6.3.5 创建虚拟主机

1. 虚拟主机简介

一个 FTP 站点由一个 IP 地址和一个端口号唯一标识,改变其中任意一项均标识不同的 FTP 站点。但是在 FTP 服务器上,通过"Internet 信息服务(IIS)管理器"控制台只能创建一个 FTP 站点。在实际应用环境中,有时需要在一台服务器上创建两个不同的 FTP 站点,这就涉及虚拟主机的问题。

在一台服务器上创建的两个 FTP 站点,默认只能启动其中一个站点,用户可以通过更改 IP 地址或是端口号两种方法来解决这个问题。

可以使用多个 IP 地址和多个端口来创建多个 FTP 站点。尽管使用多个 IP 地址来创建多个站点是常见并且推荐的操作,但由于在默认情况下,当使用 FTP 协议时,客户端会调用端口 21,这种情况会变得非常复杂。因此,如果要使用多个端口来创建多个 FTP 站点,需要将新端口号通知用户,以便其 FTP 客户能够找到并连接到该端口。

2. 使用相同 IP 地址、不同端口号创建两个 FTP 站点

在同一台服务器上使用相同的 IP 地址、不同的端口号(21、2121)同时创建两个 FTP 站点,具体步骤如下。

(1)以域管理员账户登录到 FTP 服务器 Win2012-1 上,创建 C:\ftp2 文件夹作为第二个 FTP 站点的主目录,并在其文件夹内放入一些文件。

(2)接着创建第二个 FTP 站点,站点的创建不再详述,只是在设置端口号时一定要设为 2121。

(3)测试 FTP 站点。用户在客户端计算机 Win2012-2 上打开资源管理器或浏览器,输入 ftp://192.168.10.1:2121,就可以访问刚才建立的第二个 FTP 站点。

3. 使用两个不同的 IP 地址创建两个 FTP 站点

在同一台服务器上用相同的端口号、不同的 IP 地址(192.168.10.1、192.168.10.20)同时创建两个 FTP 站点,具体步骤如下。

1) 设置 FTP 服务器网卡两个 IP 地址

前面已在 Win2012-1 上设置了两个 IP 地址: 192.168.10.1 和 192.168.10.20,在此不再赘述。

2) 更改第二个 FTP 站点的 IP 地址和端口号

(1) 在"Internet 信息服务(IIS)管理器"控制台树中依次展开 FTP 服务器,选择 FTP 站点 ftp test,然后单击"操作"列的"绑定"按钮,弹出"编辑网站绑定"对话框。

(2) 选择 ftp 类型后,单击"编辑"按钮,将 IP 地址改为 192.168.10.20,端口号改为 21,如图 6-15 所示。

图 6-15 "编辑网站绑定"对话框

(3) 单击"确定"按钮完成更改。

3) 测试 FTP 的第二个站点

用户在客户端计算机 Win2012-2 上打开浏览器,输入 ftp://192.168.10.20 就可以访问刚才建立的第二个 FTP 站点。

6.3.6 配置与使用客户端

任何一种服务器的搭建,其目的都是在实际工作中的应用。FTP 服务也一样,搭建 FTP 服务器的目的就是方便用户上传和下载文件。当 FTP 服务器建立成功并提供 FTP 服务后,用户就可以访问了。一般主要使用两种方式访问 FTP 站点: 一种是利用标准的 Web 浏览器;另一种是利用专门的 FTP 客户端软件,以实现 FTP 站点的浏览、下载和上传文件。

1. FTP 站点的访问

根据 FTP 服务器所赋予的权限,用户可以浏览、上传或下载文件,但使用不同的访问方式,其操作方法也不相同。

(1) Web 浏览器或资源管理器的访问

Web 浏览器除了可以访问 Web 网站外,还可以用来登录 FTP 服务器。

匿名访问时的格式为:

```
ftp://FTP 服务器地址
```

非匿名访问FTP服务器的格式为:

```
ftp://用户名:密码@FTP服务器地址
```

登录FTP站点以后,就可以像访问本地文件夹一样使用。如果要下载文件,可以先复制一个文件,然后粘贴到本地文件夹中即可;若要上传文件,可以先从本地文件夹中复制一个文件,然后在FTP站点文件夹中粘贴,即可自动上传到FTP服务器。如果具有"写入"权限,还可以重命名、新建或删除文件或文件夹。

（2）FTP软件访问

大多数访问FTP站点的用户都会使用FTP软件,因为FTP软件不仅方便,而且和Web浏览器相比,它的功能更加强大。比较常用的FTP客户端软件有CuteFTP、FlashFXP、LeapFTP等。

2. 虚拟目录的访问

当利用FTP客户端软件连接至FTP站点时,所列出的文件夹中并不会显示虚拟目录。因此如果想显示,必须切换到虚拟目录。

如果使用Web浏览器方式访问FTP服务器,可在"地址"栏中输入地址时,直接在后面添加虚拟目录的名称。格式为:

```
ftp://FTP服务器地址/虚拟目录名称
```

这样就可以直接连接到FTP服务器的虚拟目录中。

如果使用FlashFXP等FTP软件连接FTP站点,可以在建立连接时,在"远程路径"文本框中输入虚拟目录的名称;如果已经连接到了FTP站点,要切换到FTP虚拟目录,可以在文件列表框中右击,在弹出的快捷菜单中选择"更改文件夹"命令,在"文件夹名称"文本框中输入要切换到的虚拟目录名称。

6.3.7　实现AD环境下多用户隔离FTP

1. 任务需求

未名公司已经搭建好域环境,业务组因业务需求,需要在服务器上存储相关业务数据,但是业务组希望各用户目录相互隔离(仅允许访问自己目录而无法访问他人目录),每一个业务员允许使用的FTP空间大小为100MB。为此,公司决定通过AD中的FTP隔离来实现此应用。

通过建立基于域的隔离用户FTP站点和磁盘配额技术可以实现本任务。

2. 创建业务部OU及用户

（1）首先在DC1中新建一个名为sales的OU,在sales中新建用户,用户名分别为sales_master、salesuser1、salesuser2,用户密码为P@ssw0rd,如图6-16所示。

（2）委派sales_master用户对sales中OU里有"读取所有用户信息"的权限(sales_master为FTP的服务账号),如图6-17所示。

3. FTP服务器配置

（1）仍使用long\administrator登录FTP服务器Win2012-1(该服务器集域控制器、DNS服务器和FTP服务器于一身,真实环境中可能需要单独的FTP服务器)。

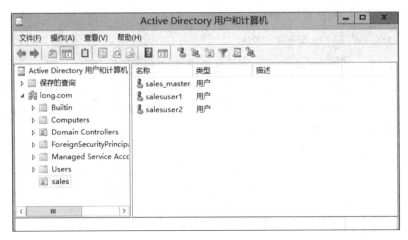

图 6-16　创建 OU 及用户

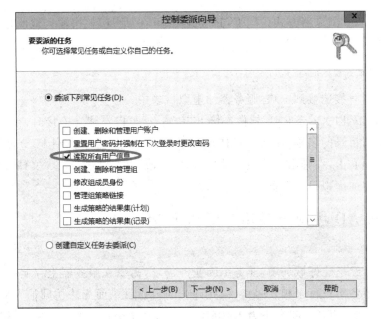

图 6-17　委派权限

(2) 在"服务器管理器"窗口中打开"添加角色向导",打开"选择角色服务"对话框,在"角色服务"列表框中选中"FTP 服务器"复选框,如图 6-18 所示。

(3) 在 C 盘(或其他任意盘)上建立主目录 FTP_sales,在 FTP_sales 中分别建立用户名所对应的文件夹 salesuser1、salesuser2,如图 6-19 所示。为了测试方便,应事先在两个文件夹中新建一些文件或文件夹。

(4) 在"服务器管理器"窗口中选择"工具"→"Internet Information Server(IIS)管理器"命令,在打开的窗口中右击"网站",在弹出的快捷菜单中选择"添加 FTP 站点"命令,弹出"添加 FTP 站点"对话框,然后输入"FTP 站点名称"和设置"物理路径",如图 6-20 所示。

项目6 配置与管理FTP服务器

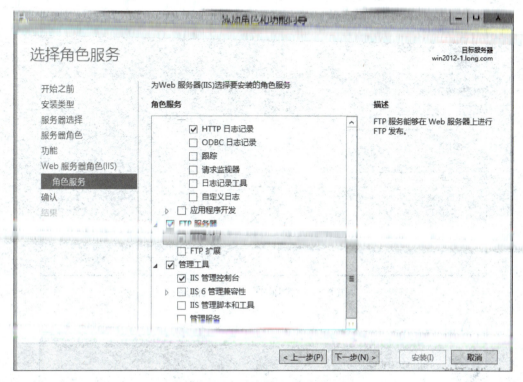

图6-18 选中"FTP服务器"

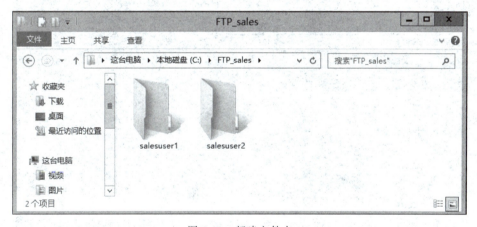

图6-19 新建文件夹

（5）在"绑定和SSL设置"界面中设置绑定的IP地址，在SSL选项区中选择"无SSL"，如图6-21所示。

（6）在"身份验证和授权信息"界面的"身份验证"选项区中选中"匿名"和"基本"复选框，在"允许访问"下拉列表框中选择"所有用户"，选中"权限"选项区中的"读取"和"写入"复选框，如图6-22所示。

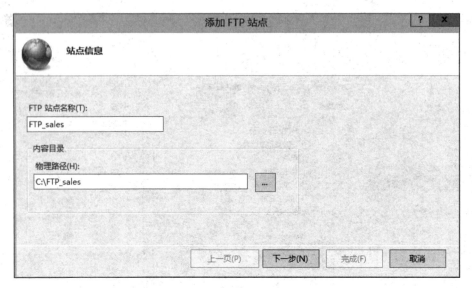

图 6-20 "添加 FTP 站点"对话框

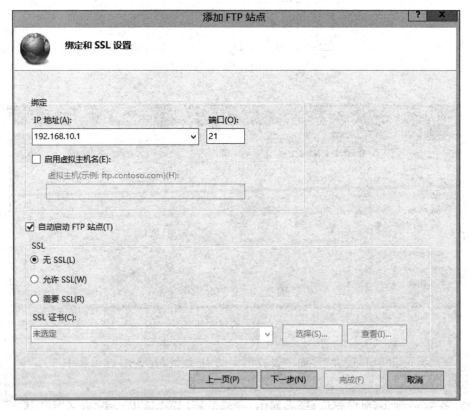

图 6-21 "绑定和 SSL 设置"界面

(7) 在"IIS 管理器"的"FTP_sales 主页"中选择"FTP 用户隔离",如图 6-23 所示。

(8) 在"FTP 用户隔离"界面中选择"在 Active Directory 中配置的 FTP 主目录",单击

项目 6　配置与管理 FTP 服务器

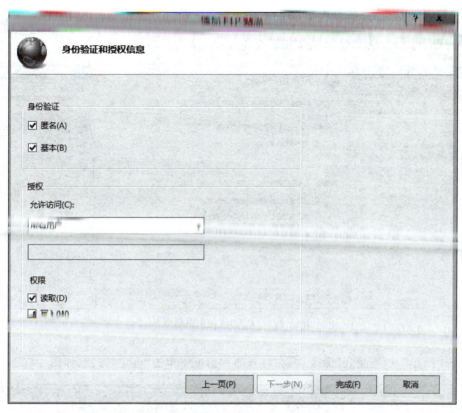

图 6-22　"身份验证和授权信息"界面

图 6-23　选择"FTP 用户隔离"

"设置"按钮，添加刚刚委派的用户，再单击"应用"图标，如图 6-24 所示。

（9）单击 DC1 的"服务器管理器"窗口中的"工具"→"ADSI 编辑器"命令，在打开的窗

149

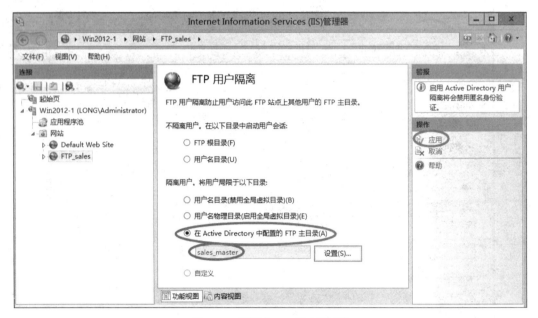

图 6-24 配置"FTP 用户隔离"

口中选择"操作"→"连接到"命令,再在打开的对话框中单击"确定"按钮,如图 6-25 所示。

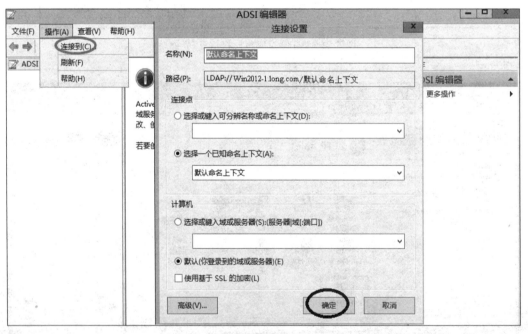

图 6-25 "ADSI 编辑器"窗口及"连接设置"对话框

(10) 展开左子树,右击 sales 的 OU 中的 salesuser1 用户,在弹出的快捷菜单中选择"属性"命令,在弹出的对话框中找到 msIIS-FTPDir,该选项设置用户对应的目录,修改为 salesuser1;修改 msIIS-FTPRoot 为 C:\FTP_sales,该选项设置用户对应的路径,如图 6-26

所示。

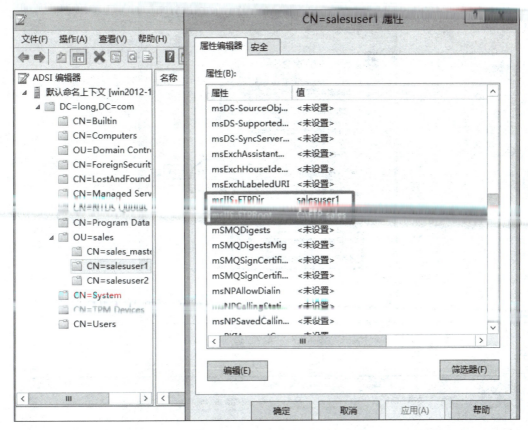

图 6-26 修改隔离用户的属性

注意：msIIS-FTPRoot 对应于用户的 FTP 根目录，msIIS-FTPDir 对应于用户的 FTP 主目录。用户的 FTP 主目录必须是 FTP 根目录的子目录。

（11）使用同样的方式对 salesuser2 用户进行配置。

4．配置磁盘配额

在 DC1 上打开 C 盘并右击，在弹出的快捷菜单中选择"属性"命令，在弹出的"属性"对话框中选择"配额"选项卡，选择"启用配额管理"和"拒绝将磁盘空间给超过配额限制的用户"复选框，并将"将磁盘空间限制为"设置成 100MB，将"将警告等级设为"设置成 90MB。选中"用户超出配额限制时记录事件"和"用户超过警告等级时记录事件"复选框，然后进行确认，如图 6-27 所示。

5．测试验证

（1）在 Win2012-2 的资源管理器中，使用 salesuser1 用户登录 FTP 服务器，如图 6-28 所示。

注意：必须使用 long\salesuser1 或 salesuser1@long.com 登录。为了不受防火墙的影响，建议暂时关闭所有防火墙。

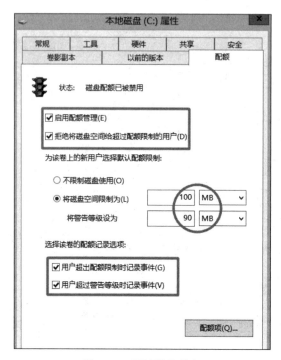

图 6-27 "配额"选项卡

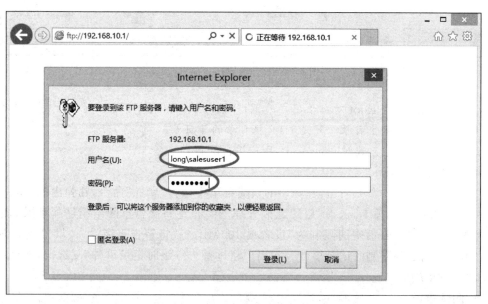

图 6-28 在客户端访问 FTP 服务器

(2) 在 Win2012-2 上使用 salesuser1 用户访问 FTP,并成功上传文件,如图 6-29 所示。

(3) 使用 salesuser2 用户访问 FTP 并成功上传文件,如图 6-30 所示。

(4) 当 salesuser1 用户上传文件超过 100MB 时,会提示上传失败,如图 6-31 所示,将大于 100MB 的 Administrator 文件夹上传到 FTP 服务器时上传失败。

项目6 配置与管理FTP服务器

图 6-29 登录成功并可上传文件(1)

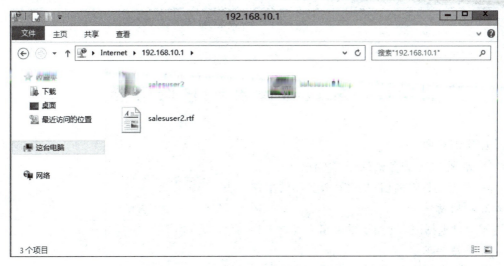

图 6-30 登录成功并可上传文件(2)

图 6-31 提示上传出错

（5）在 DC1 上打开 C 盘并右击，在弹出的快捷菜单中选择"属性"命令，在弹出的"属性"对话框中选择"配额"选项卡，单击"配额项"按钮可以查看用户使用的空间，如图 6-32 所示。

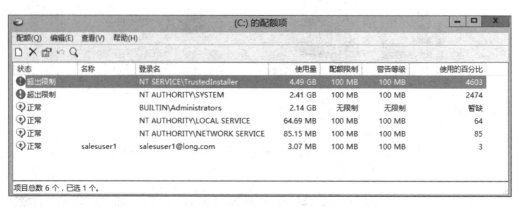

图 6-32　查看配额项

6.4　实训项目　配置与管理 FTP 服务器

1．实训目的
- 掌握 FTP 服务器的配置方法。
- 掌握 AD 隔离用户 FTP 服务器的配置方法。

2．项目背景
本项目根据图 6-4 所示的环境来部署 FTP 服务器。

3．项目要求
根据网络拓扑图（见图 6-4），完成以下任务。
（1）安装 FTP 来发布服务角色的服务。
（2）创建和访问 FTP 站点。
（3）创建虚拟目录。
（4）安全设置 FTP 服务器。
（5）创建虚拟主机。
（6）配置与使用客户端。
（7）设置 AD 隔离用户 FTP 服务器。

4．做一做
根据项目录像进行项目的实训，检查学习效果。

6.5 习题

1. 填空题

（1）FTP 服务就是_____服务，FTP 的英文全称是_____。

（2）FTP 服务通过使用一个共同的用户名_____，密码不限的管理策略，让任何用户都可以很方便地从这些服务器上下载软件。

（3）FTP 服务有两种工作模式：_____和_____。

（4）FTP 命令的格式为_____。

（5）打开 FTP 服务器_____的命令是_____，浏览其下目录列表的命令是_____。如果匿名登录，在 User(ftp.long.com:(none))处输入匿名账户_____，在 Password 处输入_____或直接按 Enter 键，即可登录 FTP 站点。

（6）比较著名的 FTP 客户端软件有_____、_____、_____等。

（7）FTP 身份验证方法有两种：_____和_____。

2. 选择题

（1）虚拟主机技术不能通过(   )架设网站。
    A. 计算机名   B. TCP 端口   C. IP 地址   D. 主机头名

（2）虚拟目录不具备的特点是(   )。
    A. 便于扩展   B. 增删灵活   C. 易于配置   D. 动态分配空间

（3）FTP 服务使用的端口是(   )。
    A. 21   B. 23   C. 25   D. 53

（4）从 Internet 上获得软件最常采用的是(   )。
    A. WWW   B. Telnet   C. FTP   D. DNS

3. 判断题

（1）若 Web 网站中的信息非常敏感，为防止中途被人截获，就可以采用 SSL 加密方式。(   )

（2）IIS 提供了基本服务，包括发布信息、传输文件、支持用户通信和更新这些服务所依赖的数据存储。(   )

（3）虚拟目录是一个文件夹，一定包含于主目录内。(   )

（4）FTP 的全称是 File Transfer Protocol，是用于传输文件的协议。(   )

（5）当使用"用户隔离"模式时，所有用户的主目录都在单一 FTP 主目录下，每个用户均被限制在自己的主目录中，且用户名必须与相应的主目录相匹配，不允许用户浏览除自己主目录之外的其他内容。(   )

4. 简答题

（1）请解释非域的用户隔离和域用户隔离的主要区别是什么。

（2）能否使用不存在的域用户进行多用户配置？

（3）请解释磁盘配额的作用是什么。

第二部分

RHEL 7.4 服务器配置与管理

项目 7　安装与基本配置 Linux 操作系统

某高校组建了校园网，需要架设一台具有 Web、FTP、DNS、DHCP、samba、VPN 等功能的服务器来为校园网用户提供服务，现需要选择一种既安全又易于管理的网络操作系统，并正确搭建服务器及进行测试。

- 理解 Linux 操作系统的体系结构。
- 掌握如何搭建 Red Hat Enterprise Linux 7 服务器。
- 掌握如何删除 Linux 服务器。
- 掌握如何登录、退出 Linux 服务器。
- 理解 Linux 的启动过程和运行级别。
- 掌握如何排除 Linux 服务器的安装故障。

7.1　相关知识

7.1.1　认识 Linux 的前世与今生

1. Linux 系统的历史

Linux 系统是一个类似 UNIX 的操作系统，Linux 系统是 UNIX 在计算机上的完整实现，它的标志是一个名为 Tux 的可爱的小企鹅，如图 7-1 所示。UNIX 操作系统是 1969 年由 K.Thompson 和 D.M. Richie 在美国贝尔实验室开发的一个操作系统。由于良好且稳定的性能，迅速在计算机中得到广泛的应用，在随后的几十年中又进行了不断的改进。

1990 年，芬兰人 Linus Torvalds 接触了为教学而设计的 Minix 系统后，开始着手研究编写一个开放的与 Minix 系统兼容的操作系统。1991 年 10 月 5 日，Linus Torvalds 在赫尔辛基技术大学的一台 FTP 服务器上公布了第一个 Linux 的内核版本 0.02 版，标志着 Linux 系统的诞生。最开始时，Linus Torvalds 的兴趣在于了解操作

图 7-1　Linux 的标志 Tux

系统运行原理,因此 Linux 早期的版本并没有考虑最终用户的使用,只是提供了最核心的框架,使 Linux 编程人员可以享受编制内核的乐趣,但这样也保证了 Linux 系统内核的强大与稳定。Internet 的兴起,使 Linux 系统也能十分迅速地发展,很快就有更多的程序员加入了 Linux 系统的编写行列中。

随着编程小组的扩大和完整的操作系统基础软件的出现,Linux 开发人员认识到,Linux 已经逐渐变成一个成熟的操作系统。1992 年 3 月,内核 1.0 版本的推出,标志着 Linux 第一个正式版本的诞生。这时能在 Linux 上运行的软件已经十分广泛了,从编译器到网络软件以及 X-Window 都有。现在,Linux 凭借优秀的设计、不凡的性能,加上 IBM、Intel、AMD、Dell、Oracle、Sybase 等国际知名企业的大力支持,市场份额逐步扩大,逐渐成为主流操作系统之一。

2. Linux 的版权问题

Linux 是基于 Copyleft(无版权)的软件模式进行发布的,其实 Copyleft 是与 Copyright(版权所有)相对立的新名称,它是 GNU 项目制定的通用公共许可证(General Public License,GPL)。GNU 项目是由 Richard Stallman 于 1984 年提出的,他建立了自由软件基金会(FSF)并提出 GNU 计划的目的是开发一个完全自由的、与 UNIX 类似但功能更强大的操作系统,以便为所有的计算机使用者提供一个功能齐全、性能良好的基本系统,它的标志是角马,如图 7-2 所示。

图 7-2　GNU 的标志角马

GPL 是由自由软件基金会发行的用于计算机软件的协议证书,使用证书的软件称为自由软件[后来改名为开放源代码软件(Open Source Software)]。大多数的 GNU 程序和超过半数的自由软件都使用它,GPL 保证任何人都有权使用、复制和修改该软件。任何人都有权取得、修改和重新发布自由软件的源代码,并且规定在不增加附加费用的条件下可以得到自由软件的源代码。同时还规定自由软件的衍生作品必须以 GPL 作为重新发布的许可协议。Copyleft 软件的组成非常透明,当出现问题时,可以准确地查明故障原因,及时采取相应对策,同时用户不用再担心有"后门"的威胁。

小资料:GNU 这个名字使用了有趣的递归缩写,它是 GNU's Not UNIX 的缩写形式。由于递归缩写是一种在全称中递归引用它自身的缩写,因此无法精确地解释出它的真正全称。

3. Linux 系统的特点

Linux 操作系统作为一个免费、自由、开放的操作系统,它的发展势不可当,它拥有以下一些特点。

(1)完全免费。由于 Linux 遵循通用公共许可证 GPL,因此任何人都有使用、复制和修改 Linux 的自由,可以放心地使用 Linux 而不必担心成为"盗版"用户。

(2)高效、安全、稳定。UNIX 操作系统的稳定性是众所周知的,Linux 继承了 UNIX 核心的设计思想,具有执行效率高、安全性高和稳定性好的特点。Linux 系统的连续运行时间通常以年作单位,能连续运行 3 年以上的 Linux 服务器并不少见。

(3)支持多种硬件平台。Linux 能在笔记本电脑、PC、工作站甚至大型机上运行,并能在 x86、MIPS、PowerPC、SPARC、Alpha 等主流的体系结构上运行,可以说 Linux 是目前支持硬件平台最多的操作系统。

(4)友好的用户界面。Linux 提供了类似 Windows 图形界面的 X-Window 系统,用户可以使用鼠标方便、直观和快捷地进行操作。经过多年的发展，Linux 的图形界面技术已经非常成熟，其强大的功能和灵活的配置界面让一般以用户界面良好著称的 Windows 也黯然失色。

（5）强大的网络功能。网络就是 Linux 的生命，完善的网络支持是 Linux 与生俱来的能力，所以 Linux 在通信和网络功能方面优于其他操作系统。其他操作系统不具备如此紧密地和内核结合在一起的连接网络的能力，也没有内置这些网络特性的灵活性。

（6）支持多任务、多用户。Linux 是多任务、多用户的操作系统，可以支持多个使用者同时使用并共享系统的磁盘、外设、处理器等系统资源。Linux 的保护机制使每个应用程序和用户互不干扰，一个任务崩溃，其他任务仍然照常运行。

7.1.2 理解 Linux 体系结构

Linux 一般有 3 个主要部分：内核（Kernel）、命令解释层（shell 或其他操作环境）、实用工具。

1. 内核

内核是系统的心脏，是运行程序和管理磁盘及打印机等硬件设备的核心程序。操作环境向用户提供一个操作界面，它从用户那里接受命令，并且把命令送给内核去执行。由于内核提供的都是操作系统最基本的功能，如果内核发生问题，整个计算机系统就可能会崩溃。

Linux 内核的源代码主要用 C 语言编写，只有部分与驱动相关的用汇编语言（Assembly）编写。Linux 内核采用模块化的结构，其主要模块包括存储管理、CPU 和进程管理、文件系统管理、设备管理和驱动、网络通信以及系统的引导、系统调用等。Linux 内核的源代码通常安装在 /usr/src 目录，可供用户查看和修改。

当 Linux 安装完毕，一个通用的内核就被安装到计算机中。这个通用内核能满足绝大部分用户的需求，但也正因为内核的这种普遍适用性，使很多对具体的某一台计算机来说可能并不需要的内核程序（如一些硬件驱动程序）都被安装并运行。Linux 允许用户根据自己机器的实际配置定制 Linux 的内核，从而有效地简化了 Linux 内核，提高了系统启动速度，并释放了更多的内存资源。

在 Linus Torvalds 领导的内核开发小组的不懈努力下，Linux 内核的更新速度非常快。用户在安装 Linux 后可以下载最新版本的 Linux 内核，进行内核编译后升级计算机的内核，就可以使用到内核最新的功能。由于内核定制和升级的成败关系到整个计算机系统能否正常运行，因此用户对此必须非常谨慎。

2. 命令解释层

shell 是系统的用户界面，提供了用户与内核进行交互操作的一种接口，它接受用户输入的命令，并且把它送入内核去执行。

操作环境在操作系统内核与用户之间提供操作界面，它可以描述为一个解释器。操作系统对用户输入的命令进行解释，再将其发送到内核。Linux 存在几种操作环境，分别是：桌面（Desktop）、窗口管理器（Window Manager）和命令行 shell（Command Line shell）。Linux 系统中的每个用户都可以拥有自己的用户操作界面，根据自己的要求进行定制。

shell 是一个命令解释器，它解释由用户输入的命令，并且把它们送到内核。不仅如此，

shell 还有自己的编程语言用于对命令的编辑,它允许用户编写由 shell 命令组成的程序。shell 编程语言具有普通编程语言的很多特点,如它也有循环结构和分支控制结构等,用这种编程语言编写的 shell 程序与其他应用程序具有同样的效果。

同 Linux 一样,shell 也有多种不同的版本,目前,主要有以下几种版本。
- Bourne shell:贝尔实验室开发的版本。
- BASH:GNU 的 Bourne Again shell,是 GNU 操作系统上默认的 shell。
- Korn shell:这是对 Bourne shell 版本的发展,在大部分情况下与 Bourne shell 兼容。
- C shell:这是 SUN 公司 shell 的 BSD 版本。

shell 不仅是一种交互式命令解释程序,而且是一种程序设计语言,它和 MS-DOS 中的批处理命令类似,但比批处理命令功能更强大。在 shell 脚本程序中可以定义和使用变量,进行参数传递、流程控制、函数调用等。

shell 脚本程序是解释型的,也就是说 shell 脚本程序不需要进行编译,就能直接逐条解释,逐条执行脚本程序的源语句。shell 脚本程序的处理对象只能是文件、字符串或者命令语句,而不像其他的高级语言有丰富的数据类型和数据结构。

作为命令行操作界面的替代选择,Linux 还提供了像 Microsoft Windows 那样的可视化界面——X-Window 的图形用户界面(GUI)。它提供了很多窗口管理器,其操作就像 Windows 一样,有窗口、图标和菜单,所有的管理都通过鼠标控制。现在比较流行的窗口管理器是 KDE 和 Gnome(其中 Gnome 是 Red Hat Linux 默认使用的界面),两种桌面都能够免费获得。

3. 实用工具

标准的 Linux 系统都有一套叫作实用工具的程序,它们是专门的程序,如编辑器、执行标准的计算操作等。用户也可以生成自己的工具。

实用工具可分为以下 3 类。
- 编辑器:用于编辑文件。
- 过滤器:用于接收数据并过滤数据。
- 交互程序:允许用户发送信息或接收来自其他用户的信息。

Linux 的编辑器主要有:Ed、Ex、vi、vim 和 Emacs。Ed 和 Ex 是行编辑器,vi、vim 和 Emacs 是全屏幕编辑器。

Linux 的过滤器(filter)读取用户文件或其他设备输入数据,检查和处理数据,然后输出结果。从这个意义上说,它们过滤了经过它们的数据。Linux 有不同类型的过滤器,一些过滤器用行编辑命令输出一个被编辑的文件;另外一些过滤器是按模式寻找文件并以这种模式输出部分数据;还有一些执行字处理操作,检测一个文件中的格式,输出一个格式化的文件。过滤器的输入可以是一个文件,也可以是用户从键盘输入的数据,还可以是另一个过滤器的输出。过滤器可以相互连接,因此,一个过滤器的输出可能是另一个过滤器的输入。在有些情况下,用户可以编写自己的过滤器程序。

交互程序是用户与机器的信息接口。Linux 是一个多用户系统,它必须和所有用户保持联系。信息可以由系统上的不同用户发送或接收。信息的发送有两种方式:一种方式是与其他用户一对一地链接进行对话;另一种方式是一个用户对多个用户同时链接进行通信,

7.1.3 认识 Linux 的版本

Linux 的版本分为内核版本和发行版本两种。

1. 内核版本

内核是系统的心脏,是运行程序和管理磁盘及打印机等硬件设备的核心程序,它提供了一个在裸设备与应用程序间的抽象层。例如,程序本身不需要了解用户的主板芯片集或磁盘控制器的细节就能在高层次上读写磁盘。

内核的开发和规范一直由 Linus 领导的开发小组控制,版本也是唯一的。开发小组每隔一段时间公布新的版本或其修订版,从 1991 年 10 月 Linus 向世界公开发布的内核 0.0.1 版本(0.0.1 版本功能相当简陋,所以没有公开发布)到目前最新的内核 4.16.6 版本,Linux 的功能越来越强大。

Linux 内核的版本号命名是有一定规则的,版本号的格式通常为"主版本号.次版本号.修正号"。主版本号和次版本号标志着重要的功能变动,修正号表示较小的功能变更。以 2.6.12 版本为例,2 代表主版本号,6 代表次版本号,12 代表修正号。其中次版本号还有特定的意义:如果是偶数数字,就表示该内核是一个可放心使用的稳定版;如果是奇数数字,则表示该内核加入了某些测试的新功能,是一个内部可能存在着 BUG 的测试版。如 2.5.74 表示是一个测试版的内核,2.6.12 表示是一个稳定版的内核。读者可以到 Linux 内核官方网站 http://www.kernel.org/下载最新的内核代码,如图 7-3 所示。

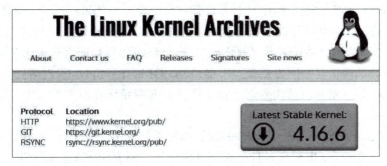

图 7-3 Linux 内核官方网站

2. 发行版本

仅有内核而没有应用软件的操作系统是无法使用的,所以许多公司或社团将内核、源代码及相关的应用程序组织构成一个完整的操作系统,让一般的用户可以简便地安装和使用 Linux,这就是所谓的发行版本(Distribution),一般谈论的 Linux 系统都是针对这些发行版本的。目前各种发行版本超过 300 种,它们的发行版本号各不相同,使用的内核版本号也可能不一样,现在最流行的套件有 Red Hat(红帽)、CentOS、Fedora、openSUSE、Debian、Ubuntu、红旗 Linux 等。

(1) 红帽企业版 Linux(Red Hat Enterprise Linux,RHEL):红帽公司是全球最大的开源技术厂商,RHEL 是全世界使用最广泛的 Linux 系统。RHEL 系统具有极强的性能与稳定性,并且在全球范围内拥有完善的技术支持。RHEL 系统也是本书、红帽认证以及众多生产环境中使用的系统。网址：http://www.redhat.com。

（2）社区企业操作系统（Community Enterprise Operating System，CentOS）：通过把RHEL系统重新编译并发布给用户免费使用的Linux系统，具有广泛的使用人群。CentOS当前已归属红帽公司。

（3）Fedora：由红帽公司发布的桌面版系统套件（目前已经不限于桌面版）。用户可免费体验到最新的技术或工具，这些技术或工具在成熟后会被加入RHEL系统中，因此Fedora也称为RHEL系统的"试验田"。运维人员如果想时刻保持自己的技术领先，就应该多关注此类Linux系统的发展变化及新特性，不断改变自己的学习方向。

（4）openSUSE：源自德国的一款著名的Linux系统，在全球范围有着不错的声誉及市场占有率。网址：http://www.novell.com/linux。

（5）Debian：稳定性、安全性强，提供了免费的基础支持，可以很好地支持各种硬件架构，以及提供近十万种不同的开源软件，在国外拥有很高的认可度和使用率。

（6）Ubuntu：是一款派生自Debian的操作系统，对新款硬件具有极强的兼容能力。Ubuntu与Fedora都是极为出色的Linux桌面系统，而且Ubuntu也可用于服务器领域。

（7）红旗Linux：红旗Linux是国内比较成熟的一款Linux发行套件，它的界面十分美观，操作起来也十分简单，仿Windows的操作界面让用户使用起来更感亲切。网址：http://www.redflag-linux.com/。

现在国内大多数Linux相关的图书都是围绕CentOS系统编写的，作者大多也会给出围绕CentOS进行写作的一系列理由，但是都没有剖析到CentOS系统与RHEL系统的本质关系。CentOS系统是通过把RHEL系统释放出的程序源代码经过二次编译之后生成的一种Linux系统，其命令操作和服务配置方法与RHEL完全相同，但是去掉了很多收费的服务套件功能，而且不提供任何形式的技术支持，出现问题后只能由运维人员自己解决，所以选择CentOS的理由就是因为免费。根据GNU GPL许可协议，我们同样也可以免费使用RHEL系统，甚至是修改其代码创建衍生产品。开源系统在自由程度上没有任何差异，更无关道德问题。

本书是基于最新的RHEL 7系统编写的，书中内容及实验完全与CentOS、Fedora等系统通用。更重要的是，本书配套资料中的ISO映像与红帽RHCSA及RHCE考试基本保持一致，因此更适合备考红帽认证的考生使用。

7.1.4 Red Hat Enterprise Linux 7

2014年年末，RedHat公司推出了当前最新的企业版Linux系统——RHEL 7。

RHEL 7系统创新地集成了Docker虚拟化技术，支持XFS文件系统，兼容微软的身份管理，并采用systemd作为系统初始化进程，其性能和兼容性相较于之前版本都有了很大的改善，是一款非常优秀的操作系统。

RHEL 7系统的改变非常大，最重要的是它采用了systemd作为初始化进程。这样一来，几乎之前所有的运维自动化脚本都需要修改，虽然会给用户造成一些不便，但是老版本可能会有更大的概率存在安全漏洞或者功能缺陷，而新版本不仅出现漏洞的概率小，而且即便出现漏洞，也会快速得到众多开源社区和企业的响应并更快地修复，所以建议大家尽快升级到RHEL 7。

7.1.5 核高基与国产操作系统

Linux 系统非常优秀,开源精神仅仅是锦上添花而已。那么中国的"核高基"是怎么回事呢?核高基就是"核心电子器件、高端通用芯片及基础软件产品"的简称,是 2006 年国务院发布的《国家中长期科学和技术发展规划纲要(2006—2020 年)》中与载人航天、探月工程并列的 16 个重大科技专项之一。核高基重大专项将持续至 2020 年,中央财政为此安排预算 328 亿元,加上地方财政以及其他配套资金,预计总投入将超过 1000 亿元。其中,众所周知的基础软件是对操作系统、数据库和中间件的统称。经过 20 多年的发展,近年来国产基础软件的发展形势已有所好转,尤其一批国产基础软件领军企业的发展势头无异于给中国软件市场打了一支强心针,增添了几许信心,而核高基的适时出现犹如助推器,给予基础软件更强劲的引擎动力。

从 2008 年 10 月 21 日起,微软公司对盗版 Windows 和 Office 用户进行"黑屏"警告性提示。自该黑屏事件发生之后,我国大量的计算机用户将目光转移到 Linux 操作系统和国产 Office 办公软件上,国产操作系统和办公软件的下载量一时间以几倍的速度增长,国产 Linux 和 Office 的发展也引起了大家的关注。据各个国产软件厂商提供的数据显示,国产 Linux 操作系统和 Office(for Linux)办公软件个人版的总下载量已突破百万次,这足以说明在微软公司打击盗版软件时,我国 Linux 操作系统和 Office 办公软件的开发商已经在技术上具备了代替微软公司操作系统和办公软件的能力;同时,中国用户也已经由过去对国产操作系统和办公软件持质疑的态度开始转向逐渐接受,国产操作系统和办公软件已经成为用户更换操作系统的一个重要选择。

总之,中国国产软件尤其是基础软件的最好时代已经来临,我们期望未来不会再受类似"黑屏事件"的制约,也希望我国所有的信息化建设都能建立在安全、可靠、可信的国产基础软件平台上!

7.2 项目设计及分析

中小型企业在选择网络操作系统时,首先推荐企业版 Linux 网络操作系统,一是由于其开源的优势;另一个是考虑到其安全性较高。

要想成功安装 Linux,首先必须要对硬件的基本要求、硬件的兼容性、多重引导、磁盘分区和安装方式等进行充分准备,获取发行版本,查看硬件是否兼容,选择适合的安装方式。做好这些准备工作,Linux 安装之旅才会一帆风顺。

Red Hat Enterprise Linux 7 支持目前绝大多数主流的硬件设备,不过由于硬件配置、规格更新极快,若想知道自己的硬件设备是否被 Red Hat Enterprise Linux 7 支持,最好先访问硬件认证网页(https://hardware.RedHat.com/),查看哪些硬件通过了 Red Hat Enterprise Linux 7 的认证。

1. 多重引导

Linux 和 Windows 的多系统共存有多种实现方式,最常用的有以下 3 种。

- 先安装 Windows，再安装 Linux，最后用 Linux 内置的 GRUB 或者 LILO 来实现多系统引导。这种方式实现起来最简单。
- 先安装 Windows 还是 Linux 均可以，最后经过特殊的操作，使用 Windows 内置的 OS Loader 来实现多系统引导。这种方式实现起来稍显复杂。
- 同样先安装 Windows 还是 Linux 均可以，最后使用第三方软件来实现 Windows 和 Linux 的多系统引导。这种实现方式最为灵活，操作也不算复杂。

在以上 3 种实现方式中，目前用户使用最多的是通过 Linux 的 GRUB 或者 LILO 实现 Windows、Linux 多系统引导。

LILO 是最早出现的 Linux 引导装载程序之一，其全称为 Linux Loader。早期的 Linux 发行版本中都以 LILO 作为引导装载程序。GRUB 比 LILO 稍晚出现，其全称是 GRand Unified Bootloader。GRUB 不仅具有 LILO 的绝大部分功能，并且还拥有漂亮的图形化交互界面和方便的操作模式。因此，包括 Red Hat 在内的越来越多的 Linux 发行版本转而将 GRUB 作为默认安装的引导装载程序。

GRUB 为用户提供了交互式的图形界面，还允许用户定制个性化的图形界面，而 LILO 的旧版本只提供文字界面，在其最新版本中虽然已经有了图形界面，但对图形界面的支持还比较有限。

LILO 通过读取硬盘上的绝对扇区来装入操作系统，因此每次改变分区后都必须重新配置 LILO。如果调整了分区的大小或者分区的分配，那么 LILO 在重新配置之前就不能引导这个分区的操作系统。而 GRUB 是通过文件系统直接把内核读取到内存，因此只要操作系统内核的路径没有改变，GRUB 就可以引导操作系统。

GRUB 不但可以通过配置文件进行系统引导，还可以在引导前动态改变引导参数，动态加载各种设备。例如，刚编译出 Linux 的新内核，却不能确定其能否正常工作时，就可以在引导时动态改变 GRUB 的参数，尝试装载新内核。LILO 只能根据配置文件进行系统引导。

GRUB 提供强大的命令行交互功能，方便用户灵活地使用各种参数来引导操作系统和收集系统信息。GRUB 的命令行模式甚至支持历史记录功能，用户使用上下键就能寻找到以前的命令，非常高效易用，而 LILO 不提供这种功能。

2. 安装方式

任何硬盘在使用前都要进行分区。硬盘的分区首先有两种类型：主分区和扩展分区。一个 Red Hat Enterprise Linux 7 提供了多达 4 种安装方式支持，可以从 CD-ROM/DVD 启动安装、从硬盘安装、从 NFS 服务器安装或者从 FTP/HTTP 服务器安装。

（1）从 DVD 安装

对于绝大多数场合来说，最简单、快捷的安装方式就是从 CD-ROM/DVD 进行安装。只要设置启动顺序为光驱优先，然后将 Red Hat Enterprise Linux 7 DVD 放入光驱启动即可进入安装向导。

（2）从硬盘安装

如果是从网上下载的光盘映像，并且没有刻录机去刻盘，从硬盘安装也是一个不错的选择。需要进行的准备活动也很简单，将下载的 ISO 映像文件复制到 FAT32 或者 ext2 分区中，在安装时选择硬盘安装，然后选择映像文件位置即可。

(3) 从网络服务器安装

对于网络速度较快的用户来说,通过网络安装也是不错的选择。Red Hat Enterprise Linux 7 目前的网络安装支持 NFS、FTP 和 HTTP 3 种方式。

注意:在通过网络安装 Red Hat Enterprise Linux 7 时,一定要保证光驱中不能有安装光盘,否则有可能会出现不可预料的错误。

3. 物理设备的命名规则

在 Linux 系统中一切都是文件,硬件设备也不例外,既然是文件,就必须有文件名称。系统内核中的 udev 设备管理器会自动把硬件名称规范起来,目的是让用户通过设备文件的名字可以猜出设备大致的属性以及分区信息等,这对于陌生的设备来说特别方便。另外,udev 设备管理器会一直以守护进程的形式运行并侦听内核发出的信号来管理 /dev 目录下的设备文件。Linux 系统中常见的硬件设备的文件名称如表 7-1 所示。

表 7-1 常见的硬件设备及其文件名称

硬件设备	文件名称
IDE 设备	/dev/hd[a-d]
SCSI/SATA/U 盘	/dev/sd[a-p]
软驱	/dev/fd[0-1]
打印机	/dev/lp[0-15]
光驱	/dev/cdrom
鼠标	/dev/mouse
磁带机	/dev/st0 或 /dev/ht0

由于现在的 IDE 设备已经很少见了,所以一般的硬盘设备都会以 /dev/sd 开始。而一台主机上可以有多块硬盘,因此系统采用 a~p 来代表 16 块不同的硬盘(默认从 a 开始分配),而且硬盘的分区编号也有规定:

- 主分区或扩展分区的编号从 1 开始,到 4 结束;
- 逻辑分区从编号 5 开始。

注意:①/dev 目录中 sda 设备之所以是 a,并不是由插槽决定的,而是由系统内核的识别顺序来决定的。读者在使用 iSCSI 网络存储设备时会发现,虽然主板上第二个插槽是空的,但系统却能识别到 /dev/sdb 这个设备就是这个道理。②sda3 表示编号为 3 的分区,而不能判断 sda 设备上已经存在了 3 个分区。

/dev/sda5 设备文件名称包含的信息如图 7-4 所示。首先,/dev/ 目录中保存的是硬件设备文件;其次,sd 表示是存储设备,a 表示系统中同类接口中第一个被识别到的设备;最

图 7-4 设备文件名称

后,5表示这个设备是一个逻辑分区。一言以蔽之,/dev/sda5表示的就是"这是系统中第一块被识别到的硬件设备中分区编号为5的逻辑分区的设备文件"。

4. 硬盘相关知识

硬盘设备是由大量的扇区组成的,每个扇区的容量为512字节。其中第一个扇区最重要,它里面保存着主引导记录与分区表信息。就第一个扇区来讲,主引导记录需要占用446字节,分区表为64字节,结束符占用2字节;其中分区表中每记录一个分区信息就需要16字节,这样一来最多只有4个分区信息可以写到第一个扇区中,这4个分区就是4个主分区。第一个扇区中的数据信息如图7-5所示。

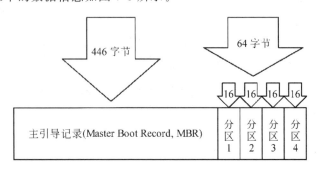

图7-5 第一个扇区中的数据信息

第一个扇区最多只能创建出4个分区,于是为了解决分区个数不够的问题,可以将第一个扇区的分区表中16字节(原本要写入主分区信息)的空间(称为扩展分区)拿出来指向另外一个分区。也就是说,扩展分区其实并不是一个真正的分区,而更像是一个占用16字节分区表空间的指针——一个指向另外一个分区的指针。这样一来,用户一般会选择使用3个主分区加1个扩展分区的方法,然后在扩展分区中创建出数个逻辑分区,从而满足多分区(大于4个)的需求。主分区、扩展分区、逻辑分区可以像图7-6一样规划。

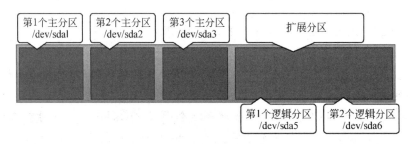

图7-6 硬盘分区的规划

注意:所谓扩展分区,严格来讲不是一个实际意义的分区,它仅仅是一个指向下一个分区的指针,这种指针结构将形成一个单向链表。

思考:/dev/sdb8是什么意思?

5. 规划分区

Red Hat Enterprise Linux 7安装程序的启动,根据实际情况的不同,准备Red Hat Enterprise Linux 7的DVD映像,同时要进行分区规划。

对于初次接触Linux的用户来说,分区方案越简单越好,所以最好的选择就是为Linux

项目 7　安装与基本配置 Linux 操作系统

最后两个分区，一个是用户保存系统和数据的根分区（/），另一个是交换分区。其中交换分区不用太大，与物理内存同样大小即可；根分区则需要根据 Linux 系统安装后占用资源的大小和所需要保存数据的多少来调整大小（一般情况下，划分 15～20GB 就足够了）。

当然，对于有经验的 Linux 人员，或者要安装服务器的管理员来说，这种分区方案就不太适合了。此时，一般还会单独创建一个 /boot 分区，用于保存系统启动时所需要的文件；再创建一个 /usr 分区，操作系统基本都在这个分区中；还需要创建一个 /home 分区，所有的用户信息都在这个分区下；还有 /var 分区，服务器的登录文件、邮件、Web 服务器的数据文件都会放在这个分区中，如图 7-7 所示。

图 7-7　Linux 服务器常见分区方案

由于该操作，由于 Windows 几个分区是 Linux 下的 ext2、ext3、ext4 和 swap 分区，所以只有借助 Linux 的安装程序进行分区。当然，绝大多数第三方分区软件也支持 Linux 的分区，也可以借助它们来完成这项工作。

下面就通过 Red Hat Enterprise Linux 7 DVD 来启动计算机，并逐步安装程序。

7.3　项目实施

7.3.1　安装配置 VM 虚拟机

（1）成功安装 VMware Workstation 后的界面如图 7-8 所示。

图 7-8　虚拟机软件的管理界面

（2）在图 7-8 中，选择"创建新的虚拟机"选项，并在弹出的"新建虚拟机向导"界面中选择"典型"单选按钮,如图7-9所示,然后单击"下一步"按钮。

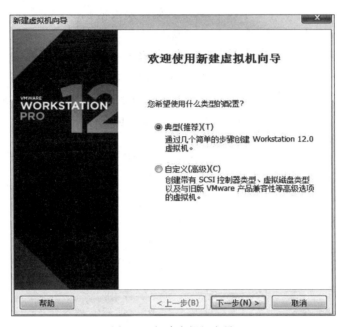

图7-9 新建虚拟机向导

(3)选中"稍后安装操作系统"单选按钮,如图7-10所示,然后单击"下一步"按钮。

图7-10 选择虚拟机的安装来源

注意:请一定选择"稍后安装操作系统"单选按钮。如果选择"安装程序光盘映像文件"单选按钮,并把下载好的RHEL 7系统的映像选中,虚拟机会通过默认的安装策略部署最简化的Linux系统,而不会再向你询问安装设置的选项。

（4）在图 7-11 中，将客户机操作系统的类型选择为 Linux，版本为"Red Hat Enterprise Linux 7 64 位"，然后单击"下一步"按钮。

图 7-11　选择操作系统的版本

（5）填写"虚拟机名称"字段，并在选择安装位置之后单击"下一步"按钮，如图 7-12 所示。

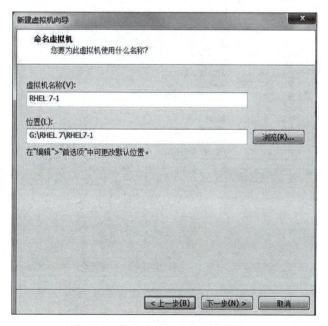

图 7-12　命名虚拟机及设置安装路径

（6）将虚拟机系统的"最大磁盘大小"设置为 40GB（默认值即可），如图 7-13 所示，然后单击"下一步"按钮。

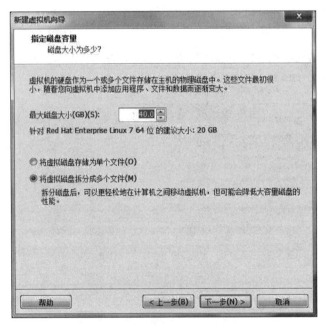

图 7-13 虚拟机最大磁盘大小

（7）单击"自定义硬件"按钮，如图 7-14 所示。

图 7-14 虚拟机的配置界面

（8）在出现的图 7-15 所示的界面中，建议将虚拟机系统内存的可用量设置为 2GB，最低不应低于 1GB。根据宿主机的性能设置 CPU 处理器的数量以及每个处理器的核心数量，并开启虚拟化功能，如图 7-16 所示。

（9）光驱设备此时应在"使用 ISO 映像文件"中选中了下载好的 RHEL 系统映像文件，

项目 7　安装与基本配置 Linux 操作系统

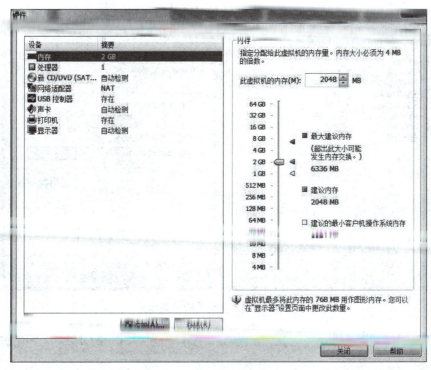

图 7-15　设置虚拟机的内存

图 7-16　设置虚拟机的处理器参数

如图 7-17 所示。

（10）VM 虚拟机软件为用户提供了 3 种可选的网络模式，分别为桥接模式、NAT 模式与仅主机模式。这里选择"仅主机模式"，如图 7-18 所示。

- 桥接模式：相当于在物理主机与虚拟机网卡之间架设了一座桥梁，从而可以通过物理主机的网卡访问外网。

173

图 7-17 设置虚拟机的光驱设备

图 7-18 设置虚拟机的网络适配器

- NAT 模式：让 VM 虚拟机的网络服务发挥路由器的作用，使通过虚拟机软件模拟的主机可以通过物理主机访问外网，在实际计算机中 NAT 虚拟机网卡对应的物理网卡是 VMnet8。
- 仅主机模式：仅让虚拟机内的主机与物理主机通信，不能访问外网，在实际计算机中仅主机模式模拟网卡对应的物理网卡是 VMnet1。

项目 7 安装与基本配置 Linux 操作系统

(11) 移除 USB 控制器、声卡、打印机设备等不需要的设备。移掉声卡后可以避免机输入错误后发出提示声音,确保自己在今后实验中思绪不被打扰。再单击"取消"按钮,如图 7-19 所示。

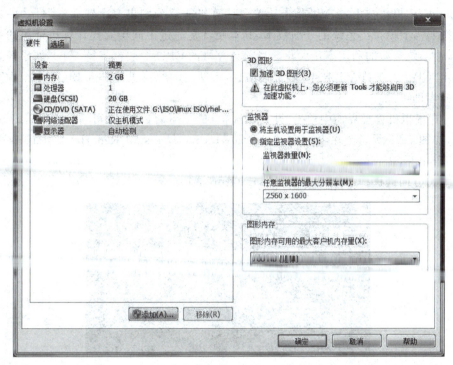

图 7-19 最终的虚拟机配置情况

(12) 返回虚拟机配置向导界面后单击"完成"按钮,虚拟机的安装和配置顺利完成。当看到如图 7-20 所示的界面时,就说明虚拟机已经被配置成功了。

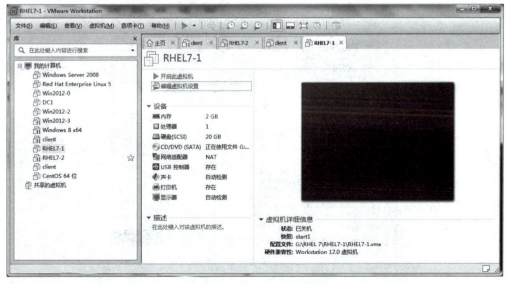

图 7-20 虚拟机配置成功界面

175

7.3.2 安装 Red Hat Enterprise Linux 7

安装 RHEL 7 或 CentOS 7 系统时，计算机的 CPU 需要支持 VT（Virtualization Technology，虚拟化技术）。VT 是指让单台计算机能够分割出多个独立资源区，并让每个资源区按照需要模拟出系统的一项技术，其本质就是通过中间层实现计算机资源的管理和再分配，让系统资源的利用率最大化。目前计算机的 CPU 一般都支持 VT。如果开启虚拟机后提示"CPU 不支持 VT 技术"等报错信息，重新启动计算机并进入 BIOS 中把 VT 虚拟化功能开启即可。

（1）在虚拟机管理界面中单击"开启此虚拟机"按钮后数秒，就可看到 RHEL 7 系统安装界面，如图 7-21 所示。在界面中，Test this media & install Red Hat Enterprise Linux 7.4 和 Troubleshooting 的作用分别是校验光盘完整性后再安装以及启动救援模式。此时通过键盘的方向键选择 Install Red Hat Enterprise Linux 7.4 选项，直接安装 Linux 系统。

图 7-21　RHEL 7 系统安装界面

（2）按 Enter 键开始加载安装映像，所需时间为 30～60s。选择系统的安装语言为"简体中文（中国）"后单击"继续"按钮，如图 7-22 所示。

图 7-22　选择系统的安装语言

（3）在如图 7-23 所示安装主界面中选择"软件选择"选项。

项目 7 安装与基本配置 Linux 操作系统

图 7-23 安装系统主界面

（4）RHEL 7 系统的软件定制界面可以根据用户的需求调整系统的基本环境，例如把 Linux 系统用作基础服务器、文件服务器、Web 服务器或工作站等。此时只需在界面中单击选中"带 GUI 的服务器"单选按钮（注意：如果不选此项，则无法进入图形界面），如图 7-24 所示，然后进入下一步完成操作。

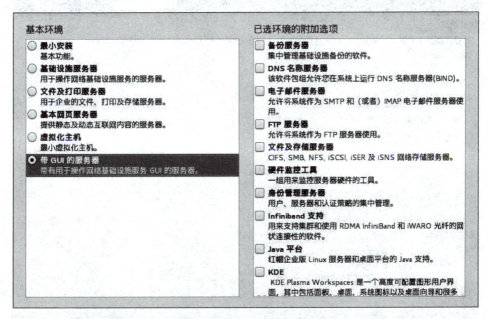

图 7-24 选择系统软件类型

177

(5)返回 RHEL 7 系统安装主界面,选择"网络和主机名"选项后打开"网络和主机名"对话框,将"主机名"字段设置为 RHEL7-1,然后单击左上角的"完成"按钮,如图 7-25 所示。

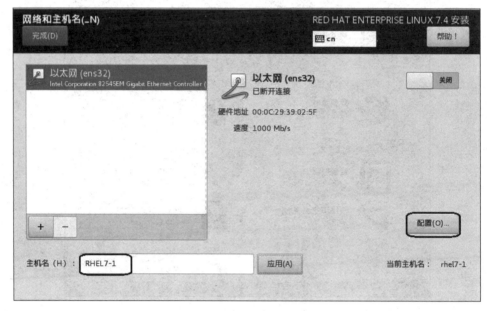

图 7-25 配置网络和主机名

(6)返回 RHEL 7 系统安装主界面,选择"安装位置"选项后打开"安装目标位置"对话框,选中"我要配置分区"单选按钮,然后单击左上角的"完成"按钮,如图 7-26 所示。

图 7-26 选择"我要配置分区"

(7) 几如配置分区。磁盘分区允许用户把一个磁盘划分成几个单独的部分,每一部分有自己的盘符。在分区之前,首先规划分区,以 20GB 硬盘为例,做如下规划。

- /boot 分区大小为 300MB;
- swap 分区大小为 4GB;
- /分区大小为 10GB;
- /usr 分区大小为 8GB;
- /home 分区大小为 8GB;
- /var 分区大小为 8GB;
- /tmp 分区大小为 1GB。

下面进行具体的分区操作。

① 创建 boot 分区。点此处即可···································中选中"标准分区"。单击"＋"按钮,如图 7-27 所示。选择挂载点为/boot(也可以直接输入挂载点),容量大小设置为 300MB,然后单击"添加挂载点"按钮。在图 7-28 所示的界面中设置文件系统类型为 ext4,默认文件系统 xfs 也可以。

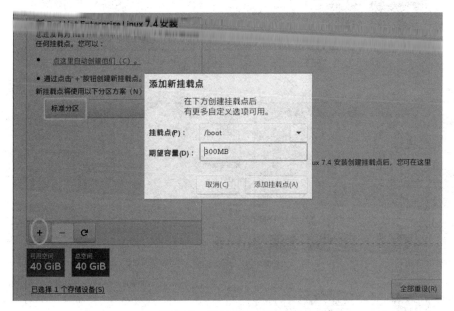

图 7-27　添加/boot 挂载点

注意：一定选中标准分区。保证/home 为单独分区,为后面配额实训做必要的准备。

② 创建交换分区。单击"＋"按钮创建交换分区。在"文件系统"类型中选择 swap,大小一般设置为物理内存的 2 倍即可。比如,计算机物理内存大小为 2GB,设置的 swap 分区大小就是 4096MB(4GB)。

说明：什么是 swap 分区? 简单来说,swap 就是虚拟内存分区,它类似于 Windows 的 PageFile.sys 页面交换文件。就是当计算机的物理内存不够时,作为后备军利用硬盘上的指定空间动态扩充内存的大小。

③ 用同样方法创建/分区大小为 10GB,/usr 分区大小为 8GB,/home 分区大小为 8GB,/var 分区大小为 8GB,/tmp 分区大小为 1GB。文件系统类型全部设置为 ext4。设置

完成后如图 7-29 所示。

图 7-28　设置/boot 挂载点的文件类型

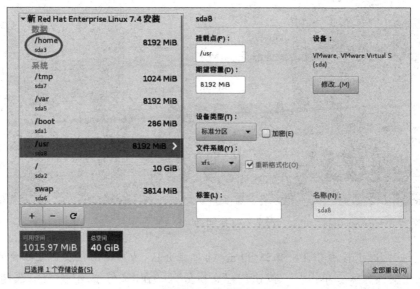

图 7-29　手动分区

注意：不可与 root 分区分开的目录是 /dev、/etc、/sbin、/bin 和 /lib。系统启动时，核心只载入"/"一个分区，核心启动要加载/dev、/etc、/sbin、/bin 和 /lib 五个目录的程序，所以以上几个目录必须和根目录在一起。

最好单独分区的目录是/home、/usr、/var 和 /tmp。出于安全和方便管理的目的，以上四个目录最好独立出来，比如在 samba 服务中，/home 目录可以配置磁盘配额 quota；在

sendmail 服务中，/var 目录可以配置磁盘邮箱 quota。

④ 单击左上角的"完成"按钮，如图 7-30 所示。单击"接受更改"按钮完成分区。

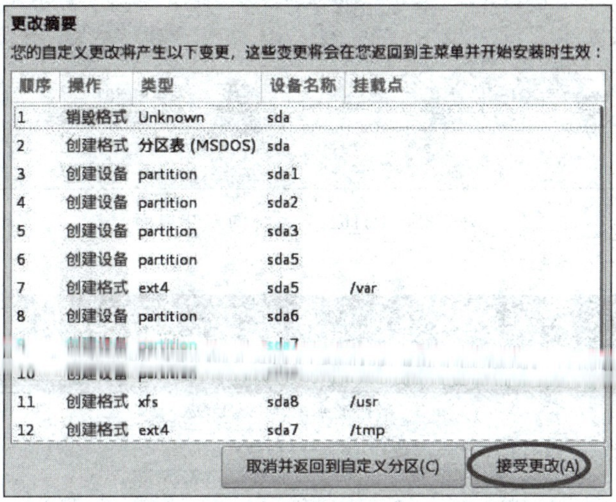

图 7-30 完成分区后的结果

（8）返回到如图 7-31 所示安装主界面，单击"开始安装"按钮后即可看到安装进度。

图 7-31 RHEL 7 安装主界面

（9）在如图 7-32 所示安装界面选择"ROOT 密码"设置 Root 管理员的密码。若坚持用弱口令的密码，则需要单击两次左上角的"完成"按钮才可以确认，如图 7-33 所示。这里需要强调一下，当在虚拟机中做实验时，密码无所谓强弱，但在业务环境中一定要让 Root 管理员的密码足够复杂，否则系统将面临严重的安全问题。

图 7-32　RHEL 7 系统的安装界面

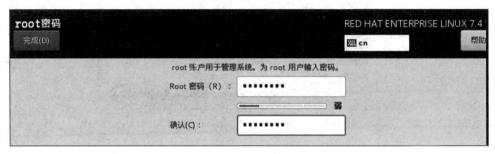

图 7-33　设置 Root 管理员的密码

（10）Linux 系统安装过程一般在 30～60min。安装完成后单击"重启"按钮。

（11）重启系统后将看到系统的初始化界面，单击 LICENSE INFORMATION 选项，如图 7-34 所示。

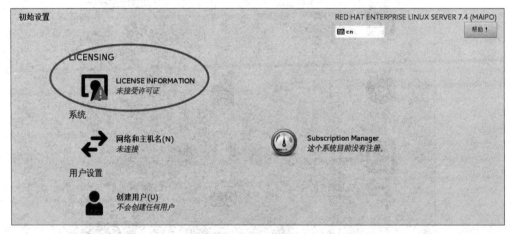

图 7-34　系统初始化界面

（12）选中"我同意许可协议"复选框，然后单击"完成"按钮。

（13）返回到初始化界面后选择"完成配置"选项。

（14）虚拟机软件中的 RHEL 7 系统经过又一次的重新启动后，终于可以看到系统的欢迎界面，如图 7-35 所示。在界面中选择默认的语言"汉语"（中文），然后单击"前进"按钮。

（15）将系统的键盘布局或输入方式选择为 English（Australian），然后单击"前进"按钮,如图7-30所示。

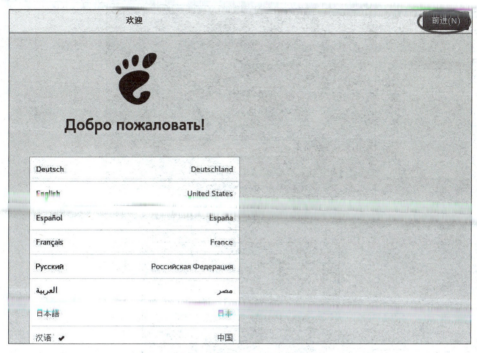

图 7-35 系统的语言设置

图 7-36 设置系统的输入来源类型

（16）按照提示设置系统的时区(上海,中国),然后单击"前进"按钮。

（17）为 RHEL 7 系统创建一个本地的普通用户,该账户的用户名为 yangyun,密码为 redhat,如图 7-37 所示,然后单击"前进"按钮。

（18）在图 7-38 所示的界面中单击"开始使用 Red Hat Enterprise Linux Server"按钮,出现如图 7-39 所示的界面。至此,RHEL 7 系统完成了全部的安装和部署工作,我们终于可以感受到 Linux 的风采。

图 7-37 设置本地普通用户

图 7-38 系统初始化结束界面

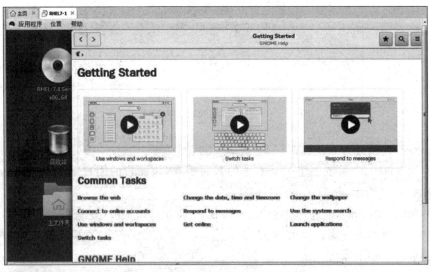

图 7-39 系统的欢迎界面

7.3.3 重置 root 管理员密码

平时让运维人员头疼的事情已经很多了,偶尔把 Linux 系统的密码忘记了也不用着急,只需简单几步就可以完成密码的重置工作。如果刚刚接手了一台 Linux 系统,要先确定是否为 RHEL 7 系统,如果是,再进行下面的操作。

(1) 如图 7-40 所示,先在桌面空白处右击,选择"打开终端"命令,然后在打开的终端中输入如下命令。

```
[root@localhost ~]# cat /etc/redhat-release
Red Hat Enterprise Linux Server release 7.4 (Maipo)
[root@localhost ~]#
```

图 7-40 打开终端

(2) 在终端中输入 reboot;或者单击右上角的"关机"按钮 ⏻ ,选择"重启"按钮。重启 Linux 系统主机并出现引导界面时,按 E 键,进入内核编辑界面,如图 7-41 所示。

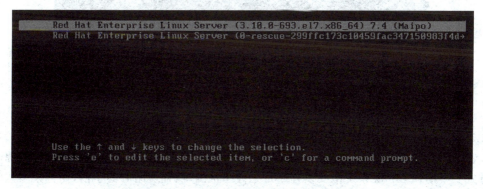

图 7-41 Linux 系统的引导界面

(3) 在 linux16 这行参数的最后添加 rd.break 参数,然后按下 Ctrl+X 组合键运行修改过的内核程序,如图 7-42 所示。

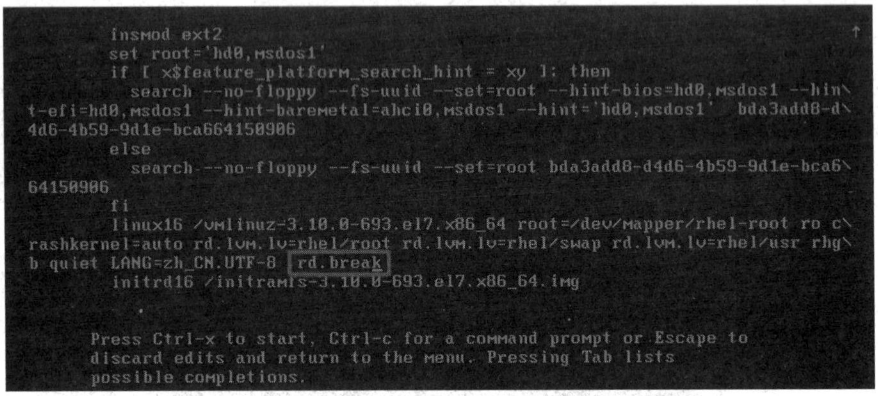

图 7-42 内核信息的编辑界面

(4) 大约 30s 后,进入系统的紧急求援模式。依次输入以下命令,等待系统重启操作完毕,就可以使用新密码 newredhat 登录 Linux 系统了。命令行执行效果如图 7-43 所示。

```
mount -o remount,rw /sysroot
chroot /sysroot
passwd
touch /.autorelabel
exit
reboot
```

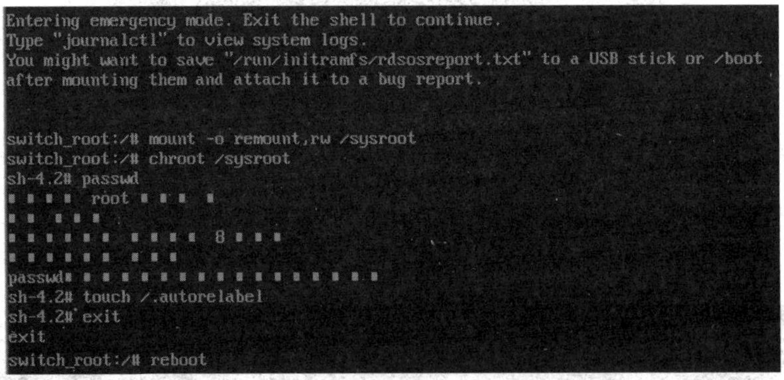

图 7-43 重置 Linux 系统的 root 管理员密码

注意:输入 passwd 后,输入密码和确认密码是不显示的。

7.3.4 RPM(红帽软件包管理器)

在 RPM(红帽软件包管理器)公布之前,要想在 Linux 系统中安装软件只能采取源码包的方式。早期在 Linux 系统中安装程序是一件非常困难、耗费耐心的事情,而且大多数的服务程序仅提供源代码,需要运维人员自行编译代码并解决许多的软件依赖关系,因此要安装完成一个服务程序,运维人员需要具备丰富的知识、高超的技能,甚至良好的耐心。而且在安装、升级、卸载服务程序时还要考虑与其他程序、库的依赖关系,所以在进行校验、安装、卸载、查询、升级等管理软件操作时难度非常大。

RPM 机制则是为解决这些问题而设计的。RPM 就像 Windows 系统中的控制面板，会建立统一的数据库文件，详细记录软件信息并能够自动分析依赖关系。目前 RPM 的优势已经被公众所认可，使用范围也已不局限在红帽系统中。表 7-2 是一些常用的 RPM 软件包命令。

表 7-2　常用的 RPM 软件包命令

安装软件的命令格式	rpm -ivh filename.rpm
升级软件的命令格式	rpm -uvh filename.rpm
卸载软件的命令格式	rpm -e filename.rpm
查询软件描述信息的命令格式	rpm -qpi filename.rpm
列出软件文件信息的命令格式	rpm -qpl filename.rpm
查询文件属于哪个 RPM 的命令格式	rpm -qf filename

7.3.5　yum 软件仓库

尽管 RPM 能够帮助用户查询软件相互的依赖关系，但问题还是要运维人员自己来解决。有些大型软件可能与数十个程序都有依赖关系，yum 软件仓库便是用来进一步降低软件安装难度和复杂度的。

常见的 yum 命令如表 7-3 所示。

表 7-3　常见的 yum 命令

命　　令	作　　用
yum repolist all	列出所有仓库
yum list all	列出仓库中所有软件包
yum info 软件包名称	查看软件包信息
yum install 软件包名称	安装软件包
yum reinstall 软件包名称	重新安装软件包
yum update 软件包名称	升级软件包
yum remove 软件包名称	移除软件包
yum clean all	清除所有仓库缓存
yum check-update	检查可更新的软件包
yum grouplist	查看系统中已经安装的软件包组
yum groupinstall 软件包组	安装指定的软件包组
yum groupremove 软件包组	移除指定的软件包组
yum groupinfo 软件包组	查询指定的软件包组信息

7.3.6　systemd 初始化进程

Linux 操作系统的开机过程是这样的，即从 BIOS 开始，然后进入 Boot Loader，再加载系统内核，然后内核进行初始化，最后启动初始化进程。初始化进程作为 Linux 系统的第一个进程，需要完成 Linux 系统中相关的初始化工作，为用户提供合适的工作环境。红帽

RHEL 7 系统已经替换了熟悉的初始化进程服务 System V init，正式采用全新的 systemd 初始化进程服务。systemd 初始化进程服务采用了并发启动机制，开机速度得到了不小的提升。

RHEL 7 系统选择 systemd 初始化进程服务已经是一个既定事实，因此也没有了"运行级别"这个概念。Linux 系统在启动时要进行大量的初始化工作，比如挂载文件系统和交换分区、启动各类进程服务等，这些都可以看作一个一个的单元（Unit），systemd 用目标（Target）代替了 System V init 中运行级别的概念，这两者的区别如表 7-4 所示。

表 7-4　systemd 与 System V init 的区别以及作用

System V init 运行级别	systemd 目标名称	作　用
0	runlevel0.target，poweroff.target	关机
1	runlevel1.target，rescue.target	单用户模式
2	runlevel2.target，multi-user.target	等同于级别 3
3	runlevel3.target，multi-user.target	多用户的文本界面
4	runlevel4.target，multi-user.target	等同于级别 3
5	runlevel5.target，graphical.target	多用户的图形界面
6	runlevel6.target，reboot.target	重启
emergency	emergency.target	紧急 shell

如果想要将系统默认的运行目标修改为"多用户，无图形"模式，可直接用 ln 命令把多用户模式目标文件连接到 /etc/systemd/system/ 目录。

[root@linuxprobe ~]# ln -sf /lib/systemd/system/multi-user.target /etc/systemd/system/default.target

在 RHEL 6 系统中使用 service、chkconfig 等命令来管理系统服务，而在 RHEL 7 系统中是使用 systemctl 命令来管理服务的。表 7-5 和表 7-6 是 RHEL 6 系统中 System V init 命令与 RHEL 7 系统中 systemctl 命令的对比。

表 7-5　systemctl 管理服务的启动、重启、停止、重载、查看状态等常用命令

System V init 命令 （RHEL 6 系统）	systemctl 命令（RHEL 7 系统）	作　用
service foo start	systemctl start foo.service	启动服务
service foo restart	systemctl restart foo.service	重启服务
service foo stop	systemctl stop foo.service	停止服务
service foo reload	systemctl reload foo.service	重新加载配置文件（不终止服务）
service foo status	systemctl status foo.service	查看服务状态

表 7-6　systemctl 设置服务开机启动、不启动、查看各级别下服务启动状态等常用命令

System V init 命令 （RHEL 6 系统）	systemctl 命令（RHEL 7 系统）	作　用
chkconfig foo on	systemctl enable foo.service	开机自动启动
chkconfig foo off	systemctl disable foo.service	开机不自动启动

System V init 命令 （RHEL 6 系统）	systemctl 命令（RHEL 7 系统）	作　　用
chkconfig foo	systemctl is-enabled foo.service	查看特定服务是否为开机自动启动
chkconfig --list	systemctl list-unit-files --type=service	查看各个级别下服务的启动与禁用情况

7.3.7　启动 shell

操作系统的核心功能就是管理和控制计算机硬件、软件资源，以尽量合理、有效的方法组织多个用户共享多种资源，而 shell 则是介于使用者和操作系统核心程序（Kernel）之间的一个接口。从各种 Linux 发行套件中，目前虽然已经提供了丰富的图形化接口，但是 shell 仍旧是一种非常方便、灵活的途径。

Linux 中的 shell 又被称为命令行，在这个命令行窗口中，用户输入指令，操作系统执行并将结果回显在屏幕上。

1　使用 Linux 系统的终端窗口

现在的 Red Hat Enterprise Linux 7 操作系统默认采用的都是图形界面的 Gnome 或者 KDE 操作方式。要想使用 shell 功能，就必须像在 Windows 中那样打开一个命令行窗口。一般用户可以执行"应用程序"→"系统工具"→"终端"命令来打开终端窗口（或者直接右击桌面，选择"在终端中打开"命令），如图 7-44 所示。如果是英文界面，对应的是 Applications→System Tools→Terminal 命令。由于英文都是比较常用的单词，在本书的后面不再单独说明。

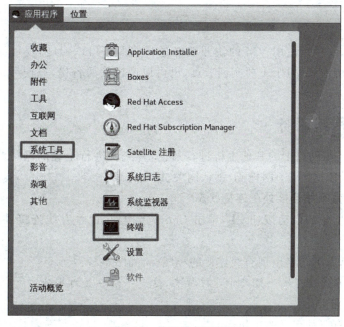

图 7-44　从这里打开终端

执行以上命令后,就打开了一个白底黑字的命令行窗口,在这里我们可以使用 Red Hat Enterprise Linux 7 支持的所有命令行指令。

2. 使用 shell 提示符

登录之后,普通用户的命令行提示符以"$"号结尾,超级用户的命令以"#"号结尾。

```
[yangyun@localhost~]$                        //一般用户以"$"号结尾
[yangyun@localhost~]$su root                 //切换到 root 账号
Password:
[root@localhost~]#                           //命令行提示符变成以"#"号结尾
```

3. 退出系统

在终端中输入 shutdown-P now,或者单击右上角的按钮 ⏻ 并选择"关机",可以退出系统。

4. 再次登录

如果再次登录,为了后面的实训顺利进行,请选择 root 用户。在图 7-45 中,单击"Not listed?"按钮,输入 root 用户及密码,以 root 身份登录计算机。

图 7-45　选择用户登录

5. 制作系统快照

安装成功后,请一定使用 VM 的快照功能进行快照备份,一旦需要可立即恢复到系统的初始状态。提醒读者,对于重要实训节点,也可以进行快照备份,以便后续可以恢复到适当断点。

7.3.8　配置网络服务

Linux 主机要与网络中的其他主机进行通信,首先要进行正确的网络配置。网络配置通常包括主机名、IP 地址、子网掩码、默认网关、DNS 服务器等。

1. 检查并设置有线连接处于连接状态

单击桌面右上角的启动按钮 ⏻,单击 Connect 按钮,设置有线连接处于连接状态,如图 7-46 所示。

设置完成后,右上角将出现有线连接的小图标,如图 7-47 所示。

提示:必须首先使有线连接处于连接状态,这是一切配置的基础。

2. 设置主机名

RHEL 7 中有三种定义的主机名。

图 7-47　有线连接处于连接状态

- 静态的：静态主机名也称为内核主机名，是系统在启动时从/etc/hostname 自动初始化的主机名。
- 瞬态的：瞬态主机名是在系统运行时临时分配的主机名，由内核管理。例如，localhost 是通过 DHCP 或 DNS 服务器分配的主机名。
- 灵活的：灵活主机名是 UTF8 格式的自由主机名，以展示给终端用户。

与之前版本不同，RHEL 7 中主机名配置文件为/etc/hostname，可以在配置文件中直接更改主机名。

1) 使用 nmtui 修改主机名

```
[root@RHEL7-1 ~]#nmtui
```

在图 7-48 和图 7-49 中进行配置。

使用 NetworkManager 的 nmtui 接口修改了静态主机名后(/etc/hostname 文件)，不会通知 hostnamectl。要想强制让 hostnamectl 知道静态主机名已经被修改，需要重启 hostnamed 服务。

```
[root@RHEL7-1 ~]#systemctl restart systemd-hostnamed
```

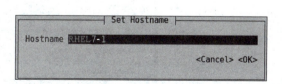

图 7-48　配置 hostname　　　图 7-49　修改主机名为 RHEL7-1

2) 使用 hostnamectl 修改主机名

(1) 查看主机名

```
[root@RHEL7-1 ~]#hostnamectl status
```

```
Static hostname: RHEL7-1
Pretty hostname: RHEL7-1
```
...

（2）设置新的主机名

```
[root@RHEL7-1 ~]#hostnamectl set-hostname my.smile.com
```

（3）查看主机名

```
[root@RHEL7-1 ~]#hostnamectl status
    Static hostname: my.smile.com
```
...

3）使用 NetworkManager 的命令行接口 nmcli 修改主机名

nmcli 可以修改/etc/hostname 中的静态主机名。

```
//查看主机名
[root@RHEL7-1 ~]#nmcli general hostname
my.smile.com
//设置新主机名
[root@RHEL7-1 ~]#nmcli general hostname RHEL7-1
[root@RHEL7-1 ~]#nmcli general hostname
RHEL7-1
//重启 hostnamed 服务,让 hostnamectl 知道静态主机名已经被修改
[root@RHEL7-1 ~]#systemctl restart systemd-hostnamed
```

3. 使用系统菜单配置网络

接下来将学习如何在 Linux 系统上配置服务。但是在此之前，必须先保证主机之间能够顺畅地通信，如果网络不通，即便服务部署得十分正确，用户也无法顺利访问，所以，配置网络并确保网络的连通性是学习部署 Linux 服务之前的最后一个重要知识点。

单击桌面右上角的网络连接图标

单击桌面右上角的网络连接图标，打开网络配置界面，一步步完成网络信息查询和网络配置。具体过程如图 7-50～图 7-53 所示。

图 7-50　单击有线连接进行设置

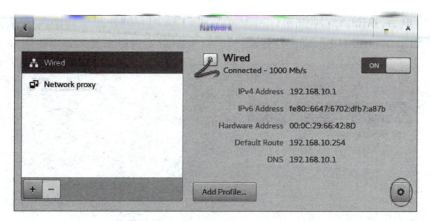

图 7-51 网络配置（①先删除连接,单击齿轮图标进行配置）

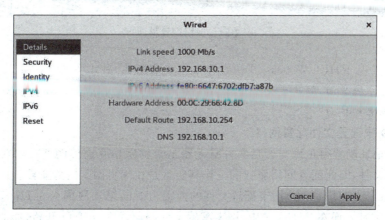

图 7-52 配置有线连接

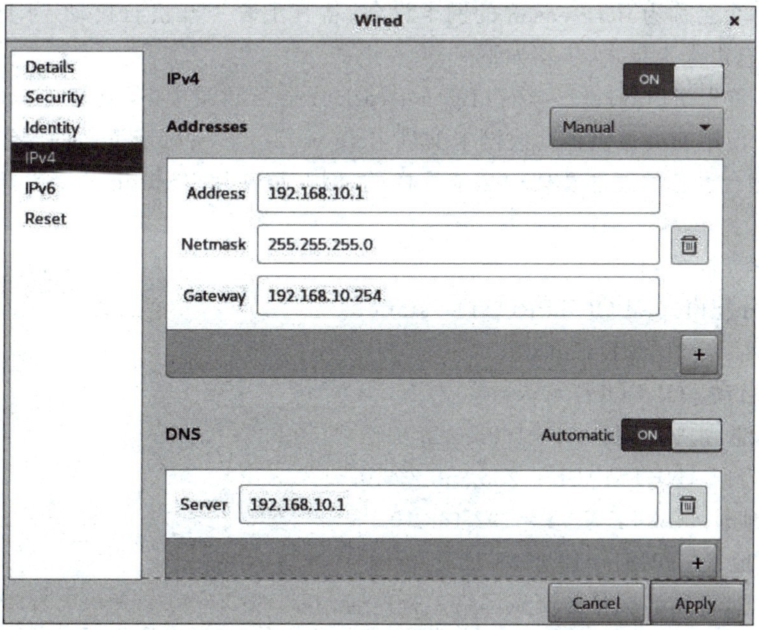

图 7-53 配置 IPv4 等信息

设置完成后，单击 Apply 按钮应用配置并回到图 7-54 的界面。网络连接应该设置在 ON 状态，如果在 OFF 状态，请进行修改。注意，有时需要重启系统配置才能生效。

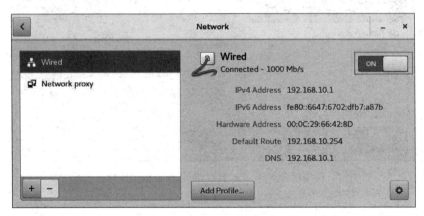

图 7-54　网络配置界面

提示：因为从 RHEL 7 开始，图形界面已经非常完善，所以首选使用系统菜单配置网络。在 Linux 系统桌面，依次选择 Applications→System Tools→Settings→Network，同样可以打开网络配置界面。

4. 通过网卡配置文件配置网络

网卡 IP 地址配置得正确与否是两台服务器是否可以相互通信的前提。在 Linux 系统中，一切都是文件，因此配置网络服务的工作其实就是在编辑网卡配置文件。

在 RHEL 5、RHEL 6 中，网卡配置文件的前缀为 eth，第 1 块网卡为 eth0，第 2 块网卡为 eth1，以此类推。而在 RHEL 7 中，网卡配置文件的前缀则以 ifcfg 开始，加上网卡名称共同组成了网卡配置文件的名字，例如 ifcfg-ens33。除了文件名变化外，没有其他的区别。

现在有一个名称为 ifcfg-ens33 的网卡设备，将其配置为开机自启动，并且 IP 地址、子网、网关等信息由人工指定，步骤如下。

第 1 步：首先切换到/etc/sysconfig/network-scripts 目录中（存放着网卡的配置文件）。

第 2 步：使用 vim 编辑器修改网卡文件 ifcfg-ens33，逐项写入下面的配置参数并保存退出。由于每台设备的硬件及架构是不一样的，因此请使用 ifconfig 命令自行确认各自网卡的默认名称。

- 设备类型：TYPE=Ethernet；
- 地址分配模式：BOOTPROTO=static；
- 网卡名称：NAME=ens33；
- 是否启动：ONBOOT=yes；
- IP 地址：IPADDR=192.168.10.1；
- 子网掩码：NETMASK=255.255.255.0；
- 网关地址：GATEWAY=192.168.10.1；
- DNS 地址：DNS1=192.168.10.1。

第 3 步：重启网络服务并测试网络是否连通。

进入网卡配置文件所在的目录，然后编辑网卡配置文件，在其中填入下面的信息。

```
[root@RHEL7-1 ~]# cd /etc/sysconfig/network-scripts/
[root@RHEL7-1 network-scripts]# vim ifcfg-ens33
TYPE=Ethernet
PROXY_METHOD=none
BROWSER_ONLY=no
BOOTPROTO=static
NAME=ens33
UUID=9d5c53ac-93b5-41bb-af37-4908cce6dc31
DEVICE=ens33
ONBOOT=yes
IPADDR=192.168.10.1
NETMASK=255.255.255.0
GATEWAY=192.168.10.1
```

执行重启网卡设备的命令(在正常情况下不会有提示信息),然后通过 ping 命令测试网络能否连通。由于在 Linux 系统中 ping 命令不会自动终止,因此需要手动按下 Ctrl+C 组合键强行结束进程。

```
[root@RHEL7-1 network-scripts]# systemctl restart network
[root@RHEL7-1 network-scripts]# ping 192.168.10.1
PING 192.168.10.1 (192.168.10.1) 56(84) bytes of data.
64 bytes from 192.168.10.1: icmp_seq=1 ttl=64 time=0.095 ms
64 bytes from 192.168.10.1: icmp_seq=2 ttl=64 time=0.048 ms
...
```

注意:使用配置文件进行网络配置需要启动 network 服务,而从 RHEL 7 以后,network 服务已被 NetworkManager 服务代替,所以不建议使用配置文件配置网络参数。

5. 使用图形界面配置网络

使用图形界面配置网络是比较方便、简单的一种网络配置方式。

7.1.4 小节使用网络配置文件配置网络服务,下面使用 nmtui 命令来配置网络。

(1) 输入命令。

```
[root@RHEL7-1 network-scripts]# nmtui
```

(2) 显示如图 7-55 所示的图形配置界面。

图 7-55　选中 Edit a connection 并按 Enter 键

(3) 配置过程如图 7-56 和图 7-57 所示。

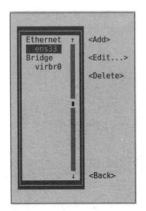

图 7-56　选中要编辑的网卡名称,然后选择 Edit 选项

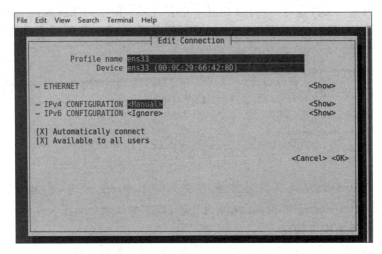

图 7-57　把网络 IPv4 的配置方式改成 Manual

注意：为方便配置服务器,本书中所有的服务器主机 IP 地址均为 192.168.10.1,而客户端主机一般设为 192.168.10.20 及 192.168.10.30。

(4) 选择 Show 选项,显示信息配置框,如图 7-58 所示。在服务器主机的网络配置信息

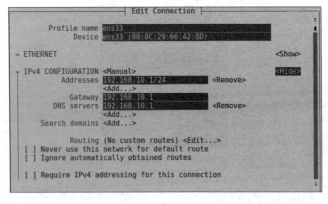

图 7-58　填写 IP 地址

中填写 IP 地址 192.168.10.1/24 等信息。单击 OK 按钮，如图 7-59 所示。

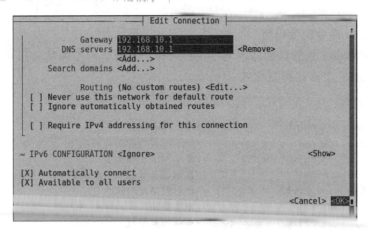

图 7-59 单击 OK 按钮保存配置

(5) 返回到 nmtui 图形界面初始状态，选中 Activate a connection 选项，激活刚才的连接 ens33。前面有"*"号表示激活，如图 7-60 和图 7-61 所示。

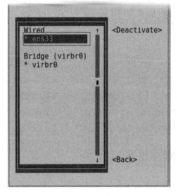

图 7-60 选择 Activate a connection 选项　　图 7-61 激活连接或使连接失效

(6) 至此，在 Linux 系统中配置网络就完成了。

```
[root@RHEL7-1 ~]#ifconfig
ens33: flags=4163<UP,BROADCAST,RUNNING,MULTICAST>  mtu 1500
       inet 192.168.10.1  netmask 255.255.255.0  broadcast 192.168.10.255
       inet6 fe80::c0ae:d7f4:8f5:e135  prefixlen 64  scopeid 0x20<link>
       ether 00:0c:29:66:42:8d  txqueuelen 1000  (Ethernet)
       RX packets 151  bytes 16024 (15.6 KiB)
       RX errors 0  dropped 0  overruns 0  frame 0
       TX packets 186  bytes 18291 (17.8 KiB)
       TX errors 0  dropped 0 overruns 0  carrier 0  collisions 0
lo: flags=73<UP,LOOPBACK,RUNNING>mtu 65536
       inet 127.0.0.1  netmask 255.0.0.0
…
virbr0: flags=4099<UP,BROADCAST,MULTICAST>mtu 1500
```

```
        inet 192.168.122.1  netmask 255.255.255.0  broadcast 192.168.122.255
...
```

6. 使用 nmcli 命令配置网络

NetworkManager 是管理和监控网络设置的守护进程。一个网络接口可以有多个连接配置,但同时只有一个连接配置生效。

1) 常用命令

```
nmcli connection show                //显示所有连接
nmcli connection show --active       //显示所有活动的连接状态
nmcli connection show "ens33"        //显示网络连接配置
nmcli device status                  //显示设备状态
nmcli device show ens33              //显示网络接口属性
nmcli connection add help            //查看帮助
nmcli connection reload              //重新加载配置
nmcli connection down test2          //禁用 test2 的配置,注意一个网卡可以有多个配置
nmcli connection up test2            //启用 test2 的配置
nmcli device disconnect ens33        //禁用 ens33 网卡
nmcli device connect ens33           //启用 ens33 网卡
```

2) 创建新连接配置

(1) 创建新连接配置 default,IP 通过 DHCP 自动获取。

```
[root@RHEL7-1 ~]#nmcli connection show
NAME    UUID                                  TYPE            DEVICE
ens33   9d5c53ac-93b5-41bb-af37-4908cce6dc31  802-3-ethernet  ens33
virbr0  f30a1db5-d30b-47e6-a8b1-b57c614385aa  bridge          virbr0
[root@RHEL7-1 ~]#nmcli connection add con-name default type Ethernet ifname ens33
Connection 'default' (ffe127b6-ece7-40ed-b649-7082e86c0775) successfully added.
```

(2) 删除连接。

```
[root@RHEL7-1 ~]#nmcli connection delete default
Connection 'default' (ffe127b6-ece7-40ed-b649-7082e86c0775) successfully deleted.
```

(3) 创建新的连接配置 test2,指定静态 IP,不自动连接。

```
[root@RHEL7-1 ~]#nmcli connection add con-name test2 ipv4.method manual ifname ens33 autoconnect no type Ethernet ipv4.addresses 192.168.10.100/24 gw4 192.168.10.1
Connection 'test2' (7b0ae802-1bb7-41a3-92ad-5a1587eb367f) successfully added.
```

(4) 参数说明。

- con-name:指定连接的名字,没有特殊要求。
- ipv4.methmod:指定获取 IP 地址的方式。
- ifname:指定网卡的名称,也就是此次配置生效的网卡。
- autoconnect:指定是否自动启动。
- ipv4.addresses:指定 IPv4 地址。
- gw4:指定网关。

3) 查看 /etc/sysconfig/network-scripts/ 目录

```
[root@RHEL7-1 ~]#ls /etc/sysconfig/network-scripts/ifcfg-*
/etc/sysconfig/network-scripts/ifcfg-ens33  /etc/sysconfig/network-scripts/ifcfg-test2
/etc/sysconfig/network-scripts/ifcfg-lo
```

多出一个文件 /etc/sysconfig/network-scripts/ifcfg-test2，说明添加操作确实生效了。

4) 启用 test2 连接配置

```
[root@RHEL7-1 ~]#nmcli connection up test2
Connection successfully activated (D-Bus active path: /org/freedesktop/NetworkManager/ActiveConnection/6)
[root@RHEL7-1 ~]#nmcli connection show
NAME    UUID                                  TYPE          DEVICE
test2   7b0ae802-1bb7-41a3-92ad-5a1587eb367f  802-3-ethernet ens33
virbr0  f30a1db5-d30b-47e6-a8b1-b57c614385aa  bridge         virbr0
ens33   9d5c53ac-93b5-41bb-af37-4908cce6dc31  802-3-ethernet --
```

5) 查看是否生效

```
[root@RHEL7-1 ~]#nmcli device show ens33
GENERAL.DEVICE:                         ens33
GENERAL.TYPE:                           ethernet
GENERAL.HWADDR:                         00:0C:29:66:42:8D
GENERAL.MTU:                            1500
GENERAL.STATE:                          100 (connected)
GENERAL.CONNECTION:                     test2
GENERAL.CON-PATH:                       /org/freedesktop/NetworkManager/ActiveConnection/6
WIRED-PROPERTIES.CARRIER:               on
IP4.ADDRESS[1]:                         192.168.10.100/24
IP4.GATEWAY:                            192.168.10.1
IP6.ADDRESS[1]:                         fe80::ebcc:9b43:6996:c47e/64
IP6.GATEWAY:                            --
```

基本的 IP 地址配置成功。

6) 修改连接设置

(1) 修改 test2 为自动启动。

```
[root@RHEL7-1 ~]# nmcli connection modify test2 connection.autoconnect yes
```

(2) 修改 DNS 为 192.168.10.1。

```
[root@RHEL7-1 ~]#nmcli connection modify test2 ipv4.dns 192.168.10.1
```

(3) 添加 DNS 114.114.114.114。

```
[root@RHEL7-1 ~]#nmcli connection modify test2 +ipv4.dns 114.114.114.114
```

(4) 检查是否成功。

```
[root@RHEL7-1 ~]#cat /etc/sysconfig/network-scripts/ifcfg-test2
```

```
TYPE=Ethernet
PROXY_METHOD=none
BROWSER_ONLY=no
BOOTPROTO=none
IPADDR=192.168.10.100
PREFIX=24
GATEWAY=192.168.10.1
DEFROUTE=yes
IPV4_FAILURE_FATAL=no
IPV6INIT=yes
IPV6_AUTOCONF=yes
IPV6_DEFROUTE=yes
IPV6_FAILURE_FATAL=no
IPV6_ADDR_GEN_MODE=stable-privacy
NAME=test2
UUID=7b0ae802-1bb7-41a3-92ad-5a1587eb367f
DEVICE=ens33
ONBOOT=yes
DNS1=192.168.10.1
DNS2=114.114.114.114
```

可以看到配置均已生效。

(5) 删除 DNS。

```
[root@RHEL7-1 ~]#nmcli connection modify test2 -ipv4.dns 114.114.114.114
```

(6) 修改 IP 地址和默认网关。

```
[root@RHEL7-1 ~]#nmcli connection modify test2 ipv4.addresses 192.168.10.200/24
gw4 192.168.10.254
```

(7) 还可以添加多个 IP。

```
[root@RHEL7-1 ~]#nmcli connection modify test2 +ipv4.addresses 192.168.10.250/24
[root@RHEL7-1 ~]#nmcli connection show "test2"
```

7) nmcli 命令和/etc/sysconfig/network-scripts/ifcfg-＊文件的对应关系

```
ipv4.method manual                          BOOTPROTO=none
ipv4.method auto                            BOOTPROTO=dhcp
ipv4.addresses "192.0.2.1/24                IPADDR=192.0.2.1
                                            PREFIX=24
gw4 192.0.2.254"                            GATEWAY=192.0.2.254
ipv4.dns 8.8.8.8                            DNS0=8.8.8.8
ipv4.dns-search example.com                 DOMAIN=example.com
ipv4.ignore-auto-dns true                   PEERDNS=no
connection.autoconnect yes                  ONBOOT=yes
connection.id eth0                          NAME=eth0
connection.interface-name eth0              DEVICE=eth0
802-3-ethernet.mac-address...               HWADDR=...
```

7.4 实训项目 Linux 系统的安装与基本配置

1. 实训目的

- 掌握如何搭建 CentOS 7 服务器。
- 掌握如何配置 Linux 常规网络和如何测试 Linux 网络环境。
- 实训前请扫二维码观看录像了解如何安装与基本配置 Linux 操作系统。

2. 项目背景

某计算机已经安装了 Windows 7/8 操作系统,该计算机的磁盘分区情况如图 7-62 所示。

3. 项目要求

要求增加安装 RHEL 7/CentOS 7,并保证原来的 Windows 7/8 仍可使用。从图 7-63 所示可知,此硬盘约有 300GB,分为 C、D、E 三个分区。对于此类硬盘比较简便的操作方法是将 E 盘上的数据转移到 C 盘或者 D 盘,而利用 E 盘的硬盘空间来安装 Linux。

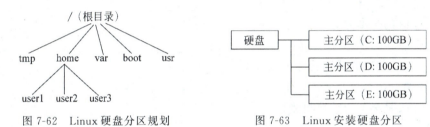

图 7-62 Linux 硬盘分区规划　　　图 7-63 Linux 安装硬盘分区

对于要安装的 Linux 操作系统,需要进行磁盘分区规划。硬盘大小为 100GB,分区规划如下:

- /boot 分区大小为 1GB;
- swap 分区大小为 4GB;
- /分区大小为 10GB;
- /usr 分区大小为 8GB;
- /home 分区大小为 8GB;
- /var 分区大小为 8GB;
- /tmp 分区大小为 6GB;
- 预留 55GB 不进行分区。

4. 深度思考

在观看录像时思考以下几个问题。

(1) 如何进行双启动安装?
(2) 分区规划为什么必须要慎之又慎?
(3) 安装系统前,对 E 盘是如何处理的?

（4）第一个系统的虚拟内存设置至少多大？为什么？

5. 做一做

根据项目要求及录像内容，将项目完整地做一遍。

7.5 习题

1. 填空题

（1）GNU 的含义是_____。

（2）Linux 一般有_____、_____、_____3 个主要部分。

（3）目前被称为正统的 UNIX 指的就是_____和_____这两套操作系统。

（4）Linux 是基于_____的软件模式进行发布的，它是 GNU 项目制定的通用公共许可证，英文是_____。

（5）Stallman 成立了自由软件基金会，基金会的英文名称是_____。

（6）POSIX 是_____的缩写，重点在规范核心与应用程序之间的接口，这是由美国电气与电子工程师学会（IEEE）发布的一项标准。

（7）当前的 Linux 常见的应用可分为_____与_____两个方面。

（8）Linux 的版本分为_____和_____两种。

（9）安装 Linux 最少需要两个分区，分别是_____。

（10）Linux 默认的系统管理员账号是_____。

2. 选择题

（1）Linux 最早是由计算机爱好者（　　）开发的。
　　A. Richard Petersen　　　　　　　B. Linus Torvalds
　　C. Rob Pick　　　　　　　　　　　D. Linux Sarwar

（2）（　　）是自由软件。
　　A. Windows XP　　B. UNIX　　C. Linux　　D. Windows 2008

（3）（　　）不是 Linux 的特点。
　　A. 多任务　　　B. 单用户　　　C. 设备独立性　　　D. 开放性

（4）Linux 的内核版本 2.3.20 是（　　）的版本。
　　A. 不稳定　　　B. 稳定的　　　C. 第三次修订　　　D. 第二次修订

（5）Linux 安装过程中的硬盘分区工具是（　　）。
　　A. PQmagic　　　B. FDISK　　　C. FIPS　　　D. Disk Druid

（6）Linux 的根分区系统类型可以设置成（　　）。
　　A. FAT16　　　B. FAT32　　　C. ext4　　　D. NTFS

3. 简答题

（1）简述 Linux 的体系结构。

（2）使用虚拟机安装 Linux 系统时，为什么要先选择稍后安装操作系统，而不是选择 RHEL 7 系统映像光盘？

（3）简述 RPM 与 yum 软件仓库的作用。

（4）安装 Red Hat Linux 系统的基本磁盘分区有哪些？

（5）Red Hat Linux 系统支持的文件类型有哪些？

（6）丢失 root 口令如何解决？

（7）RHEL 7 系统采用了 systemd 作为初始化进程，那么如何查看某个服务的运行状态？

4．实践题

使用虚拟机和安装光盘安装与配置 Red Hat Enterprise Linux 7.4，试着在安装过程中对 IPv4 进行配置。

项目 8　熟练使用 Linux 常用命令

 项目背景

在文本模式和终端模式下,经常使用 Linux 命令查看系统的状态和监视系统的操作,如对文件和目录进行浏览、操作等。在 Linux 较早的版本中,由于不支持图形化操作,用户基本都是使用命令行方式对系统进行操作,所以掌握常用的 Linux 命令是必要的,本项目将对 Linux 的常用命令进行分类介绍。

 项目目标

- 熟悉 Linux 系统的终端窗口和命令基础。
- 掌握文件目录类命令。
- 掌握系统信息类命令。
- 掌握进程管理类命令及其他常用命令。

8.1　相关知识

掌握 Linux 命令对于管理 Linux 网络操作系统是非常必要的。

8.1.1　了解 Linux 命令的特点

在 Linux 系统中命令区分大小写。在命令行中,可以使用 Tab 键来自动补齐命令,即可以只输入命令的前几个字母,然后按 Tab 键。

按 Tab 键时,如果系统只找到一个和输入字符相匹配的目录或文件,则自动补齐;如果没有匹配的内容或有多个相匹配的名字,系统将发出警鸣声,再按一下 Tab 键将列出所有相匹配的内容(如果有),以供用户选择。例如,在命令提示符后输入 mou,然后按 Tab 键,系统将自动补全该命令为 mount;如果在命令提示符后只输入 mo,然后按 Tab 键,此时将警鸣一声,再次按 Tab 键,系统将显示所有以 mo 开头的命令。

另外,利用向上或向下的光标键,可以翻查曾经执行过的历史命令,并可以再次执行。

如果要在一个命令行中输入和执行多条命令,可以使用分号来分隔命令。例如,cd / ;ls。

断开一个长命令行,可以使用反斜杠(\),可以将一个较长的命令分成多行表达,增强命令的可读性。执行后,shell 自动显示提示符(>),表示正在输入一个长命令,此时可继续在新行上输入命令的后续部分。

8.1.2 后台运行程序

一个文本控制台或一个仿真终端在同一时刻只能运行一个程序或命令,在未执行结束前,一般不能进行其他操作,此时可采用将程序在后台执行的方式,以释放控制台或终端,使其仍能进行其他操作。要使程序以后台方式执行,只需在要执行的命令后加上符号"&"即可,例如,find -name httpd.conf&。

8.2 项目设计及准备

1. 了解命令的基本格式和编辑工具

Linux命令分为内部命令和外部命令。内部命令属于Linux解释器的一部分,也就是安装完Linux系统自带的一些命令,比如ifconfig等。外部命令是独立于shell解释器之外的一些程序文件,通过shell脚本编辑生成的程序文件。

（1）通用命令的格式

命令关键字 [选项] [参数]

选项及参数的含义如下。

- 选项:用于调节命令的具体功能。
  - ◆ "-"引导短格式选项(单个字符),如-l。
  - ◆ "--"引导长格式选项(多个字符),如--color。
  - ◆ 多个短格式可以写在一起,用一个"-"引导,如-al。
- 参数:命令的操作对象,文件名或目录名等,如 ls -l /home。

（2）命令编辑的几个辅助工具

- Tab键:自动补齐。
- 反斜杠(\):强制换行。
- 快捷键Ctrl+U:清空至行首。
- 快捷键Ctrl+K:清空至行尾。
- 快捷键Ctrl+L:清屏。
- 快捷键Ctrl+C:取消本次编辑。

2. 需要的硬件支持

已安装 RHEL 7.4 系统的虚拟机,RHEL 7.4 的安装映像 ISO。

8.3 项目实施

文件目录类命令是对文件和目录进行各种操作的命令。

8.3.1 熟练使用浏览目录类命令

1. pwd 命令

pwd 命令用于显示用户当前所在的目录。如果用户不知道自己当前所在的目录,就必须使用它。例如:

```
[root@RHEL7-1 etc]#pwd
/etc
```

2. cd 命令

cd 命令用来在不同的目录中进行切换。用户在登录系统后,处于用户的家目录($HOME)中,该目录一般以/home 开始,后跟用户名,这个目录就是用户的初始登录目录(root 用户的家目录为/root)。如果用户想切换到其他的目录中,就可以使用 cd 命令,后跟想要切换的目录名。例如:

```
[root@RHEL7-1 etc]#cd              //改变目录位置至用户登录时的工作目录
[root@RHEL7-1 ~]#cd dir1           //改变目录位置至当前目录下的 dir1 子目录下
[root@RHEL7-1 dir1]#cd ~           //改变目录位置至用户登录时的工作目录(用户的家目录)
[root@RHEL7-1 ~]#cd ..             //改变目录位置至当前目录的父目录
[root@RHEL7-1 /]#cd                //改变目录位置至用户登录时的工作目录
[root@RHEL7-1 ~]#cd ../etc         //改变目录位置至当前目录的父目录下的 etc 子目录
[root@RHEL7-1 etc]#cd /dir1/subdir1
                                   //利用绝对路径表示改变目录到 /dir1/ subdir1 目录下
```

说明:在 Linux 系统中,用"."代表当前目录,用".."代表当前目录的父目录,用"~"代表用户的个人家目录(主目录)。例如,root 用户的个人主目录是/root,则不带任何参数的 cd 命令相当于"cd ~",即将目录切换到用户的家目录。

3. ls 命令

ls 命令用来列出文件或目录信息。该命令的语法格式为

```
ls [参数] [目录或文件]
```

ls 命令的常用参数选项如下。

- -a:显示所有文件,包括以"."开头的隐藏文件。
- -A:显示指定目录下所有的子目录及文件,包括隐藏文件,但不显示"."和".."。
- -c:按文件的修改时间排序。
- -C:分成多列显示各行。
- -d:如果参数是目录,则只显示其名称而不显示其下的各个文件。往往与-l 选项一起使用,以得到目录的详细信息。
- -l:以长格形式显示文件的详细信息。
- -i:在输出的第一列显示文件的 i 节点号。

例如:

```
[root@RHEL7-1 ~]#ls            //列出当前目录下的文件及目录
[root@RHEL7-1 ~]#ls -a         //列出包括以"."开始的隐藏文件在内的所有文件
[root@RHEL7-1 ~]#ls -t         //依照文件最后修改时间的顺序列出文件
```

[root@RHEL7-1 ~]#ls   //列出当前目录下的文件名及其类型,以/结尾表示为目录名,
                         以*结尾表示为可执行文件,以@结尾表示为符号链接

[root@RHEL7-1 ~]#ls -l   //列出当前目录下所有文件的权限、所有者、文件大小、修改时间
                         及名称
[root@RHEL7-1 ~]#ls -lg //同上,并显示出文件的所有者工作组名
[root@RHEL7-1 ~]#ls -R   //显示出目录下以及其所有子目录的文件名

8.3.2 熟练使用浏览文件类命令

1. cat 命令

cat 命令主要用于滚屏显示文件内容或是将多个文件合并成一个文件。该命令的语法格式为

cat [参数] 文件名

cat 命令的常用参数选项如下。
- -b:对输出内容中的非空行标注行号。
- -n:对输出内容中的所有行标注行号。

通常使用 cat 命令查看文件内容,但是 cat 命令的输出内容不能分页显示,要查看超过一屏的文件内容,需要使用 more 或 less 等其他命令。如果在 cat 命令中没有指定参数,则 cat 会从标准输入(键盘)中获取内容。

例如,要查看/soft/file1 文件内容的命令为

[root@RHEL7-1 ~]#cat /soft/file1

利用 cat 命令还可以合并多个文件。例如,要把 file1 和 file2 文件的内容合并为 file3,且 file2 文件的内容在 file1 文件内容的前面,则命令为

[root@RHEL7-1 ~]#cat file2 file1>file3
//如果 file3 文件存在,此命令的执行结果会覆盖 file3 文件中原有内容
[root@RHEL7-1 ~]#cat file2 file1>>file3
//如果 file3 文件存在,此命令的执行结果将把 file2 和 file1 文件的内容附加到 file3 文件中
  原有内容的后面

2. more 命令

在使用 cat 命令时,如果文件太长,用户只能看到文件的最后一部分,这时可以使用 more 命令一页一页分屏显示文件的内容。more 命令通常用于分屏显示文件内容。大部分情况下,可以不加任何参数选项执行 more 命令查看文件内容。执行 more 命令后,进入 more 状态,按 Enter 键可以向下移动一行,按 Space 键可以向下移动一页,按 q 键可以退出 more 命令。该命令的语法格式为

more [参数] 文件名

more 命令的常用参数选项如下。
- -num:这里的 num 是一个数字,用来指定分页显示时每页的行数。
- +num:指定从文件的第 num 行开始显示。

例如:

```
[root@RHEL7-1 ~]#more file1              // 以分页方式查看 file1 文件的内容
[root@RHEL7-1 ~]#cat file1 | more        // 以分页方式查看 file1 文件的内容
```

more 命令经常在管道中被调用以实现各种命令输出内容的分屏显示。上面的第二个命令就是利用 shell 的管道功能分屏显示 file1 文件的内容。

3. less 命令

less 命令是 more 命令的改进版，比 more 命令的功能更强大。more 命令只能向下翻页，而 less 命令可以向下、向上翻页，甚至可以前后左右移动。执行 less 命令后，进入 less 状态，按 Enter 键可以向下移动一行，按 Space 键可以向下移动一页，按 b 键可以向上移动一页，也可以用光标键向前、后、左、右移动，按 q 键可以退出 less 命令。

less 命令还支持在一个文本文件中进行快速查找。先按下斜杠键"/"，再输入要查找的单词或字符。less 命令会在文本文件中进行快速查找，并把找到的第一个搜索目标高亮显示，如果希望继续查找，再次按下斜杠键"/"，再按 Enter 键即可。

less 命令的用法与 more 基本相同，例如：

```
[root@RHEL7-1 ~]#less /etc/httpd/conf/httpd.conf
//以分页方式查看 httpd.conf 文件的内容
```

4. head 命令

head 命令用于显示文件的开头部分，默认情况下只显示文件的前 10 行内容。该命令的语法格式为

```
head [参数] 文件名
```

head 命令的常用参数选项如下。
- -n num：显示指定文件的前 num 行。
- -c num：显示指定文件的前 num 个字符。

例如：

```
[root@RHEL7-1 ~]#head -n 20 /etc/httpd/conf/httpd.conf
//显示 httpd.conf 文件的前 20 行
```

5. tail 命令

tail 命令用于显示文件的末尾部分，默认情况下只显示文件的末尾 10 行内容。该命令的语法格式为

```
tail [参数] 文件名
```

tail 命令的常用参数选项如下。
- -n num：显示指定文件末尾的 num 行。
- -c num：显示指定文件末尾的 num 个字符。
- ＋num：从第 num 行开始显示指定文件的内容。

例如：

```
[root@RHEL7-1 ~]#tail -n 20 /etc/httpd/conf/httpd.conf
//显示 httpd.conf 文件的末尾 20 行
```

tail 命令最强大的功能是可以随时刷新一个文件的内容,当需要实时查看最新日志文件时非常有用,此时的命令格式为"tail -f 文件名":

```
[root@RHEL7-1 ~]#tail -f /var/log/messages
May 2 21:28:24 localhost dbus-daemon: dbus[815]: [system] Activating via
systemd: service name='net.reactivated.Fprint' unit='fprintd.service'
...
May 2 21:28:24 localhost systemd: Started Fingerprint Authentication Daemon.
May 2 21:28:28 localhost su: (to root) yangyun on pts/0
May 2 21:28:54 localhost journal: No devices in use, exit
```

8.3.3 熟练使用目录操作类命令

1. mkdir 命令

mkdir 命令用于创建一个目录。该命令的语法格式为

mkdir [参数] 目录名

目录名可以为相对路径,也可以为绝对路径。

参数-p 表示在创建目录时,如果父目录不存在,则同时创建该目录及该目录的父目录。

例如:

```
[root@RHEL7-1 ~]#mkdir dir1          //在当前目录下创建 dir1 子目录
[root@RHEL7-1 ~]#mkdir -p dir2/subdir2
//在当前目录的 dir2 目录中创建 subdir2 子目录,如果 dir2 目录不存在则同时创建
```

2. rmdir 命令

rmdir 命令用于删除空目录。该命令的语法格式为

rmdir [参数] 目录名

目录名可以为相对路径,也可以为绝对路径,但所删除的目录必须为空目录。

参数-p 表示在删除目录时一起删除父目录,但父目录中必须没有其他目录及文件。

例如:

```
[root@RHEL7-1 ~]#rmdir dir1     //在当前目录下删除 dir1 空子目录
[root@RHEL7-1 ~]#rmdir -p dir2/subdir2
//删除当前目录中 dir2/subdir2 子目录。如果 dir2 目录中无其他子目录,则该目录被一起删除
```

8.3.4 熟练使用 cp 命令

1. cp 命令的使用方法

cp 命令主要用于文件或目录的复制。该命令的语法格式为

cp [参数] 源文件 目标文件

cp 命令的常用参数选项如下。

- -a:尽可能将文件状态、权限等属性按照原样复制。
- -f:如果目标文件或目录存在,先删除它们再进行复制(即覆盖),并且不提示用户。

- -i：如果目标文件或目录存在，提示是否覆盖已有的文件。
- -R：递归复制目录，即包含目录下的各级子目录。

2. 使用 cp 命令的范例

cp 命令非常重要，不同身份的用户执行这个命令会产生不同的结果，尤其是-a、-p 选项，对于不同身份的用户来说差异非常大。下面的练习中，有的用户身份为 root，有的用户身份为一般账号（在这里用 bobby 这个账号），练习时请特别注意用户身份的差别，仔细观察下面的复制练习。

【例 8-1】 用 root 身份，将家目录下的.bashrc 复制到/tmp 下，并更名为 bashrc。

```
[root@RHEL7-1 ~]#cp ~/.bashrc /tmp/bashrc
[root@RHEL7-1 ~]#cp -i ~/.bashrc /tmp/bashrc
cp: overwrite '/tmp/bashrc'? n 为不覆盖，y 为覆盖
//重复做两次，由于/tmp 已经存在 bashrc 了，加上-i 选项后，则在覆盖前会询问使用者是否确
   定。可以按下 n 或者 y 二次确认
```

【例 8-2】 变换目录到/tmp，并将/var/log/wtmp 复制到/tmp 且观察属性。

```
[root@RHEL7-1 ~]#cd /tmp
[root@RHEL7-1 tmp]#cp /var/log/wtmp.          //想要复制到当前目录，最后的"."不要忘记
[root@RHEL7-1 tmp]#ls -l /var/log/wtmp wtmp
-rw-rw-r--1 root utmp 96384 Sep 24 11:54/var/log/wtmp
-rw-r--r--1 root root 96384 Sep 24 14:06 wtmp
//注意上面的特殊字体，在不加任何选项复制的情况下，文件的某些属性/权限会发生改变
//这是个很重要的特性，连文件建立的时间也不一样了，要注意
```

如果想要将文件的所有特性都一起复制过来，可以加上-a，如下所示。

```
[root@RHEL7-1 tmp]#cp -a /var/log/wtmp wtmp_2
[root@RHEL7-1 tmp]#ls -l /var/log/wtmp wtmp_2
-rw-rw-r--1 root utmp 96384 Sep 24 11:54/var/log/wtmp
-rw-rw-r--1 root utmp 96384 Sep 24 11:54 wtmp_2
```

cp 的功能很多，由于我们常常会进行一些数据的复制，所以也会经常用到这个命令。一般来说，如果复制别人的数据（当然，必须要有 read 的权限）时，总是希望复制到的数据最后是自己的，所以，在预设的条件中，cp 的源文件与目的文件的权限是不同的，目的文件的拥有者通常会是指令操作者本身。

例如，例 2-2 中由于用户是 root 的身份，因此复制过来的文件拥有者与群组就改变成为 root 所有。由于具有这个特性，因此在进行备份时，某些需要特别注意的特殊权限文件，例如密码文件（/etc/shadow）以及一些配置文件，就不能直接以 cp 命令进行复制，而必须要加上-a 或-p 等属性。

注意：如果想要复制文件给其他使用者，也必须注意文件的权限（包含读、写、执行以及文件拥有者等），否则，其他人是无法对文件进行修改的。

【例 8-3】 把/etc/这个目录下的所有内容复制到/tmp 中。

```
[root@RHEL7-1 tmp]#cp /etc /tmp
cp:omitting directory'/etc'              //如果是目录则不能直接复制，要加上-r 选项
[root@RHEL7-1 tmp]#cp -r /etc /tmp
```

……所用个他叫……可以复制目录，但是文件与目录的权限可能会发生改变。所以，也可以利用 cp -a /etc /tmp 命令，尤其是备份时

【例 8-4】 若~/.bashrc 比/tmp/bashrc 新，才需要复制过来。

```
[root@RHEL7-1 tmp]#cp -u ~/.bashrc /tmp/bashrc
```
//参数-u 的特性是在目标文件与来源文件有差异时才会复制，所以常被用于"备份"的工作中

思考：你能否使用 bobby 身份完整地将/var/log/wtmp 文件复制到/tmp 下面，并更名为 bobby_wtmp 呢？

参考答案：

```
[bobby@RHEL7-1 ~]$cp -a /var/log/wtmp /tmp/bobby_wtmp
```

8.3.5 熟练使用文件操作类命令

1. mv 命令

mv 命令主要用于文件或目录的移动或改名。该命令的语法格式为

mv [参数] 源文件或目录 目标文件或目录

mv 命令的常用参数选项如下。

- -i：如果目标文件或目录存在时，提示是否覆盖目标文件或目录。
- -f：无论目标文件或目录是否存在，直接覆盖目标文件或目录，不提示。

例如：

```
//将当前目录下的 testa 文件移动到/usr/目录下，文件名不变
[root@RHEL7-1 ~]#mv testa /usr/
//将/usr/testa 文件移动到根目录下，移动后的文件名为 tt
[root@RHEL7-1 ~]#mv /usr/testa /tt
```

2. rm 命令

rm 命令主要用于文件或目录的删除。该命令的语法格式为

rm [参数] 文件名或目录名

rm 命令的常用参数选项如下。

- -i：删除文件或目录时提示用户。
- -f：删除文件或目录时不提示用户。
- -R：递归删除目录，即包含目录下的文件和各级子目录。

例如：

```
//删除当前目录下的所有文件，但不删除子目录和隐藏文件
[root@RHEL7-1 ~]#mkdir /dir1;cd /dir1
[root@RHEL7-1 dir1]#touch aa.txt bb.txt; mkdir subdir11;ll
[root@RHEL7-1 dir1]# rm *
//删除当前目录下的子目录 subdir11，包含其下的所有文件和子目录，并且提示用户确认
[root@RHEL7-1 dir]# rm -iR subdir11
```

3. touch 命令

touch 命令用于建立文件或更新文件的修改日期。该命令的语法格式为

```
touch [参数] 文件名或目录名
```

touch 命令的常用参数选项如下。

- -d yyyymmdd：把文件的存取或修改时间改为 yyyy 年 mm 月 dd 日。
- -a：只把文件的存取时间改为当前时间。
- -m：只把文件的修改时间改为当前时间。

例如：

```
[root@RHEL7-1 ~]#touch aa        //如果当前目录下存在 aa 文件,则把 aa 文件的存取和修改时
                                   间改为当前时间,如果不存在 aa 文件,则新建 aa 文件
[root@RHEL7-1 ~]#touch -d 20180808 aa
                                 //将 aa 文件的存取和修改时间改为 2018 年 8 月 8 日
```

4. diff 命令

diff 命令用于比较两个文件内容的不同之处。该命令的语法格式为

```
diff [参数] 源文件 目标文件
```

diff 命令的常用参数选项如下。

- -a：将所有的文件当作文本文件处理。
- -b：忽略空格造成的不同。
- -B：忽略空行造成的不同。
- -q：只报告什么地方不同,不报告具体的不同信息。
- -i：忽略大小写的变化。

例如(aa、bb、aa.txt、bb.txt 文件在 root 家目录下使用 vim 提前建立完成)：

```
[root@RHEL7-1 ~]#diff aa.txt bb.txt        //比较 aa.txt 文件和 bb.txt 文件的不同
```

5. ln 命令

ln 命令用于建立两个文件之间的链接关系。该命令的语法格式为

```
ln [参数] 源文件或目录 链接名
```

参数-s 用于建立符号链接(软链接),不加该参数时建立的链接为硬链接。

两个文件之间的链接关系有两种：一种称为硬链接；另一种称为符号链接。

硬链接是指两个文件名指向的是硬盘上的同一块存储空间,对两个文件中任何一个文件的内容进行修改都会影响到另一个文件。它可以由 ln 命令不加任何参数建立。

利用 ll 命令查看家目录下 aa 文件的情况：

```
[root@RHEL7-1 ~]#ll aa
-rw-r--r--1 root root 0 1月 31 15:06 aa
[root@RHEL7-1 ~]#cat aa
this is aa
```

通过命令的执行结果可以看出 aa 文件的链接数为 1,文件内容为 this is aa。

使用 ln 命令建立 aa 文件的硬链接 bb：

```
[root@RHEL7-1 ~]#ln aa bb
```

上述命令产生了 bb 新文件，它和 aa 文件建立起了硬链接关系。

```
[root@RHEL7-1 ~]#ll aa bb
-rw-r--r--2 root root 11 1月 31 15:44 aa
-rw-r--r--2 root root 11 1月 31 15:44 bb
[root@RHEL7-1 ~]#cat bb
this is aa
```

可以看出，aa 和 bb 的大小相同，内容相同。再看详细信息的第 2 列，原来 aa 文件的链接数为 1，说明这块硬盘空间只有 aa 文件指向，而建立起 aa 和 bb 的硬链接关系后，这块硬盘空间就有 aa 和 bb 两个文件同时指向它，所以 aa 和 bb 的链接数都变为 2。

此时，如果修改 aa 或 bb 任意一个文件的内容，另外一个文件的内容也将随之变化。如果删除其中一个文件（不管是哪一个），就是删除了该文件和硬盘空间的指向关系，该硬盘空间不会释放，另外一个文件的内容也不会发生改变，但是该文件的链接数会减少一个。

说明：只能对文件建立硬链接，不能对目录建立硬链接。

符号链接（软链接）是指一个文件指向另外一个文件的文件名。软链接类似于 Windows 系统中的快捷方式。软链接由 ln -s 命令建立。

首先查看一下 aa 文件的信息：

```
[root@RHEL7-1 ~]#ll aa
-rw-r--r--1 root root 11 1月 31 15:44 aa
```

创建 aa 文件的符号链接 cc，创建完成后查看 aa 和 cc 文件的链接数的变化：

```
[root@RHEL7-1 ~]#ln -s aa cc
[root@RHEL7-1 ~]#ll aa cc
-rw-r--r--1 root root 11 1月 31 15:44 aa
lrwxrwxrwx 1 root root 2 1月 31 16:02 cc ->aa
```

可以看出 cc 文件是指向 aa 文件的一个符号链接，而指向存储 aa 文件内容的那块硬盘空间的文件仍然只有 aa 一个文件，cc 文件只不过是指向了 aa 文件名而已，所以 aa 文件的链接数仍为 1。

在利用 cat 命令查看 cc 文件的内容时发现 cc 是一个符号链接文件，就根据 cc 记录的文件名找到 aa 文件，然后将 aa 文件的内容显示出来。

此时如果删除了 cc 文件，对 aa 文件无任何影响，但如果删除了 aa 文件，那么 cc 文件就因无法找到 aa 文件而毫无用处了。

说明：可以对文件或目录建立软链接。

6. gzip 和 gunzip 命令

gzip 命令用于对文件进行压缩，生成的压缩文件以 .gz 结尾，而 gunzip 命令是对以 .gz 结尾的文件进行解压缩。该命令的语法格式为

```
gzip -v 文件名
gunzip -v 文件名
```

参数-v 表示显示被压缩文件的压缩比或解压时的信息。

例如(在 root 家目录下)：

```
[root@RHEL7-1 ~]#cd
[root@RHEL7-1 ~]#gzip -v initial-setup-ks.cfg
initial-setup-ks.cfg: 53.4%--replaced with initial-setup-ks.cfg.gz
[root@RHEL7-1 ~]#gunzip -v initial-setup-ks.cfg.gz
initial-setup-ks.cfg.gz: 53.4%--replaced with initial-setup-ks.cfg
```

7. tar 命令

tar 是用于文件打包的命令行工具，tar 命令可以把一系列的文件归档到一个大文件中，也可以把档案文件解开以恢复数据。总的来说，tar 命令主要用于打包和解包。tar 命令是 Linux 系统中常用的备份工具之一。该命令的语法格式为

```
tar [参数] 档案文件 文件列表
```

tar 命令的常用参数选项如下。

- -c：生成档案文件。
- -v：列出归档解档的详细过程。
- -f：指定档案文件名称。
- -r：将文件追加到档案文件末尾。
- -z：以 gzip 格式压缩或解压缩文件。
- -j：以 bzip2 格式压缩或解压缩文件。
- -d：比较档案与当前目录中的文件。
- -x：解开档案文件。

例如(提前用 touch 命令在"/"目录下建立测试文件)：

```
[root@RHEL7-1 ~]#tar -cvf yy.tar aa tt      //将当前目录下的 aa 和 tt 文件归档为 yy.tar
[root@RHEL7-1 ~]#tar -xvf yy.tar            //从 yy.tar 档案文件中恢复数据
[root@RHEL7-1 ~]#tar -czvf yy.tar.gz  aa tt
//将当前目录下的 aa 和 tt 文件归档并压缩为 yy.tar.gz
[root@RHEL7-1 ~]#tar -xzvf yy.tar.gz        //将 yy.tar.gz 文件解压缩并恢复数据
[root@RHEL7-1 ~]#tar -czvf etc.tar.gz /etc  //把/etc 目录进行打包压缩
[root@RHEL7-1 ~]#mkdir /root/etc
[root@RHEL7-1 ~]#tar xzvf etc.tar.gz -C /root/etc
//将打包后的压缩包文件指定解压到/root/etc 中
```

8. rpm 命令

rpm 命令主要用于对 RPM 软件包进行管理。RPM 包是 Linux 各种发行版本中应用最为广泛的软件包格式之一。学会使用 rpm 命令对 RPM 软件包进行管理至关重要。该命令的语法格式为

```
rpm [参数] 软件包名
```

rpm 命令的常用参数选项如下。

- -qa：查询系统中安装的所有软件包。
- -q：查询指定的软件包在系统中是否已安装。

- -q：查询系统中已安装软件包的描述信息。
- -ql：查询系统中已安装软件包里所包含的文件列表。
- -qf：查询系统中指定文件所属的软件包。
- -qp：查询 RPM 包文件中的信息，通常用于在未安装软件包之前了解软件包中的信息。
- -i：用于安装指定的 RPM 软件包。
- -v：显示较详细的信息。
- -h：以"#"显示进度。
- -e：删除已安装的 RPM 软件包。
- -U：升级指定的 RPM 软件包。软件包的版本必须比当前系统中安装的软件包的版本更新才能升级。如果当前系统中从未安装指定的软件包，则直接安装。
- -F：更新软件包。

例如：

```
[root@RHEL7-1 ~]#rpm -qa|more              //显示系统安装的所有软件包列表
[root@RHEL7-1 ~]#rpm -q selinux-policy     //查询系统是否安装了 selinux-policy
[root@RHEL7-1 ~]#rpm -qi selinux-policy    //查询系统已安装的软件包的描述信息
[root@RHEL7-1 ~]#rpm -ql selinux-policy    //查询系统已安装的软件包里所包含的文件
                                             列表
[root@RHEL7-1 ~]#rpm -qf /etc/passwd       //查询 passwd 文件所属的软件包
[root@RHEL7-1 ~]#mkdir /iso; mount /dev/cdrom /iso  //挂载光盘
[root@RHEL7-1 ~]#cd /iso/Packages          //改变目录到 sudo 软件包所在的目录
[root@RHEL7-1 Packages]#rpm -ivh sudo-1.8.19p2-10.el7.x86_64.rpm
                     //安装软件包，系统将以"#"显示安装进度和安装的详细信息
[root@RHEL7-1 Packages]#rpm -Uvh sudo-1.8.19p2-10.el7.x86_64.rpm   //升级 sudo
[root@RHEL7-1 Packages]#rpm -e sudo-1.8.19p2-10.el7.x86_64         //卸载 sudo
```

注意：卸载软件包时不加扩展名.rpm。如果使用命令 rpm -e sudo-1.8.19p2-10.el7.x86_64.rpm -nodeps，则表示不检查依赖性。另外，软件包的名称会因系统版本而稍有差异，不要机械照抄。

9. whereis 命令

whereis 命令用来寻找命令的可执行文件所在的位置。该命令的语法格式为

```
whereis [参数] 命令名称
```

whereis 命令的常用参数选项如下。
- -b：只查找二进制文件。
- -m：只查找命令的联机帮助手册部分。
- -s：只查找源代码文件。

例如：

```
//查找命令 rpm 的位置
[root@RHEL7-1 ~]#whereis rpm
rpm: /bin/rpm /etc/rpm /usr/lib/rpm /usr/include/rpm /usr/share/man/man8/rpm.8.gz
```

215

10. whatis 命令

whatis 命令用于获取命令简介。它可以从某个程序的使用手册中抽出一行简单的介绍性文件，帮助用户迅速了解这个程序的具体功能。该命令的语法格式为

whatis 命令名称

例如：

```
[root@RHEL7-1 ~]#whatis ls
ls (1) -list directory contents
```

11. find 命令

find 命令用于文件查找。它的功能非常强大。该命令的语法格式为

find [路径] [匹配表达式]

find 命令的匹配表达式主要有以下几种类型。

- -name filename：查找指定名称的文件。
- -user username：查找属于指定用户的文件。
- -group grpname：查找属于指定组的文件。
- -print：显示查找结果。
- -size n：查找大小为 n 块的文件，一块为 512B。符号"+n"表示查找大小大于 n 块的文件；符号"−n"表示查找大小小于 n 块的文件；符号"nc"表示查找大小为 n 个字符的文件。
- -inum n：查找索引节点号为 n 的文件。
- -type：查找指定类型的文件。文件类型有 b（块设备文件）、c（字符设备文件）、d（目录）、p（管道文件）、l（符号链接文件）、f（普通文件）。
- -atime n：查找 n 天前被访问过的文件。"+n"表示超过 n 天前被访问的文件；"−n"表示未超过 n 天前被访问的文件。
- -mtime n：类似于 atime，但检查的是文件内容被修改的时间。
- -ctime n：类似于 atime，但检查的是文件索引节点被改变的时间。
- -perm mode：查找与给定权限匹配的文件，必须以八进制的形式给出访问权限。
- -newer file：查找比指定文件新的文件，即最后修改时间离现在较近。
- -exec command {} \;：对匹配指定条件的文件执行 command 命令。
- -ok command {} \;：与 exec 相同，但执行 command 命令时请求用户确认。

例如：

```
[root@RHEL7-1 ~]#find . -type f -exec ls -l {} \;
//在当前目录下查找普通文件,并以长格形式显示
[root@RHEL7-1 ~]#find /logs -type f -mtime 5 -exec rm {} \;
//在/logs目录中查找修改时间为 5 天以前的普通文件,并删除。保证/logs目录存在
[root@RHEL7-1 ~]#find /etc -name "*.conf"
//在/etc/目录下查找文件名以.conf结尾的文件
[root@RHEL7-1 ~]#find . -type f -perm 755 -exec ls {} \;
//在当前目录下查找权限为 755 的普通文件并显示
```

注意：由于find命令在执行过程中将消耗大量资源，建议以后台方式运行。

12. locate 命令

尽管find命令已经展现了其强大的搜索能力，但对于大批量的搜索而言，还是显得慢了一些，特别是当用户完全不记得自己的文件放在哪里时，此时用locate命令是一个不错的选择。

```
[root@RHEL7-1 ~]#locate *.doc
/usr/lib/kbd/keymaps/legacy/i386/qwerty/no-latin1.doc
/usr/lib64/python2.7/pdb.doc
```

13. grep 命令

grep命令用于查找文件中包含指定字符串的行。该命令的语法格式为

grep [参数] 要查找的字符串 文件名

grep命令的常用参数选项如下。
- -v：列出不匹配的行。
- -c：对匹配的行计数。
- -l：只显示包含匹配模式的文件名。
- -h：抑制包含匹配模式的文件名的显示。
- -n：每个匹配行只按照相对的行号显示。
- -i：对匹配模式不区分大小写。

在grep命令中，字符^表示行的开始，字符$表示行的结尾。如果要查找的字符串中带有空格，可以用单引号或双引号括起来。

例如：

```
[root@RHEL7-1 ~]#grep -2 root /etc/passwd
//在文件passwd中查找包含字符串root的行，如果找到，显示该行及该行前后各2行的内容
[root@RHEL7-1 ~]#grep "^root$" /etc/passwd
//在passwd文件中搜索只包含root 4个字符的行
```

提示：grep和find命令的差别在于grep是在文件中搜索满足条件的行，而find是在指定目录下根据文件的相关信息查找满足指定条件的文件。

14. dd 命令

dd命令用于按照指定大小和个数的数据块来复制文件或转换文件。该命令的语法格式为

dd [参数]

dd命令是一个比较重要而且比较有特色的一个命令，它能够让用户按照指定大小和个数的数据块来复制文件的内容。当然如果你愿意，还可以在复制过程中转换其中的数据。Linux系统中有一个名为/dev/zero的设备文件，这个文件不会占用系统存储空间，但却可以提供无穷无尽的数据，因此可以使用它作为dd命令的输入文件来生成一个指定大小的文件。dd命令的参数及作用如表8-1所示。

表 8-1　dd 命令的参数及作用

参　数	作　用	参　数	作　用
if	输入的文件名称	bs	设置每个"块"的大小
of	输出的文件名称	count	设置要复制"块"的个数

例如，可以用 dd 命令从 /dev/zero 设备文件中取出两个大小为 560MB 的数据块，然后保存为名为 file1 的文件。在理解了这个命令后，以后就能随意创建任意大小的文件了（做配额测试时很有用）。

```
[root@RHEL7-1 ~]#dd if=/dev/zero of=file1 count=2 bs=560M
记录了 2+0 的读入
记录了 2+0 的写出
1174405120 字节(1.2 GB)已复制,1.12128 秒,1.0 GB/秒
```

dd 命令的功能绝不限于复制文件这么简单。如果想把光驱设备中的光盘制作成 ISO 格式的映像文件，在 Windows 系统中需要借助第三方软件才能做到，但在 Linux 系统中可以直接使用 dd 命令来压制出光盘映像文件，将它变成一个可立即使用的 ISO 映像。

```
[root@RHEL7-1 ~]#dd if=/dev/cdrom of=RHEL-server-7.0-x86_64.iso
7311360+0 records in
7311360+0 records out
3743416320 bytes (3.7 GB) copied, 370.758 s, 10.1 MB/s
```

8.3.6　熟练使用系统信息类命令

系统信息类命令是对系统的各种信息进行显示和设置的命令。

1. dmesg 命令

dmesg 命令用实例名和物理名称来标识连到系统上的设备。dmesg 命令也显示系统诊断信息、操作系统版本号、物理内存大小以及其他信息，例如：

```
[root@RHEL7-1 ~]#dmesg|more
```

提示：系统启动时，屏幕上会显示系统 CPU、内存、网卡等硬件信息，但通常显示得比较快，如果用户没来得及看清楚，可以在系统启动后通过 dmesg 命令查看。

2. free 命令

free 命令主要用来查看系统内存、虚拟内存的大小及占用情况，例如：

```
[root@RHEL7-1 ~]#free
                total      used       free     shared    buffers     cached
Mem:           126212    124960       1252          0      16408      34028
-/+buffers/cache:         74524      51688
Swap:          257032     25796     231236
```

3. date 命令

date 命令可以用来查看系统当前的日期和时间，例如：

```
[root@RHEL7-1 ~]#date
2016 年 01 月 22 日 星期五 15:13:26 CST
```

date 命令还可以用来设置当前的日期和时间。例如：

[root@RHEL7-1 ~]#date -d 08/08/2018
2018 年 08 月 08 日 星期一 00:00:00 CST

注意：只有 root 用户才可以改变系统的日期和时间。

4. cal 命令

cal 命令用于显示指定月份或年份的日历，可以带两个参数，其中年、月用数字表示；只有一个参数时表示年，年的范围为 1～9999；不带任何参数的 cal 命令显示当前月份的日历。例如：

[root@RHEL7-1 ~]#cal 7 2019
　　　　　七月 2019
日　一　二　三　四　五　六
　　　 1 　2 　3 　4 　5 　6
 7   8   9 10 11 12 13
14 15 16 17 18 19 20
21 22 23 24 25 26 27
28 29 30 31

5. clock 命令

clock 命令用于从计算机的硬件获得日期和时间。例如：

[root@RHEL7-1 ~]#clock
2018 年 05 月 02 日 星期三 15 时 16 分 01 秒 -0.253886 seconds

8.3.7 熟练使用进程管理类命令

进程管理类命令是对进程进行各种显示和设置的命令。

1. ps 命令

ps 命令主要用于查看系统的进程。该命令的语法格式为

ps [参数]

ps 命令的常用参数选项如下。

- -a：显示当前控制终端的进程（包含其他用户的）。
- -u：显示进程的用户名和启动时间等信息。
- -w：宽行输出，不截取输出中的命令行。
- -l：按长格形式显示输出。
- -x：显示没有控制终端的进程。
- -e：显示所有的进程。
- -t n：显示第 n 个终端的进程。

例如：

[root@RHEL7-1 ~]#ps -au
USER   PID %CPU %MEM   VSZ   RSS TTY   STAT START   TIME COMMAND
root   2459   0.0   0.2 1956   348 tty2   Ss+   09:00   0:00 /sbin/mingetty tty2

```
root    2460  0.0  0.2  2260   348  tty3  Ss+  09:00  0:00  /sbin/mingetty tty3
root    2461  0.0  0.2  3420   348  tty4  Ss+  09:00  0:00  /sbin/mingetty tty4
root    2462  0.0  0.2  3428   348  tty5  Ss+  09:00  0:00  /sbin/mingetty tty5
root    2463  0.0  0.2  2028   348  tty6  Ss+  09:00  0:00  /sbin/mingetty tty6
root    2895  0.0  0.9  6472  1180  tty1  Ss   09:09  0:00  bash
```

提示：ps 通常和重定向、管道等命令一起使用，用于查找出所需的进程。输出内容第一行的中文解释是：进程的所有者、进程 ID 号、运算器占用率、内存占用率、虚拟内存使用量（单位是 KB）、占用的固定内存量（单位是 KB）、所在终端进程状态、被启动的时间、实际使用 CPU 的时间、命令名称与参数等。

2. pidof 命令

pidof 命令用于查询某个指定服务进程的 PID 值，格式为

```
pidof [参数] [服务名称]
```

每个进程的进程号码值（PID）是唯一的，因此可以通过 PID 来区分不同的进程。例如，可以使用如下命令来查询本机上 sshd 服务程序的 PID：

```
[root@l RHEL7-1 ~]#pidof sshd
1161
```

3. kill 命令

前台进程在运行时，可以用 Ctrl＋C 组合键来终止，但后台进程无法使用这种方法终止，此时可以使用 kill 命令向进程发送强制终止信号，例如：

```
[root@RHEL7-1 dir1]#kill -l
 1) SIGHUP       2) SIGINT       3) SIGQUIT      4) SIGILL
 5) SIGTRAP      6) SIGABRT      7) SIGBUS       8) SIGFPE
 9) SIGKILL     10) SIGUSR1     11) SIGSEGV     12) SIGUSR2
13) SIGPIPE     14) SIGALRM     15) SIGTERM     17) SIGCHLD
18) SIGCONT     19) SIGSTOP     20) SIGTSTP     21) SIGTTIN
22) SIGTTOU     23) SIGURG      24) SIGXCPU     25) SIGXFSZ
26) SIGVTALRM   27) SIGPROF     28) SIGWINCH    29) SIGIO
30) SIGPWR      31) SIGSYS      34) SIGRTMIN    35) SIGRTMIN+1
...
```

上述命令用于显示 kill 命令所能够发送的信号种类。每个信号都有一个数值对应，例如 SIGKILL 信号的值为 9。

kill 命令的格式为

```
kill [参数] 进程1 进程2 ...
```

kill 命令的参数选项 -s 一般跟信号的类型。例如：

```
[root@RHEL7-1 ~]#ps
PID    TTY    TIME      CMD
1448   pts/1  00:00:00  bash
2394   pts/1  00:00:00  ps
[root@RHEL7-1 ~]#kill -s SIGKILL 1448   或者//kill -9 1448
//上述命令用于结束 bash 进程,会关闭终端
```

4. killall 命令

killall 命令用于终止某个指定名称的服务所对应的全部进程,格式为

killall [参数] [进程名称]

通常来讲,复杂软件的服务程序会有多个进程协同为用户提供服务,如果逐个结束这些进程会比较麻烦,此时可以使用 killall 命令来批量结束某个服务程序带有的全部进程。下面以 httpd 服务程序为例结束其全部进程。由于 RHEL 7 系统默认没有安装 httpd 服务程序,因此大家只需看操作过程和输出结果即可,等学习了相关内容之后再进行实践。

```
[root@RHEL7-1 ~]#pidof httpd
13581 13580 13579 13578 13577 13576
[root@RHEL7-1 ~]#killall -9 httpd
[root@RHEL7-1 ~]#pidof httpd
[root@RHEL7-1 ~]#
```

注意:如果在系统终端执行一个命令后想立即停止它,可以同时按下 Ctrl+C 组合键(生产环境中比较常用),这样可立即终止该命令的进程。如果有些命令在执行时不断地在屏幕上输出信息,影响到后续命令的输入,则可以在执行命令时在末尾添加一个"&"符号,这样命令将进入系统后台执行。

5. nice 命令

Linux 系统有两个和进程有关的优先级。用 ps -l 命令可以看到两个域:PRI 和 NI。PRI 是进程实际的优先级,它是由操作系统动态计算的,这个优先级的计算和 NI 值有关。NI 值可以被用户更改,NI 值越高,优先级越低。一般用户只能加大 NI 值,只有超级用户才可以减小 NI 值。NI 值被改变后,会影响 PRI。优先级高的进程被优先运行,缺省时进程的 NI 值为 0。nice 命令的语法格式如下:

```
nice -n 程序名                //以指定的优先级运行程序
```

其中,n 表示 NI 值,正值代表 NI 值增加,负值代表 NI 值减小。
例如:

```
[root@RHEL7-1 ~]#nice --2 ps -l
```

6. renice 命令

renice 命令是根据进程的进程号来改变进程的优先级的。renice 的语法格式为

```
renice n 进程号
```

其中,n 为修改后的 NI 值。
例如:

```
[root@RHEL7-1 ~]#ps -l
F S   UID   PID  PPID  C  PRI  NI  ADDR  SZ     WCHAN  TTY    TIME     CMD
0 S   0    3324  3322  0   80   0   -    27115  wait   pts/0  00:00:00 bash
4 R   0    4663  3324  0   80   0   -    27032  -      pts/0  00:00:00 ps
[root@RHEL7-1 ~]#renice -6 3324
```

7. top 命令

和 ps 命令不同，top 命令可以实时监控进程的状况。top 屏幕自动每 5s 刷新一次，也可以使用 top -d 20，使 top 屏幕每 20s 刷新一次。top 屏幕的部分内容如下：

```
top -19:47:03 up 10:50, 3 users, load average: 0.10, 0.07, 0.02
Tasks: 90 total, 1 running, 89 sleeping, 0 stopped, 0 zombie
Cpu(s): 1.0%us, 3.1%sy, 0.0%ni, 95.8%id, 0.0%wa, 0.0%hi, 1.0%si
Mem: 126212k total, 124520k used, 1692k free, 10116k buffers
Swap: 257032k total, 25796k used, 231236k free, 34312k cached

  PID USER   PR  NI  VIRT  RES  SHR  S %CPU %MEM   TIME+  COMMAND
 2946 root   14  -1 39812  12m 3504  S  1.3  9.8 14:25.46  X
 3067 root   25  10 39744  14m 9172  S  1.0 11.8 10:58.34  rhn-applet-gui
 2449 root   16   0  6156 3328 1460  S  0.3  3.6  0:20.26  hald
 3086 root   15   0 23412 7576 6252  S  0.3  6.0  0:18.88  mixer_applet2
 1446 root   16   0  8728 2508 2064  S  0.3  2.0  0:10.04  sshd
 2455 root   16   0  2908  948  756  R  0.3  0.8  0:00.06  top
    1 root   16   0  2004  560  480  S  0.0  0.4  0:02.01  init
```

top 命令前 5 行的含义如下。

第 1 行：正常运行时间行。显示系统当前时间、系统已经正常运行的时间、系统当前用户数等。

第 2 行：进程统计数。显示当前的进程总数、睡眠的进程数、正在运行的进程数、暂停的进程数、僵死的进程数。

第 3 行：CPU 统计行。包括用户进程、系统进程、修改过 NI 值的进程、空闲进程各自使用 CPU 的百分比。

第 4 行：内存统计行。包括内存总量、已用内存、空闲内存、共享内存、缓冲区的内存总量。

第 5 行：交换分区和缓冲分区统计行。包括交换分区总量、已使用的交换分区、空闲交换分区、高速缓冲区总量。

在 top 屏幕下，用 q 键可以退出，用 h 键可以显示 top 下的帮助信息。

8. bg、jobs、fg 命令

bg 命令用于把进程放到后台运行，例如：

[root@RHEL7-1 ~]#bg find

jobs 命令用于查看在后台运行的进程，例如：

[root@RHEL7-1 ~]#find / -name aaa &
[1] 2469
[root@RHEL7-1 ~]#jobs
[1]+ Running find / -name aaa &

fg 命令用于把从后台运行的进程调到前台，例如：

[root@RHEL7-1 ~]#fg find

9. at 命令

如果想在特定时间运行 Linux 命令，可以将 at 添加到语句中。语法格式是 at 后面跟着

希望命令运行的日期和时间,然后命令提示符变为 at>。

例如:

```
[root@RHEL7-1 ~]#at 4:08 PM Sat
at>echo 'hello'
at>CTRL+D
job 1 at Sat May 5 16:08:00 2018
```

以上命令表示将会在周六 16:08 运行 echo 'hello'程序。

8.3.8 熟练使用其他常用命令

除了上面介绍的命令之外,还有一些命令也经常用到。

1. clear 命令

clear 命令用于清除字符终端屏幕的内容。

2. uname 命令

uname 命令用于显示系统信息。例如:

```
root@RHEL7-1 ~]#uname -a
Linux Server 3.6.9-5.EL #1 Wed Jan 5 19:22:18 EST 2005 i686 i686 i386 GNU/Linux
```

3. man 命令

man 命令用于列出命令的帮助手册。例如:

```
[root@RHEL7-1 ~]#man ls
```

典型的 man 手册包含以下几部分。
- NAME:命令的名字。
- SYNOPSIS:名字的概要,简单说明命令的使用方法。
- DESCRIPTION:详细描述命令的使用,如各种参数选项的作用。
- SEE ALSO:列出可能要查看的其他相关的手册页条目。
- AUTHOR、COPYRIGHT:作者和版权等信息。

4. shutdown 命令

shutdown 命令用于在指定时间关闭系统。该命令的语法格式为

```
shutdown [参数] 时间 [警告信息]
```

shutdown 命令常用的参数选项如下。
- -r:系统关闭后重新启动。
- -h:关闭系统。

"时间"参数可以是以下几种形式。
- now:表示立即。
- hh:mm:指定绝对时间,hh 表示小时,mm 表示分钟。
- +m:表示 m 分钟以后。

例如:

```
[root@RHEL7-1 ~]#shutdown -h now            //关闭系统
```

5. halt 命令

halt 命令表示立即停止系统,但该命令不自动关闭电源,需要人工关闭电源。

6. reboot 命令

reboot 命令用于重新启动系统,相当于 shutdown -r now。

7. poweroff 命令

poweroff 命令用于立即停止系统,并关闭电源,相当于 shutdown -h now。

8. alias 命令

alias 命令用于创建命令的别名。该命令的语法格式为

alias 命令别名 ="命令行"

例如:

[root@RHEL7-1 ~]#alias httpd="vim /etc/httpd/conf/httpd.conf"
//定义 httpd 为命令"vim /etc/httpd/conf/httpd.conf"的别名,输入 httpd 会怎样

alias 命令不带任何参数时将列出系统已定义的别名。

9. unalias 命令

unalias 命令用于取消别名的定义。例如:

[root@RHEL7-1 ~]#unalias httpd

10. history 命令

history 命令用于显示用户最近执行的命令。可以保留的历史命令数和环境变量 HISTSIZE 有关,只要在编号前加"!",就可以重新运行 history 中显示出的命令行。例如:

[root@RHEL7-1 ~]#!1239

表示重新运行第 1239 个历史命令。

11. wget 命令

wget 命令用于在终端中下载网络文件,语法格式为

wget [参数] 下载地址

表 8-2 所示为 wget 命令的参数以及参数的作用。

表 8-2 wget 命令的参数以及作用

参数	作用
-b	后台下载模式
-P	下载到指定目录
-t	最大尝试次数
-c	断点续传
-p	下载页面内所有资源,包括图片、视频等
-r	递归下载

12. who 命令

who 命令用于查看当前登入主机的用户终端信息,语法格式为

who [参数]

这个简单的命令可以快速显示出所有正在登录本机的用户的名称以及他们正在开启的终端信息。表 8-3 所示为执行 who 命令后的结果。

表 8-3 执行 who 命令的结果

登录的用户名	终端设备	登录到系统的时间
root	:0	2018-05-02 23:57(:0)
root	pts/0	2018-05-03 17:34(:0)

13. last 命令

last 命令用于查看所有系统的登录记录，语法格式为

last [参数]

使用 last 命令可以查看本机的登录记录。但是由于这些信息都是以日志文件的形式保存在系统中的，因此黑客可以很容易对内容进行篡改，所以千万不要单纯以该命令的输出信息来判断系统有无被恶意入侵。

```
[root@RHEL7-1 ~]# last
root    pts/0   :0      Thu May   3 17:34   still    logged in
root    pts/0   :0      Thu May   3 17:29   -17:31   (00:01)
root    pts/1   :0      Thu May   3 00:29   still    logged in
root    pts/0   :0      Thu May   3 00:24   -17:27   (17:02)
root    pts/0   :0      Thu May   3 00:03   -00:03   (00:00)
root    pts/0   :0      Wed May   2 23:58   -23:59   (00:00)
root    :0      :0      Wed May   2 23:57   still    logged in
reboot  system boot  3.10.0-693.el7.x Wed May  2 23:54 -19:30  (19:36)
…
```

14. sosreport 命令

sosreport 命令用于收集系统配置及架构信息并输出诊断文档，格式为 sosreport。

当 Linux 系统出现故障需要联系技术人员时，大多数时都要先使用这个命令来简单收集系统的运行状态和服务配置信息，以便让技术人员能够远程解决一些小问题，或让他们能提前了解某些复杂问题。在下面的输出信息中，加粗的部分是收集完成的资料压缩文件以及校验码，将其发送给技术人员即可。

```
[root@RHEL7-1 ~]# sosreport
sosreport (version 3.4)
This command will collect diagnostic and configuration information from
this Red Hat Enterprise Linux system and installed applications.
An archive containing the collected information will be generated in
/var/tmp/sos.JwpS_X and may be provided to a Red Hat support
representative.
Any information provided to Red Hat will be treated in accordance with
the published support policies at:
https://access.redhat.com/support/
The generated archive may contain data considered sensitive and its
```

```
content should be reviewed by the originating organization before being
passed to any third party.
No changes will be made to system configuration.
Press ENTER to continue, or Ctrl+C to quit. (此处按 Enter 键确认收集信息)
Please enter your first initial and last name [RHEL7-1]: (此处按 Enter 键确认主机名称)
Please enter the case id that you are generating this report for []: (此处按 Enter 键
确认主机编号)
Setting up archive ...
Setting up plugins ...
Running plugins. Please wait ...
Running 96/96: yum...
Creating compressed archive...
Your sosreport has been generated and saved in:
/var/tmp/sosreport-rhel7-1-20180503193341.tar.xz
The checksum is: 2bf296a2349ee85d305c57f75f08dfd0
Please send this file to your support representative.
```

15. echo 命令

echo 命令用于在终端输出字符串或变量提取后的值,语法格式为

echo [字符串 | $变量]

例如,把指定字符串 Linuxprobe.com 输出到终端屏幕的命令为

```
[root@RHEL7-1 ~]#echo long.com
```

该命令会在终端屏幕上显示如下信息:

```
long.com
```

下面我们使用 $ 变量的方式提取变量 SHELL 的值,并将其输出到屏幕上:

```
[root@RHEL7-1 ~]#echo $SHELL
/bin/bash
```

16. uptime 命令

uptime 命令用于查看系统的负载信息,格式为 uptime。

uptime 命令可以显示当前系统时间、系统已运行时间、启用终端数量以及平均负载值等信息。平均负载值是指系统在最近 1 分钟、5 分钟、15 分钟内的压力情况;负载值越低越好,尽量不要长期超过 1,在生产环境中不要超过 5。

```
[root@RHEL7-1 ~]#uptime
20:24:04 up 4:28, 3 users, load average: 0.00, 0.01, 0.05
```

8.4　实训项目　使用 Linux 基本命令

1. 实训目的

- 掌握 Linux 各类命令的使用方法。

- 熟悉 Linux 操作系统
- 实训前请扫二维码观看录像了解如何使用 Linux 基本命令。

2. 项目背景

现在有一台已经安装了 Linux 操作系统的主机,并且已经配置完成基本的 TCP/IP 参数,能够通过网络连接局域网中或远程的主机。一台 Linux 服务器,能够提供 FTP、Telnet 和 SSH 连接。

3. 实训要求

练习使用 Linux 常用命令,达到熟练应用的目的。

4. 做一做

根据项目实录录像进行项目的实训,检查学习效果。

8.5 习题

1. 填空题

(1) 在 Linux 系统中命令_____大小写。在命令行中,可以使用_____键来自动补齐命令。

(2) 如果要在一个命令行中输入和执行多条命令,可以使用_____来分隔命令。

(3) 断开一个长命令行,可以使用_____,以将一个较长的命令分成多行表达,增强命令的可读性。执行后,shell 自动显示提示符_____,表示正在输入一个长命令。

(4) 要使程序以后台方式执行,只需在要执行的命令后加上一个_____符号。

2. 选择题

(1) (　　)命令能用来查找在文件 TESTFILE 中包含 4 个字符的行。

  A. grep '????' TESTFILE

  B. grep '…. ' TESTFILE

  C. grep '^???? $' TESTFILE

  D. grep '^…. $ ' TESTFILE

(2) (　　)命令用来显示/home 及其子目录下的文件名。

  A. ls -a /home   B. ls -R /home

  C. ls -l /home   D. ls -d /home

(3) 如果忘记了 ls 命令的用法,可以用(　　)命令获得帮助。

  A. ? ls   B. help ls   C. man ls   D. get ls

(4) 查看系统中所有进程的命令是(　　)。

  A. ps all   B. ps aix   C. ps auf   D. ps aux

(5) Linux 中有多个查看文件的命令,如果希望在查看文件内容的过程中用光标上下移动来查看文件内容,则可以使用(　　)命令。

  A. cat   B. more   C. less   D. head

(6) (　　)命令可以了解在当前目录下还有多大空间。

  A. df   B. du /   C. du .   D. df .

(7) 假如需要找出 /etc/my.conf 文件属于哪个包(package),可以执行(　　)命令。
　　A. rpm -q /etc/my.conf
　　B. rpm -requires /etc/my.conf
　　C. rpm -qf /etc/my.conf
　　D. rpm -q｜grep /etc/my.conf
(8) 在应用程序启动时,(　　)命令设置进程的优先级。
　　A. priority　　　　　B. nice　　　　　C. top　　　　　D. setpri
(9) (　　)命令可以把 f1.txt 复制为 f2.txt。
　　A. cp f1.txt｜f2.txt　　　　　　　B. cat f1.txt｜f2.txt
　　C. cat f1.txt ＞ f2.txt　　　　　　D. copy f1.txt｜f2.txt
(10) 使用(　　)命令可以查看 Linux 的启动信息。
　　A. mesg -d　　　　　　　　　　B. dmesg
　　C. cat /etc/mesg　　　　　　　　D. cat /var/mesg

3. 简答题
(1) more 和 less 命令有何区别?
(2) Linux 系统下对磁盘的命名原则是什么?
(3) 在网上下载一个 Linux 下的应用软件,介绍其用途和基本使用方法。

4. 实践题
练习使用 Linux 常用命令,达到熟练应用的目的。

项目 9　Linux 下配置与管理 NFS 服务器

在 Windows 主机之间可以通过共享文件夹来实现存储远程主机上的文件,而在 Linux 系统中通过 NFS 实现类似的功能。

- 了解 NFS 服务的基本原理。
- 掌握 NFS 服务器的配置与调试方法。
- 掌握 NFS 客户端的配置方法。
- 掌握 NFS 故障排除的技巧。

9.1　相关知识

9.1.1　NFS 服务概述

Linux 和 Windows 之间可以通过 samba 进行文件共享,那么 Linux 之间怎么进行资源共享呢?这就要说到 NFS(Network File System,网络文件系统),它最早是 UNIX 操作系统之间共享文件和操作系统的一种方法,后来被 Linux 操作系统完美继承。NFS 与 Windows 下的"网上邻居"十分相似,它允许用户连接到一个共享位置,然后像对待本地硬盘一样操作。

NFS 最早是由 Sun 公司于 1984 年开发出来的,其目的是让不同计算机、不同操作系统之间可以共享文件。由于 NFS 使用起来非常方便,因此很快得到了大多数 UNIX/Linux 系统的广泛支持,而且被 IETE(国际互联网工程组)指定为 RFC1904、RFC1813 和 RFC3010 标准。

1. 使用 NFS 的好处

(1) 本地工作站可以使用更少的磁盘空间,因为通常的数据可以存放在一台机器上,而且可以通过网络访问。

(2) 用户不必在网络上每台机器中都设一个 home 目录,home 目录可以放在 NFS 服务器上,并且在网络上处处可用。

比如,Linux 系统计算机每次启动时就自动挂载到服务器的/exports/nfs 目录上,这个共享目录在本地计算机上被共享到每个用户的 home 目

录中,如图 9-1 所示。具体命令如下:

```
[root@client1 ~]#mount server:/exports/nfs /home/client1/nfs
[root@client2 ~]#mount server:/exports/nfs /home/client2/nfs
```

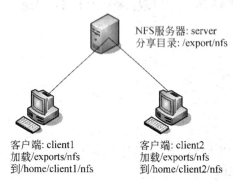

图 9-1 客户端可以将服务器上的分享目录直接加载到本地

这样,Linux 系统计算机上的这两个用户都可以把"/home/用户名/nfs"当作本地硬盘,从而不用考虑网络访问问题。

(3) 诸如 CD-ROM、DVD-ROM 之类的存储设备可以在网络上被其他机器使用,这可以减少整个网络上可移动介质设备的数量。

2. NFS 和 RPC

我们知道,绝大部分的网络服务器都有固定的端口,比如 Web 服务器的 80 端口、FTP 服务器的 21 端口、Windows 下 NetBIOS 服务器的 137~139 端口、DHCP 服务器的 67 端口……客户端访问服务器上相应的端口,服务器通过该端口提供服务。但是,NFS 服务器的工作端口未确定,这是因为 NFS 是一个很复杂的组件,它涉及文件传输、身份验证等方面的需求,每个功能都会占用一个端口。为了防止 NFS 服务器占用过多的固定端口,它采用动态端口的方式来工作,每个功能提供服务时都会随机取用一个小于 1024 的端口来提供服务,但这样又会对客户端造成困扰,客户端到底访问哪个端口才能获得 NFS 提供的服务呢?

此时就需要 RPC(Remote Procedure Call,远程进程调用)服务了。RPC 最主要的功能就是记录每个 NFS 功能所对应的端口,它工作在固定端口 111,当客户端需求 NFS 服务时,就会访问服务器的 111 端口(RPC),RPC 会将 NFS 工作端口返回给客户端,如图 9-2 所示。NFS 启动时,会自动向 RPC 服务器注册,并告诉它自己各个功能使用的端口。

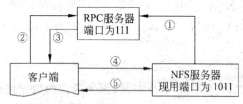

图 9-2 NFS 和 RPC 合作为客户端提供服务

如图 9-2 所示,常规的 NFS 服务是按照如下流程进行的。

① NFS 启动时,自动选择工作端口小于 1024 的 1011 端口,并向 RPC(工作于 111 端口)汇报,RPC 记录在案。

② 客户端需要 NFS 提供服务时,首先向 111 端口的 RPC 查询 NFS 工作在哪个端口。
③ RPC 回答客户端,它工作在 1011 端口。
④ 于是,客户端直接访问 NFS 服务器的 1011 端口,请求服务。
⑤ NFS 服务经过权限认证,允许客户端访问自己的数据。

注意:因为 NFS 需要向 RPC 服务器注册,所以 RPC 服务必须优先启用 NFS 服务。并且 RPC 服务重新启动后,要重新启动 NFS 服务,让它重新向 RPC 服务器注册,这样 NFS 服务才能正常工作。

9.1.2 NFS 服务的组件

Linux 下的 NFS 服务主要由以下 6 个守护进程组成。其中,只有前面 3 个守护进程是必需的,后面 3 个守护进程是可选的。

1. rpc.nfsd

rpc.nfsd 守护进程的主要作用就是判断、检查客户端是否具备登录主机的权限,负责处理 NFS 请求。

2. rpc.mounted

rpc.mounted 守护进程的主要作用就是管理 NFS 的文件系统。当客户端顺利地通过 rpc.nfsd 登录主机后,在开始使用 NFS 主机提供的文件之前,它会去检查客户端的权限(根据/etc/exports 来对比客户端的权限)。通过这一关之后,客户端才可以顺利地访问 NFS 服务器上的资源。

3. rpcbind

rpcbind 进程的主要功能是进行端口映射工作。当客户端尝试连接并使用 RPC 服务器提供的服务(如 NFS 服务)时,rpcbind 会将所管理的与服务对应的端口号提供给客户端,从而使客户端可以通过该端口向服务器请求服务。在 RHEL 7.4 中 rpcbind 默认已安装并且已经正常启动。

注意:虽然 rpcbind 只用于 RPC,但它对 NFS 服务来说是必不可少的。如果 rpcbind 没有运行,NFS 客户端就无法查找从 NFS 服务器中共享的目录。

4. rpc.locked

rpc.stated 守护进程使用 rpc.locked 进程来处理崩溃系统的锁定恢复。为什么要锁定文件呢? 因为既然 NFS 文件可以让众多的用户同时使用,那么客户端同时使用一个文件时,有可能造成一些问题。此时,rpc.locked 就可以帮助解决这个难题。

5. rpc.stated

rpc.stated 守护进程负责处理客户与服务器之间的文件锁定问题,确定文件的一致性(与 rpc.locked 有关)。当因为多个客户端同时使用一个文件造成文件破坏时,rpc.stated 可以用来检测该文件并尝试恢复。

6. rpc.quotad

rpc.quotad 守护进程提供了 NFS 和配额管理程序之间的接口。不管客户端是否通过 NFS 对它们的数据进行处理,都会受配额限制。

9.2 项目设计及分析

在 VMware 虚拟机中启动两台 Linux 系统,一台作为 NFS 服务器,主机名为 RHEL7-1,规划好 IP 地址,比如 192.168.10.1;一台作为 NFS 客户端,主机名为 client,同样规划好 IP 地址,比如 192.168.10.20。配置 NFS 服务器,使客户机 client 可以浏览 NFS 服务器中特定目录下的内容。NFS 服务器和客户端的 IP 地址可以根据表 9-1 来设置。

表 9-1 NFS 服务器和 Windows 客户端使用的操作系统以及 IP 地址

主 机 名 称	操作系统	IP 地 址	网络连接方式
nfs 共享服务器为 RHEL7-1	RHEL 7	192.168.10.1	VMnet1
Linux 客户端为 client	RHEL 7	192.168.10.20	VMnet1

9.3 项目实施

9.3.1 安装、启动和停止 NFS 服务器

要使用 NFS 服务,首先需要安装 NFS 服务组件,在 Red Hat Enterprise Linux 7 中,在默认情况下,NFS 服务会被自动安装到计算机中。

如果不确定是否安装了 NFS 服务,那就先检查计算机中是否已经安装了 NFS 支持套件。如果没有安装,再安装相应的组件。

1. 所需要的套件

对于 Red Hat Enterprise Linux 7 来说,要启用 NFS 服务器,我们至少需要以下两个套件。

(1) rpcbind

NFS 服务要正常运行,就必须借助 RPC 服务的帮助,做好端口映射工作,而这个工作就是由 rpcbind 负责的。

(2) nfs-utils

nfs-utils 是提供 rpc.nfsd 和 rpc.mounted 这两个守护进程与其他相关文档、执行文件的套件。这是 NFS 服务的主要套件。

2. 安装 NFS 服务

建议在安装 NFS 服务之前,使用如下命令检测系统是否安装了 NFS 相关性软件包:

```
[root@RHEL7-1 ~]# rpm -qa|grep nfs-utils
[root@RHEL7-1 ~]# rpm -qa|grep rpcbind
```

如果系统还没有安装 NFS 软件包,可以使用 yum 命令安装所需软件包。

(1) 使用 yum 命令安装 NFS 服务。

```
[root@RHEL7-1 ~]# yum clean all              //安装前先清除缓存
```

```
[root@RHEL7-1 ~]#yum install nfs-utils -y
```

(2) 所有软件包安装完毕之后,可以使用 rpm 命令再一次进行查询。

```
[root@RHEL7-1 ~]#rpm -qa|grep nfs
nfs-utils-1.3.0-0.48.el7.x86_64
libnfsidmap-0.25-17.el7.x86_64
[root@RHEL7-1 ~]#rpm -qa|grep rpc
rpcbind-0.2.0-42.el7.x86_64
xmlrpc-c-1.32.5-1905.svn2451.el7.x86_64
xmlrpc-c-client-1.32.5-1905.svn2451.el7.x86_64
libtirpc-0.2.4-0.10.el7.x86_64
```

3. 启动 NFS 服务

查询一下 NFS 的各个程序是否在正常运行,命令如下:

```
[root@RHEL7-1 ~]#rpcinfo -p
```

如果没有看到 nfs 和 mounted 选项,则说明 NFS 没有运行,需要启动它。使用以下命令可以启动。

```
[root@RHEL7-1 ~]#systemctl start rpcbind
[root@RHEL7-1 ~]#systemctl start nfs
[root@RHEL7-1 ~]#systemctl start nfs-server
[root@RHEL7-1 ~]#systemctl enable nfs-server
Created symlink from /etc/systemd/system/multi-user.target.wants/nfs-server.
service to /usr/lib/systemd/system/nfs-server.service.
[root@RHEL7-1 ~]#systemctl enable rpcbind
```

9.3.2 配置 NFS 服务

NFS 服务的配置主要就是创建并维护 /etc/exports 文件,这个文件定义了服务器上的哪几个部分与网络上的其他计算机共享,以及共享的规则都有哪些等。

1. exports 文件的格式

现在来看看应该如何设定 /etc/exports 文件。某些 Linux 发行套件并不会主动提供 /etc/exports 文件(比如 Red Hat Enterprise Linux 7 就没有),此时就需要自己手动创建。

```
[root@RHEL7-1 ~]#mkdir /tmp1
[root@RHEL7-1 ~]#vim /etc/exports
/tmp1       192.168.10.20/24(ro)      localhost(rw)        * (ro,sync)
#共享目录    [第一台主机(权限)]         [可用主机名]         [其他主机(可用通配符)]
```

说明:①/tmp 分别共享给 3 个不同的主机或域。②主机后面以小括号"( )"设置权限参数。若权限参数多于一个时,则以逗号","分开,且主机名与小括号是连在一起的。③#开始的一行表示注释。

在设置 /etc/exports 文件时需要特别注意"空格"的使用,因为在此配置文件中,除了分开共享目录和共享主机以及分隔多台共享主机外,其余的情形下都不可使用空格。例如,以下的两个范例就分别表示不同的意义:

```
/home client(rw)
/home client(rw)
```

在以上的第一行中,客户端 client 对/home 目录具有读取和写入权限;第二行中 client 对/home 目录只具有读取权限(这是系统对所有客户端的默认值)。而除 client 之外的其他客户端对/home 目录具有读取和写入权限。

2. 主机名规则

这个文件设置很简单,每一行最前面是要共享出来的目录,然后这个目录可以依照不同的权限共享给不同的主机。

至于主机名称的设定,主要有以下两种方式。

(1) 可以使用完整的 IP 地址或者网段,例如,192.168.0.3、192.168.0.0/24 或 192.168.0.0/255.255.255.0 都可以接受。

(2) 可以使用主机名称,这个主机名称要在/etc/hosts 内或者使用 DNS,只要能被找到就可以(重点是可以找到 IP 地址)。如果是主机名称,那么它可以支持通配符,例如,"*"或"?"均可以接受。

3. 权限规则

至于权限方面(就是小括号内的参数),常见的参数则有以下几种。

- rw(read-write):可读/写的权限。
- ro(read-only):只读权限。
- sync:数据同步写入内存与硬盘中。
- async:数据会先暂存于内存中,而非直接写入硬盘。
- no_root_squash:登录 NFS 主机使用共享目录的用户,如果是 root,那么对于这个共享的目录来说,它就具有 root 的权限。这个设置"极不安全",不建议使用。
- root_squash:在登录 NFS 主机使用共享目录的用户如果是 root,那么这个用户的权限将被压缩成匿名用户,通常它的 UID 与 GID 都会变成 nobody(nfsnobody)这个系统账号的身份。
- all_squash:不论登录 NFS 的用户身份如何,它的身份都会被压缩成匿名用户,即 nobody(nfsnobody)。
- anonuid:anon 是指 anonymous(匿名者),前面关于术语 squash 提到的匿名用户的 UID 设定值通常为 nobody(nfsnobody),但是可以自行设定这个 UID 值。当然,这个 UID 必须要存在/etc/passwd 目录中。
- anongid:同 anonuid,但是变成 Group ID 就可以了。

9.3.3 了解 NFS 服务的文件存取权限

由于 NFS 服务本身并不具备用户身份验证功能,那么当客户端访问时,服务器该如何识别用户呢?主要有以下标准。

1. root 账户

如果客户端是以 root 账户去访问 NFS 服务器资源,基于安全方面的考虑,服务器会主动将客户端改成匿名用户。所以,root 账户只能访问服务器上的匿名资源。

2. NFS 服务器上有客户端账号

客户端根据用户和组(UID、GID)来访问 NFS 服务器资源时,如果 NFS 服务器上有对应的用户名和组,就访问与客户端同名的资源。

3. NFS 服务器上没有客户端账号

此时,客户端只能访问匿名资源。

9.3.4 在客户端挂载 NFS 文件系统

Linux 下有多个好用的命令行工具,用于查看、连接、卸载、使用 NFS 服务器上的共享资源。

1. 配置 NFS 客户端

配置 NFS 客户端,步骤概括如下。

(1) 安装 nfs-utils 软件包。
(2) 识别要访问的远程共享。

```
showmount -e NFS 服务器 IP
```

(3) 确定挂载点。

```
mkdir /mnt/nfstest
```

(4) 使用命令挂载 NFS 共享。

```
mount -t nfs NFS 服务器 IP:/gongxiang /mnt/nfstest
```

(5) 修改 fstab 文件实现 NFS 共享永久挂载。

```
vim /etc/fstab
```

2. 查看 NFS 服务器信息

在 Red Hat Enterprise Linux 7 下查看 NFS 服务器上的共享资源使用的命令为 showmount,它的语法格式如下:

```
[root@RHEL7-1 ~]# showmount [-adehv] [ServerName]
```

参数说明如下。

-a:查看服务器上的输出目录和所有连接客户端信息。显示格式为"host:dir"。
-d:只显示被客户端使用的输出目录信息。
-e:显示服务器上所有的输出目录(共享资源)。

比如,如果服务器的 IP 地址为 192.168.10.1,如果想查看该服务器上的 NFS 共享资源,则可以执行以下命令:

```
[root@RHEL7-1 ~]# showmount -e 192.168.10.1
```

思考:如果出现以下错误信息,应该如何处理?

```
[root@RHEL7-1 mnt]# showmount 192.168.10.1 -e
clnt_create: RPC: Port mapper failure - Unable to receive: errno 113 (No route to host)
```

注意：出现错误的原因使 NFS 服务器的防火墙阻止了客户端访问 NFS 服务器。由于 NFS 使用许多端口，即使开放了 NFS4 服务，仍然可能有问题，读者可以禁用防火墙。

禁用防火墙的命令如下：

```
[root@RHEL7-1 ~]#systemctl stop firewalld
```

3. 在客户端加载 NFS 服务器共享目录

在 Red Hat Enterprise Linux 7 中加载 NFS 服务器上的共享目录的命令为 mount（即可以加载其他文件系统的 mount）。

```
[root@client ~]#mount -t nfs 服务器名称或地址:输出目录 挂载目录
```

比如，要加载 192.168.0.3 这台服务器上的 /share1 目录，则需要依次执行以下操作。

（1）创建本地目录。

首先在客户端创建一个本地目录，用来加载 NFS 服务器上的输出目录。

```
[root@client ~]#mkdir /mnt/nfs
```

（2）加载服务器目录。

再使用相应的 mount 命令加载。

```
[root@client ~]#mount -t nfs 192.168.10.1:/temp1 /mnt/nfs
```

4. 卸载 NFS 服务器共享目录

要卸载刚才加载的 NFS 共享目录，则执行以下命令：

```
[root@client ~]#umount /mnt/nfs
```

5. 在客户端启动时自动挂载 NFS

Red Hat Enterprise Linux 7 下的自动加载文件系统都是在 /etc/fstab 中定义的，NFS 文件系统也支持自动加载。

（1）编辑 fstab。

用文本编辑器打开 /etc/fstab，在其中添加如下一行：

```
192.168.10.1:/tmp1 /mnt/nfs nfs default 0 0
```

（2）使设置生效。

执行以下命令重新加载 fstab 文件中定义的文件系统。

```
[root@client ~]#mount -a
```

9.3.5 企业 NFS 服务器实用案例

1. 企业环境及需求

下面将剖析一个企业 NFS 服务器的真实案例，提出解决方案，以便读者能够对前面的知识有更深刻的理解。

1）企业 NFS 服务器拓扑图

企业 NFS 服务器拓扑如图 9-3 所示，NFS 服务器 RHEL7-1 的地址是 192.168.8.188，

一个客户端 client1 的 IP 地址是 192.168.8.100,另一个客户端 client2 的 IP 地址是 192.168.8.88。其他客户端 IP 地址不再罗列。在本例中有 3 个域:team1.smile.com、team2.smile.com 和 team3.smile.com。

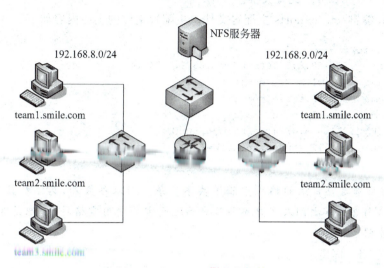

图 9-3 企业 NFS 服务器拓扑

2) 企业需求

(1) 共享/media 目录,允许所有客户端访问该目录并只有只读权限。

(2) 共享/nfs/public 目录,允许 192.168.8.0/24 和 192.168.9.0/24 网段的客户端访问,并且对此目录只有只读权限。

(3) 共享/nfs/team1、/nfs/team2、/nfs/team3 目录,而 /nfs/team1 只有 team1.smile.com 域成员可以访问并有读写权限,/nfs/team2、/nfs/team3 目录同理。

(4) 共享/nfs/works 目录,192.168.8.0/24 网段的客户端具有只读权限,并且将 root 用户映射成匿名用户。

(5) 共享/nfs/test 目录,所有人都具有读写权限,但当用户使用该共享目录时都将账号映射成匿名用户,并且指定匿名用户的 UID 和 GID 都为 65534。

(6) 共享/nfs/security 目录,仅允许 192.168.8.88 客户端访问并具有读写权限。

2. 解决方案

首先将三台计算机(RHEL7-1、client1 和 client2)的 IP 地址等信息利用系统菜单进行设置,同时注意三台计算机的网络连接方式都是 VMnet1。保证三台计算机通信畅通。

(1) 在 NFS 服务器上创建相应目录。

```
[root@RHEL7-1 ~]#mkdir /media
[root@RHEL7-1 ~]#mkdir /nfs
[root@RHEL7-1 ~]#mkdir /nfs/public
[root@RHEL7-1 ~]#mkdir /nfs/team1
[root@RHEL7-1 ~]#mkdir /nfs/team2
[root@RHEL7-1 ~]#mkdir /nfs/team3
[root@RHEL7-1 ~]#mkdir /nfs/works
[root@RHEL7-1 ~]#mkdir /nfs/test
```

```
[root@RHEL7-1 ~]#mkdir /nfs/security
```

（2）安装 nfs-utils 及 rpcbind 软件包。

（3）编辑/etc/exports 配置文件。

使用 vim 编辑/etc/exports 主配置文件。主配置文件的主要内容如下。

```
/media * (ro)
/nfs/public 192.168.8.0/24(ro) 192.168.9.0/24(ro)
/nfs/team1 *.team1.smile.com(rw)
/nfs/team2 *.team2.smile.com(rw)
/nfs/team3 *.team3.smile.com(rw)
/nfs/works 192.168.8.0/24(ro,root_squash)
/nfs/test * (rw,all_squash,anonuid=65534,anongid=65534)
/nfs/security 192.168.8.88(rw)
```

注意：在发布共享目录的格式中除了共享目录是必跟参数外，其他参数都是可选的。并且共享目录与客户端之间及客户端与客户端之间需要使用空格符号，但是客户端与参数之间不能有空格。

（4）配置 NFS 固定端口。

使用 vim /etc/sysconfig/nfs 编辑 NFS 主配置文件，自定义以下端口，要保证不和其他端口冲突。

```
RQUOTAD_PORT=5001
LOCKD_TCPPORT=5002
LOCKD_UDPPORT=5002
MOUNTD_PORT=5003
STATD_PORT=5004
```

（5）关闭防火墙。

请参考前面关闭防火墙部分的内容。如果 NFS 客户端无法访问一般是防火墙的问题。请读者切记，在处理其他服务器的问题时也把本地系统权限、防火墙设置放到首位。

```
[root@RHEL7-1 ~]#systemctl stop firewalld
```

（6）设置共享文件权限属性。

```
[root@RHEL7-1 ~]#chmod 777 /media
[root@RHEL7-1 ~]#chmod 777 /nfs
[root@RHEL7-1 ~]#chmod 777 /nfs/public
[root@RHEL7-1 ~]#chmod 777 /nfs/team1
[root@RHEL7-1 ~]#chmod 777 /nfs/team2
[root@RHEL7-1 ~]#chmod 777 /nfs/team3
[root@RHEL7-1 ~]#chmod 777 /nfs/works
[root@RHEL7-1 ~]#chmod 777 /nfs/test
[root@RHEL7-1 ~]#chmod 777 /nfs/security
```

（7）启动 rpcbind 和 NFS 服务。

（8）NFS 服务器本机测试。

① 使用 rpcinfo 命令检测 NFS 是否使用了固定端口。

```
[root@RHEL7-1 ~]#rpcinfo -p
```

② 检测 NFS 的 RPC 注册状态。

语法格式为

rpcinfo -u 主机名或 IP 地址 进程

例如：

```
[root@RHEL7-1 ~]#rpcinfo -u 192.168.8.188 nfs
```

③ 查看共享目录和参数设置。

```
[root@RHEL7-1 ~]#cat /var/lib/nfs/etab
```

(9) Linux 客户端测试(192.168.8.186)。

```
[root@client ~]#ifconfig eth0
```

① 查看 NFS 服务器共享目录。命令如下：

showmount -e IP 地址（显示 NFS 服务器的所有共享目录），或 showmount -d IP 地址（仅显示被客户端挂载的共享目录）。

```
[root@RHEL7-1 ~]#showmount -e 192.168.8.188
[root@RHEL7-1 ~]#showmount -d 192.168.8.188
```

② 挂载及卸载 NFS 文件系统。

语法格式为

mount -t nfs NFS 服务器 IP 地址或主机名:共享名 本地挂载点

例如：

```
[root@client1 ~]#mkdir -p /mnt/media
[root@client1 ~]#mkdir -p /mnt/nfs
[root@client1 ~]#mkdir -p /mnt/test
[root@client1 ~]#mount -t nfs 192.168.8.188:/media /mnt/media
[root@client1 ~]#mount -t nfs 192.168.8.188:/nfs/works /mnt/nfs
[root@client1 ~]#mount -t nfs 192.168.8.188:/nfs/test /mnt/test
[root@client1 ~]#cd /mnt/media
[root@client media]#ls
[root@client1 media]#mkdir df
mkdir: cannot create directory 'df': Read-only file system    //只读系统
[root@client1 media]#cd /mnt/nfs
[root@client1 nfs]#mkdir df
mkdir: cannot create directory 'df': Read-only file system    //不能写入目录
[root@client1 nfs]#cd /mnt/test
[root@client1 test]#mkdir df
[root@client1 test]#
```

注意：本地挂载点应该事先建好。另外如果想挂载一个没有权限访问的 NFS 共享目录就会报错。如下所示的命令会报错。

```
[root@client ~]#mount -t nfs 192.168.8.188:/nfs/security /mnt/nfs
```

③ 启动自动挂载 NFS 文件系统。

使用 vim 编辑/etc/fstab,增加一行。

```
192.168.8.188:/nfs/test /mnt/test nfs default 0 0
```

(10) 保存并退出,再重启 Linux 系统。

(11) 在 NFS 服务器/nfs/test 目录中新建文件和文件夹供测试用。

(12) 在 Linux 客户端查看/nfs/test 是否已经挂载成功,如图 9-4 所示。

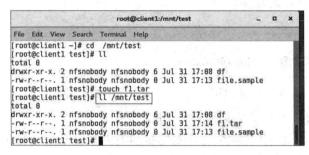

图 9-4 在客户端挂载成功

9.3.6 排除 NFS 故障

与其他网络服务一样,运行 NFS 的计算机同样可能出现问题。当 NFS 服务无法正常工作时,需要根据 NFS 相关的错误消息选择适当的解决方案。NFS 采用 C/S 结构,并通过网络通信,因此,可以将常见的故障点划分为 3 个:网络、客户端或者服务器。

1. 网络

对于网络的故障,主要有两个方面的常见问题。

(1) 网络无法连通

使用 ping 命令检测网络是否连通。如果出现异常,请检查物理线路、交换机等网络设备,或者计算机的防火墙设置。

(2) 无法解析主机名

对于客户端而言,无法解析服务器的主机名,可能会导致使用 mount 命令挂载时失败,并且服务器如果无法解析客户端的主机名,所以需要在/etc/hosts 文件中添加相应的主机记录。

2. 客户端

客户端在访问 NFS 服务器时多使用 mount 命令。下面将列出常见的错误信息以供参考。

(1) 服务器无响应:端口映射失败-RPC 超时

NFS 服务器已经关机,或者其 RPC 端口映射进程(portmap)已关闭。重新启动服务器的 portmap 程序,更正该错误。

(2) 服务器无响应:程序未注册

mount 命令发送请求到达 NFS 服务器端口映射进程,但是 NFS 相关守护程序没有注册。具体解决方法在服务器端设置中有详细介绍。

（3）拒绝访问

客户端不具备访问 NFS 服务器共享文件的权限。

（4）不被允许

执行 mount 命令的用户权限过低，必须具有 root 身份或是系统组的成员才可以运行 mount 命令，也就是说只有 root 用户和系统组的成员才能够进行 NFS 安装、卸装操作。

3. 服务器

（1）NFS 服务进程状态

为了 NFS 服务器正常工作，首先要保证所有相关的 NFS 服务进程为开启状态。

使用 rpcinfo 命令，可以查看 RPC 的相应信息，语法格式为

```
rpcinfo -p 主机名或 IP 地址
```

登录 NFS 服务器后，使用 rpcinfo 命令检查 NFS 相关进程的启动情况。

如果 NFS 相关进程并没有启动，使用 service 命令启动 NFS 服务，再次使用 rpcinfo 进行测试，直到 NFS 服务工作正常。

（2）注册 NFS 服务

虽然 NFS 服务正常开启，但是如果没有进行 RPC 的注册，客户端依然不能正常访问 NFS 共享资源，所以需要确认 NFS 服务已经进行注册。rpcinfo 命令能够提供检测功能，命令格式如下所示。

语法格式为

```
rpcinfo -u 主机名或 IP 进程
```

假设在 NFS 服务器上需要检测 rpc.nfsd 是否注册，可以使用以下命令：

```
[root@RHEL7-1 ~]#rpcinfo -u 192.168.8.188 nfs
rpcinfo:RPC:Program not registered
Program 100003 is not available
```

出现该提示表明 rpc.nfsd 进程没有注册，那么需要在开启 RPC 以后，再启动 NFS 服务进行注册操作。

```
[root@RHEL7-1 ~]#systemctl start rpcbind
[root@RHEL7-1 ~]#systemctl restart nfs
```

执行注册以后，再次使用 rpcinfo 命令进行检测。

```
[root@RHEL7-1 ~]#rpcinfo -u 192.168.8.188 nfs
[root@RHEL7-1 ~]#rpcinfo -u 192.168.8.188 mount
```

如果一切正常，会发现 NFS 相关进程的 v2、v3 以及 v4 版本均注册完毕，NFS 服务器可以正常工作。

（3）检测共享目录输出

客户端如果无法访问服务器的共享目录，可以登录服务器，进行配置文件的检查。确保 /etc/exports 文件设定共享目录，并且客户端拥有相应权限。通常情况下，使用

showmount 命令能够检测 NFS 服务器的共享目录输出情况。

```
[root@RHEL7-1 ~]#showmount -e 192.168.8.188
```

9.4 实训项目 Linux 下 NFS 服务器的配置与管理

1. 实训目的
- 了解 NFS 服务的基本原理。
- 掌握 NFS 服务器的配置与调试方法。
- 掌握 NFS 客户端的配置方法。
- 掌握 NFS 故障排除的技巧。
- 实训前请扫二维码观看录像了解如何配置与管理 NFS 服务器。

2. 项目背景

某企业的销售部有一个局域网,域名为 xs.mq.cn。网络拓扑如图 9-5 所示。网内有一台 Linux 的共享资源服务器 Share Server,域名为 Shareserver.xs.mq.cn。现要在 Share Server 上配置 NFS 服务器,使销售部内的所有主机都可以访问 Share Server 服务器中的/share 共享目录中的内容,但不允许客户机更改共享资源的内容。同时,让主机 china 在每次系统启动时自动挂载 Share Server 的/share 目录中的内容到 china3 的/share1 目录下。

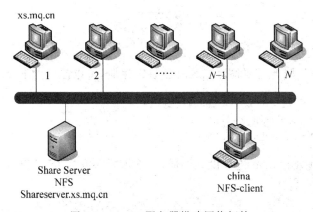

图 9-5 samba 服务器搭建网络拓扑

3. 项目要求

配置 NFS 服务器和客户端。

4. 深度思考

在观看录像时思考以下几个问题。

(1) hostname 的作用是什么?其他为主机命名的方法还有哪些?哪些是临时生效的?
(2) 配置共享目录时使用了什么通配符?
(3) 同步与异步选项如何应用?作用是什么?
(4) 在录像中为了给其他用户赋予读写权限,使用了什么命令?
(5) showmount 与 mount 命令在什么情况下使用?本项目使用它完成什么功能?

(6) 如何实现 NFS 共享目录的自动挂载？本项目是如何实现自动挂载的？

5. 做一做

根据项目要求及录像内容，将项目完整无缺地完成。

9.5 习题

1. 填空题

（1）Linux 和 Windows 之间可以通过_____进行文件共享，UNIX/Linux 操作系统之间通过_____进行文件共享。

（2）NFS 的英文全称是_____，中文名称是_____。

（3）RPC 的英文全称是_____，中文名称是_____。RPC 最主要的功能就是记录每个 NFS 功能所对应的端口，它工作在固定端口_____。

（4）Linux 下的 NFS 服务主要由 6 部分组成，其中_____、_____、_____是 NFS 必需的。

（5）_____守护进程的主要作用就是判断、检查客户端是否具备登录主机的权限，负责处理 NFS 请求。

（6）_____是提供 rpc.nfsd 和 rpc.mounted 这两个守护进程与其他相关文档、执行文件的套件。

（7）在 Red Hat Enterprise Linux 7 下查看 NFS 服务器上的共享资源使用的命令为_____，它的语法格式是_____。

（8）Red Hat Enterprise Linux 7 下的自动加载文件系统是在_____中定义的。

2. 选择题

（1）NFS 工作站要用 mount 命令检查远程 NFS 服务器上的一个目录时，以下（　　）是服务器端必需的条件。

　　A. rpcbind 必须启动

　　B. NFS 服务必须启动

　　C. 共享目录必须加在/etc/exports 文件里

　　D. 以上全部都需要

（2）下面的命令，完成加载 NFS 服务器 svr.jnrp.edu.cn 的/home/nfs 共享目录到本机/home2 正确的是（　　）。

　　A. mount -t nfs svr.jnrp.edu.cn：/home/nfs /home2

　　B. mount -t -s nfs svr.jnrp.edu.cn./home/nfs /home2

　　C. nfsmount svr.jnrp.edu.cn：/home/nfs /home2

　　D. nfsmount -s svr.jnrp.edu.cn /home/nfs /home2

（3）下面用来通过 NFS 使磁盘资源被其他系统使用的命令是（　　）。

　　A. share　　　　　B. mount　　　　　C. export　　　　　D. exportfs

（4）以下 NFS 系统中关于用户 ID 映射正确的描述是（　　）。

　　A. 服务器上的 root 用户默认值和客户端的一样

B. root 被映射到 nfsnobody 用户

C. root 不被映射到 nfsnobody 用户

D. 默认情况下，anonuid 不需要密码

(5) 一家公司有 10 台 Linux 服务器。如果想用 NFS 在 Linux 服务器之间共享文件，应该修改的文件是(　　)。

  A. /etc/exports   B. /etc/crontab

  C. /etc/named.conf   D. /etc/smb.conf

(6) 查看 NFS 服务器 192.168.12.1 中的共享目录的命令是(　　)。

  A. show -e 192.168.12.1

  B. show //192.168.12.1

  C. showmount -e 192.168.12.1

  D. showmount -l 192.168.12.1

(7) 装载 NFS 服务器 192.168.12.1 的共享目录/tmp 到本地目录/mnt/shere 的命令是(　　)。

  A. mount 192.168.12.1/tmp /mnt/shere

  B. mount -t nfs 192.168.12.1/tmp /mnt/shere

  C. mount -t nfs 192.168.12.1：/tmp /mnt/shere

  D. mount -t nfs //192.168.12.1/tmp /mnt/shere

3. 简答题

(1) 简述 NFS 服务的工作流程。

(2) 简述 NFS 服务的好处。

(3) 简述 NFS 服务各组件及其功能。

(4) 简述如何排除 NFS 故障。

4. 实践题

1) 建立 NFS 服务器，并完成以下任务。

(1) 共享/share1 目录，允许所有的客户端访问该目录，但仅具有只读权限。

(2) 共享/share2 目录，允许 192.168.8.0/24 网段的客户端访问，并且对该目录具有只读权限。

(3) 共享/share3 目录，只有来自.smile.com 域的成员可以访问并具有读写权限。

(4) 共享/share4 目录，192.168.9.0/24 网段的客户端具有只读权限，并且将 root 用户映射成为匿名用户。

(5) 共享/share5 目录，所有人都具有读写权限，但当用户使用该共享目录时将账号映射成为匿名用户，并且指定匿名用户的 UID 和 GID 均为 527。

2) 客户端设置练习。

(1) 使用 showmount 命令查看 NFS 服务器发布的共享目录。

(2) 挂载 NFS 服务器上的/share1 目录到本地/share1 目录下。

(3) 卸载/share1 目录。

(4) 自动挂载 NFS 服务器上的/share1 目录到本地/share1 目录下。

3) 完成 9.3.5 小节中的 NFS 服务器及客户端的设置。

项目 10　Linux 下配置与管理 samba 服务器

 项目背景

是谁最先搭起 Linux 和 Windows 沟通的桥梁，并且提供不同系统间的共享服务，还能拥有强大的打印服务功能？答案就是 samba。samba 的应用环境非常广泛。

 项目目标

- 了解 samba 环境及协议。
- 掌握 samba 的工作原理。
- 掌握主配置文件 samba.conf 的主要配置方法。
- 掌握 samba 服务密码文件。
- 掌握 samba 文件和打印共享的设置。
- 掌握 Linux 和 Windows 客户端共享 samba 服务器资源的方法。

10.1　相关知识

对于接触 Linux 的用户来说，听得最多的就是 samba 服务，原因是 samba 最先在 Linux 和 Windows 两个平台之间架起了一座桥梁，正是由于 samba 的出现，可以在 Linux 系统和 Windows 系统之间互相通信，比如复制文件、实现不同操作系统之间的资源共享等；可以将其架设成一个功能非常强大的文件服务器；也可以将其架设成打印服务器提供本地和远程联机打印；甚至可以使用 samba 服务器完全取代 Windows 多个版本服务器中的域控制器做域管理工作，使用也非常方便。

10.1.1　samba 应用环境

- 文件和打印机共享：文件和打印机共享是 samba 的主要功能，SMB 进程实现资源共享，将文件和打印机发布到网络中，供用户访问。
- 身份验证和权限设置：samba 服务支持用户模式和域名模式等身份验证和权限设置模式，通过加密方式可以保护共享的文件和打印机。
- 名称解析：samba 通过 nmbd 服务可以搭建 NBNS（NetBIOS Name Service）服务

器,提供名称解析,将计算机的 NetBIOS 名解析为 IP 地址。
- 浏览服务:在局域网中,samba 服务器可以成为本地主浏览服务器(LMB),保存可用资源列表。当使用客户端访问 Windows 网上邻居时,会提供浏览列表,显示共享目录、打印机等资源。

10.1.2 SMB 协议

SMB(Server Message Block)通信协议可以看作局域网上共享文件和打印机的一种协议。它是 Microsoft 和 Intel 在 1987 年制定的协议,主要是作为 Microsoft 网络的通信协议,而 samba 则是将 SMB 协议搬到 UNIX 系统上来使用。通过基于 TCP/IP 协议的 NetBIOS,使用 samba 不但能与局域网络主机共享资源,也能与全世界的计算机共享资源。因为互联网上千千万万的主机所使用的通信协议就是 TCP/IP。SMB 是在会话层和表示层以及小部分的应用层的协议,SMB 使用了 NetBIOS 的应用程序接口(API)。另外,它是一个开放性的协议,允许协议扩展,这使它变得庞大而复杂,大约有 65 个最上层的作业,而每个作业都超过 120 个函数。

10.1.3 samba 工作原理

samba 服务功能强大,这与其通信基于 SMB 协议有关。SMB 不仅提供目录和打印机共享,还支持认证、权限设置。在早期,SMB 运行于 NBT 协议上,使用 UDP 协议的 137 端口、138 端口及 TCP 协议的 139 端口。后期 SMB 经过开发,可以直接运行于 TCP/IP 协议上,没有额外的 NBT 层,使用 TCP 协议的 445 端口。

1) samba 工作流程

当客户端访问服务器时,信息通过 SMB 协议进行传输,其工作过程可以分成 4 个步骤。

(1) 协议协商。客户端在访问 samba 服务器时,发送 negprot 指令数据包,告知目标计算机其支持的 SMB 类型。samba 服务器根据客户端的情况,选择最优的 SMB 类型并做出回应,如图 10-1 所示。

(2) 建立连接。当 SMB 类型确认后,客户端会发送 session setup 指令数据包,提交账号和密码,请求与 samba 服务器建立连接。如果客户端通过身份验证,samba 服务器会对 session setup 报文做出回应,并为用户分配唯一的 UID,在客户端与其通信时使用。如图 10-2 所示。

图 10-1 协议协商　　图 10-2 建立连接

(3) 访问共享资源。客户端访问 samba 共享资源时,发送 tree connect 指令数据包,通知服务器需要访问的共享资源名。如果设置允许,samba 服务器会为每个客户端与共享资源链接分配 TID,客户端即可访问需要的共享资源,如图 10-3 所示。

(4) 断开连接。共享使用完毕,客户端向服务器发送 tree disconnect 报文来关闭共享,与服务器断开连接,如图10-4所示。

图10-3 访问共享资源　　　　　　图10-4 断开连接

2) samba 相关进程

samba 服务是由两个进程组成,分别是 nmbd 和 smbd。

- nmbd:其功能是进行 NetBIOS 名解析,并提供浏览服务显示网络上的共享资源列表。
- smbd:其主要功能是用来管理 samba 服务器上的共享目录、打印机等。主要是针对网络上的共享资源进行管理的服务。当要访问服务器时,要查找共享文件,这时就要依靠 smbd 这个进程来管理数据传输。

10.2　项目设计及分析

利用 samba 服务可以实现 Linux 系统之间,以及和 Windows 系统之间的资源共享。在进行本节的教学与实验前,需要做好如下准备。

(1) 已经安装好 Red Hat Enterprise 7.4。
(2) Red Hat Enterprise 7.4 安装光盘或 ISO 映像文件。
(3) Linux 客户端。
(4) Windows 客户端。
(5) VMware 10 及以上虚拟机软件。

以上环境可以用虚拟机实现。

10.3　项目实施

10.3.1　配置 samba 服务

1. 安装并启动 samba 服务

建议在安装 samba 服务之前,使用 rpm -qa | grep samba 命令检测系统是否安装了 samba 相关性软件包。

```
[root@RHEL7-1 ~]# rpm -qa |grep samba
```

如果系统还没有安装 samba 软件包,可以使用 yum 命令安装所需软件包。

(1) 挂载 ISO 安装映像。

```
[root@RHEL7-1 ~]#mkdir /iso
```

```
[root@RHEL7-1 ~]#mount /dev/cdrom /iso
mount: /dev/sr0 is write-protected, mounting read-only
```

（2）制作用于安装的 yum 源文件（请查看项目 3 相关内容）。
dvd.repo 文件的内容如下：

```
#/etc/yum.repos.d/dvd.repo
#or for ONLY the media repo, do this:
#yum --disablerepo=\* --enablerepo=c6-media [command]
[dvd]
name=dvd
baseurl=file:///iso              //特别注意本地源文件的表示中有 3 个"/"。
gpgcheck=0
enabled=1
```

（3）使用 yum 命令查看 samba 软件包的信息。

```
[root@RHEL7-1 ~]#yum info samba
```

（4）使用 yum 命令安装 samba 服务。

```
[root@RHEL7-1 ~]#yum clean all                //安装前先清除缓存
[root@RHEL7-1 ~]#yum install samba -y
```

（5）所有软件包安装完毕之后，可以使用 rpm 命令再一次进行查询。

```
[root@RHEL7-1 ~]#rpm -qa | grep samba
samba-common-tools-4.6.2-8.el7.x86_64
samba-common-4.6.2-8.el7.noarch
samba-common-libs-4.6.2-8.el7.x86_64
samba-client-libs-4.6.2-8.el7.x86_64
samba-libs-4.6.2-8.el7.x86_64
samba-4.6.2-8.el7.x86_64
```

（6）启动与停止 samba 服务，设置开机启动。

```
[root@RHEL7-1 ~]#systemctl start smb
[root@RHEL7-1 ~]#systemctl enable smb
Created symlink from /etc/systemd/system/multi-user.target.wants/smb.service
to /usr/lib/systemd/system/smb.service.
[root@RHEL7-1 ~]#systemctl restart smb
[root@RHEL7-1 ~]#systemctl stop smb
[root@RHEL7-1 ~]#systemctl start smb
```

注意：Linux 服务中当更改配置文件后，一定要记得重启服务，让服务重新加载配置文件，这样新的配置才可以生效。（start/restart/reload）

2．了解 samba 服务器配置的工作流程

在 samba 服务器安装完毕之后，并不是直接可以使用 Windows 或 Linux 的客户端访问 samba 服务器，还必须对服务器进行设置，告诉 samba 服务器将哪些目录共享给客户端进行访问，并根据需要设置其他选项，比如添加对共享目录内容的简单描述信息和访问权限等具体设置。

基本的 samba 服务器的搭建流程主要分为 5 个步骤。

（1）编辑主配置文件 smb.conf，指定需要共享的目录，并为共享目录设置共享权限。
（2）在 smb.conf 文件中指定日志文件名称和存放路径。
（3）设置共享目录的本地系统权限。
（4）重新加载配置文件或重新启动 SMB 服务，使配置生效。
（5）配置防火墙，同时设置 SELinux 为允许。

samba 工作流程示意图如图 10-5 所示。

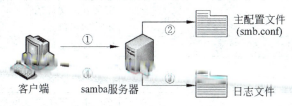

图 10-5　samba 工作流程示意图

① 客户端请求访问 samba 服务器上的 Share 共享目录。
② samba 服务器接收到请求后，会查询主配置文件 smb.conf，查看是否共享了 Share 目录。如果共享了这个目录，则查看客户端是否有权限访问。
③ samba 服务器会将本次访问信息记录在日志文件中，日志文件的名称和路径都需要设置。
④ 如果客户端满足访问权限设置，则允许客户端进行访问。

3. 主要配置文件 smb.conf

samba 的配置文件一般就放在 /etc/samba 目录中，主配置文件名为 smb.conf。

（1）samba 服务程序中的参数以及作用

使用 ll 命令查看 smb.conf 文件属性，并使用命令 vim /etc/samba/smb.conf 查看文件的详细内容，如图 10-6 所示。

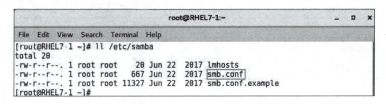

图 10-6　查看 smb.conf 配置文件

RHEL 7 的 smb.conf 配置文件很简略，只有 36 行左右。为了更清楚地了解配置文件，建议研读 smb.smf.example 文件。samba 开发组按照功能不同，对 smb.conf 文件进行了分段划分，条理非常清楚。表 10-1 列出了主配置文件的参数以及相应的注释说明。

技巧：为了方便配置，建议先备份 smb.conf，一旦发现错误，可以随时从备份文件中恢复主配置文件。另外，强烈建议每开始下个新实训时，使用备份的主配置文件制作干净的主配置文件，并进行重新配置，避免上一个实训的配置影响下一个实训的结果。备份操作如下。

```
[root@RHEL7-1 ~]#cd /etc/samba
[root@RHEL7-1 samba]#ls
[root@RHEL7-1 samba]#cp smb.conf smb.conf.bak
```

表 10-1 samba 服务程序中的参数以及作用

段落	参数	作用
[global]	workgroup = MYGROUP	工作组名称,比如 workgroup=SmileGroup
	server string = samba server version %v	服务器描述,参数%v 可以显示 SMB 版本号
	log file = /var/log/samba/log.%m	定义日志文件的存放位置与名称,参数%m 为来访的主机名
	max log size = 50	定义日志文件的最大容量为 50KB
	security = user	安全验证的方式,总共有 4 种,如 security=user
	#share	来访主机无须验证口令。比较方便,但安全性很差
	#user	需验证来访主机提供的口令后才可以访问;提升了安全性,为系统的默认方式
	#server	使用独立的远程主机验证来访主机提供的口令(集中管理账户)
	#domain	使用域控制器进行身份验证
	passdb backend = tdbsam	定义用户后台的类型,共有 3 种
	#smbpasswd	使用 smbpasswd 命令为系统用户设置 samba 服务程序的密码
	#tdbsam	创建数据库文件并使用 pdbedit 命令建立 samba 服务程序的用户
	#ldapsam	基于 LDAP 服务进行账户验证
	load printers = yes	设置在 samba 服务启动时是否共享打印机设备
	cups options = raw	打印机的选项
[homes]	无	共享参数
	comment = Home Directories	描述信息
	browseable = no	指定共享信息是否在"网上邻居"中可见
	writable = yes	定义是否可以执行写入操作,与 read only(只读)相反
[printers]		打印机共享参数

(2) Share Definitions(共享服务的定义)

Share Definitions 设置对象为共享目录和打印机,如果想发布共享资源,需要对 Share Definitions 部分进行配置。Share Definitions 字段非常丰富,设置灵活。

下面先来看几个最常用的字段。

① 设置共享名。共享资源发布后,必须为每个共享目录或打印机设置不同的共享名,供网络用户访问时使用,并且共享名可以与原目录名不同。

共享名设置非常简单,格式为

[共享名]

② 共享资源描述。网络中存在各种共享资源,为了方便用户识别,可以为其添加备注信息,以方便用户查看时知道共享资源的内容是什么。格式为

comment =备注信息

③ 共享路径。共享资源的原始完整路径可以使用 path 字段进行发布,务必正确指定。格式为

path =绝对地址路径

④ 设置匿名访问。设置是否允许对共享资源进行匿名访问,可以更改 public 字段。格式为

```
public =yes      //允许匿名访问
public =no       //禁止匿名访问
```

【例 10-1】 samba 服务器中有个目录为/share,需要发布该目录成为共享目录,定义共享名为 public,要求:允许浏览,允许只读,允许匿名访问。设置如下所示:

```
[public]
    comment =public
    path =/share
    browseable =yes
    read only =yes
    public =yes
```

⑤ 设置访问用户。如果共享资源存在重要数据,需要对访问用户审核,可以使用 valid users 字段进行设置。格式为

```
valid users =用户名
valid users =@组名
```

【例 10-2】 samba 服务器的/share/tech 目录中存放了公司技术部数据,只允许技术部员工和经理访问,技术部所在组为 tech,经理账号为 manger。

```
[tech]
    comment=tech
    path=/share/tech
    valid users=@tech,manger
```

⑥ 设置目录为只读。共享目录如果限制用户的读写操作,可以通过 read only 实现。格式为

```
read only =yes      //只读
read only =no       //读写
```

⑦ 设置过滤主机。格式为

```
hosts allow =192.168.10. server.abc.com
//表示允许来自 192.168.10.0 或 server.abc.com 的主机访问 samba 服务器资源
hosts deny =192.168.2.
```

//表示不允许来自192.168.2.0网络的主机访问当前的samba服务器资源

【例10-3】 samba服务器公共目录/public下存放了大量的共享数据,为保证目录安全,仅允许192.168.10.0网络的主机访问,并且只允许读取,禁止写入。

```
[public]
    comment=public
    path=/public
    public=yes
    read only=yes
    hosts allow =192.168.10.
```

⑧ 设置目录为可写。如果共享目录允许用户写操作,可以使用 writable 或 write list 两个字段进行设置。格式为

```
writable =yes        //读写
writable =no         //只读
```

write list 格式:

```
write list =用户名
write list =@组名
```

注意:[homes]为特殊共享目录,表示用户的主目录。[printers]表示共享打印机。

4. samba 服务日志文件

日志文件对于 samba 非常重要,它存储着客户端访问 samba 服务器的信息,以及 samba 服务的错误提示信息等,可以通过分析日志,帮助解决客户端访问和服务器维护等问题。

在/etc/samba/smb.conf 文件中,log file 为设置 samba 日志的字段。如下所示:

```
log file =/var/log/samba/log.%m
```

samba 服务的日志文件默认存放在/var/log/samba/中,其中 samba 会为每个连接到 samba 服务器的计算机分别建立日志文件。使用 ls -a/var/log/samba 命令查看日志的所有文件。

当客户端通过网络访问 samba 服务器后,会自动添加客户端的相关日志。所以,Linux 管理员可以根据这些文件来查看用户的访问情况和服务器的运行情况。另外,当 samba 服务器工作异常时,也可以通过/var/log/samba/下的日志进行分析。

5. samba 服务密码文件

samba 服务器发布共享资源后,客户端访问 samba 服务器,需要提交用户名和密码进行身份验证,验证合格后才可以登录。samba 服务为了实现客户身份验证功能,将用户名和密码信息存放在/etc/samba/smbpasswd 中,在客户端访问时,将用户提交的资料与 smbpasswd 存放的信息进行对比,如果相同,并且 samba 服务器其他安全设置允许,客户端与 samba 服务器连接才能建立成功。

那么如何建立 samba 账号呢?首先,samba 账号并不能直接建立,需要先建立 Linux 同名的系统账号。例如,如果要建立一个名为 yy 的 samba 账号,那么 Linux 系统中必须提前存在一个同名的 yy 系统账号。

samba 中添加账号的命令为 smbpasswd,命令格式如下。

```
smbpasswd -a 用户名
```

【例 10-4】 在 samba 服务器中添加 samba 账号 reading。

(1) 建立 Linux 系统账号 reading。

```
[root@RHEL7-1 ~]#useradd reading
[root@RHEL7-1 ~]#passwd reading
```

(2) 添加 reading 用户的 samba 账户。

```
[root@RHEL7-1 ~]#smbpasswd -a reading
```

至此,samba 账号添加完毕。如果添加 samba 账号时输入完两次密码后出现的错误信息为 Failed to modify password entry for user amy,是因为 Linux 本地用户里没有 reading 这个用户,在 Linux 系统里面添加一下就可以了。

提示:在建立 samba 账号之前一定要先建立一个与 samba 账号同名的系统账号。

经过上面的设置,再次访问 samba 共享文件时就可以使用 reading 账号访问了。

10.3.2　user 服务器实例解析

在 RHEL 7 系统中,samba 服务程序默认使用的是用户口令认证模式(user)。这种认证模式可以确保仅让有密码且受信任的用户访问共享资源,而且验证过程十分简单。

【例 10-5】 如果公司有多个部门,因工作需要,就必须分门别类地建立相应部门的目录。要求将销售部的资料存放在 samba 服务器的/companydata/sales/目录下集中管理,以便销售人员浏览,并且该目录只允许销售部员工访问。samba 共享服务器和客户端的 IP 地址可以根据表 10-2 来设置。

表 10-2　samba 服务器和 Windows 客户端使用的操作系统以及 IP 地址

主 机 名 称	操作系统	IP 地址	网络连接方式
Samba 共享服务器:RHEL7-1	RHEL 7	192.168.10.1	VMnet1
Linux 客户端:RHEL7-2	RHEL 7	192.168.10.20	VMnet1
Windows 客户端:Win7-1	Windows 7	192.168.10.30	VMnet1

分析:在/companydata/sales/目录中存放了销售部的重要数据,为了保证其他部门无法查看其内容,需要将全局配置中的 security 设置为 user 安全级别,这样就启用了 samba 服务器的身份验证机制。然后在共享目录/companydata/sales 下设置 valid users 字段,配置只允许销售部员工能够访问这个共享目录。

1. 在 RHEL7-1 上配置 samba 共享服务器,前面已安装 samba 服务器并启动

(1) 建立共享目录,并在其下建立测试文件。

```
[root@RHEL7-1 ~]#mkdir /companydata
[root@RHEL7-1 ~]#mkdir /companydata/sales
[root@RHEL7-1 ~]#touch /companydata/sales/test_share.tar
```

(2) 添加销售部用户和组并添加相应 samba 账号。

① 使用 groupadd 命令添加 sales 组,然后执行 useradd 命令和 passwd 命令来添加销售部员工的账号及密码。此处单独增加一个 test_user1 账号,不属于 sales 组,供测试用。

```
[root@RHEL7-1 ~]#groupadd sales              //建立销售组 sales
[root@RHEL7-1 ~]#useradd -g sales sale1      //建立用户 sale1 并添加到 sales 组
[root@RHEL7-1 ~]#useradd -g sales sale2      //建立用户 sale2 并添加到 sales 组
[root@RHEL7-1 ~]#useradd test_user1           //供测试用
[root@RHEL7-1 ~]#passwd sale1                 //设置用户 sale1 的密码
[root@RHEL7-1 ~]#passwd sale2                 //设置用户 sale2 的密码
[root@RHEL7-1 ~]#passwd test_user1            //设置用户 test_user1 的密码
```

② 接下来为销售部成员添加相应的 samba 账号。

```
[root@RHEL7-1 ~]#smbpasswd  -a  sale1
[root@RHEL7-1 ~]#smbpasswd  -a  sale2
```

(3) 修改 samba 主配置文件 smb.conf,即命名为 vim /etc/samba/smb.conf。

```
[global]
        workgroup =Workgroup
        server string =File Server
        security =user                       //设置 user 安全级别模式,默认值
        passdb backend =tdbsam
        printing =cups
        printcap name =cups
        load printers =yes
        cups options =raw
[sales]                                      //设置共享目录的共享名为 sales
        comment=sales
        path=/companydata/sales              //设置共享目录的绝对路径
        writable =yes
        browseable =yes
        valid users =@sales                  //设置可以访问的用户为 sales 组
```

(4) 设置共享目录的本地系统权限。将属主、属组分别改为 sale1 和 sales。

```
[root@RHEL7-1 ~]#chmod 777 /companydata/sales -R
[root@RHEL7-1 ~]#chown sale1:sales /companydata/sales -R
[root@RHEL7-1 ~]#chown sale2:sales /companydata/sales -R
```
//-R 参数是用于递归的,一定要加上。请读者再次复习前面学习权限的相关内容,特别是 chown、chmod 等命令

(5) 更改共享目录的 context 值或者禁用 SELinux。

```
[root@RHEL7-1 ~]#chcon -t samba_share_t /companydata/sales -R
```

或者

```
[root@RHEL7-1 ~]#getenforce
Enforcing
[root@RHEL7-1 ~]#setenforce Permissive
```

(6) 让防火墙放行,这一步很重要。

```
[root@RHEL7-1 ~]#systemctl restart firewalld
[root@RHEL7-1 ~]#systemctl enable firewalld
[root@RHEL7-1 ~]#firewall-cmd --permanent --add-service=samba
[root@RHEL7-1 ~]#firewall-cmd -reload              //重新加载防火墙
[root@RHEL7-1 ~]#firewall-cmd --list-all
public (active)
  target: default
  icmp-block-inversion: no
  interfaces: ens33
  sources:
  services: ssh dhcpv6-client http squid samba      //已经加入防火墙的允许服务
  ports:
  protocols:
  masquerade: no
  forward-ports:
  source-ports:
  icmp-blocks:
  rich rules:
```

(7) 重新加载 samba 服务。

```
[root@RHEL7-1 ~]#systemctl restart smb
//或者
[root@RHEL7-1 ~]#systemctl reload smb
```

(8) 测试。一是在 Windows 7 中利用资源管理器进行测试；二是利用 Linux 客户端。

提示：①samba 服务器在将本地文件系统共享给 samba 客户端时，涉及本地文件的系统权限和 samba 共享权限。当客户端访问共享资源时，最终的权限取这两种权限中最严格的那一种。②后面的实例中不再单独设置本地权限。如果对权限不熟悉，请参考相关内容。

2. 在 Windows 客户端访问 samba 共享

无论 samba 共享服务是部署在 Windows 系统上还是部署在 Linux 系统上，通过 Windows 系统进行访问时，其步骤和方法都是一样的。下面假设 samba 共享服务部署在 Linux 系统上，并通过 Windows 系统来访问 samba 服务。

(1) 依次选择"开始"→"运行"命令，使用 UNC 路径直接进行访问。例如，\\192.168.10.1。打开"Windows 安全"对话框，如图 10-7 所示，输入 sale1 或 sale2 及其密码，登录后可以正常访问。

思考：注销 Windows 7 客户端，使用 test_user 用户和密码登录时会出现什么情况？

(2) 映射网络驱动器访问 samba 服务器共享目录。双击打开"我的电脑"，依次选择"工具"→"映射网络驱动器"命令，在"映射网络驱动器"对话框中选择 Z 驱动器，并输入 tech 共享目录的地址，如\\192.168.10.1\sales。单击"完成"按钮，在接下来的对话框中输入可以访问 sales 共享目录的 samba 账号和密码。

(3) 再次打开"我的电脑"，驱动器 Z 就是共享目录 sales，可以很方便地访问。

3. Linux 客户端访问 samba 共享

samba 服务程序当然还可以实现 Linux 系统之间的文件共享。按照表 10-4 的参数来设置 samba 服务程序所在主机（即 samba 共享服务器）和 Linux 客户端使用的 IP 地址，然

图 10-7 "Windows 安全"对话框

后在客户端安装 samba 服务和支持文件共享服务的软件包(cifs-utils)。

(1) 在 RHEL7-2 上安装 samba-client 和 cifs-utils。

```
[root@RHEL7-2 ~]#mount /dev/cdrom /iso
mount: /dev/sr0 is write-protected, mounting read-only
[root@RHEL7-2 ~]#vim /etc/yum.repos.d/dvd.repo
[root@RHEL7-2 ~]#yum install samba-client -y
[root@RHEL7-2 ~]#yum install cifs-utils -y
```

(2) Linux 客户端使用 smbclient 命令访问服务器。

① smbclient 可以列出目标主机共享目录列表。smbclient 命令格式如下:

smbclient -L 目标 IP 地址或主机名 -U 登录用户名%密码

当查看 RHEL7-1(192.168.10.1)主机的共享目录列表时,提示输入密码,这时候可以不输入密码,而直接按 Enter 键,这样表示匿名登录,然后就会显示匿名用户可以看到的共享目录列表。

```
[root@RHEL7-2 ~]#smbclient -L 192.168.10.1
```

若想使用 samba 账号查看 samba 服务器端共享的目录,可以加上 -U 参数,后面跟上"用户名%密码"。下面的命令显示只有 sale1 账号(其密码为 12345678)才有权限浏览和访问的 sales 共享目录:

```
[root@RHEL7-2 ~]#smbclient -L 192.168.10.1 -U sale2%12345678
```

注意:不同用户使用 smbclient 浏览的结果可能不一样,这要根据服务器设置的访问控制权限而定。

② 还可以使用 smbclient 命令行共享访问模式浏览共享的资料。

smbclient 命令行共享访问模式命令格式如下:

smbclient   //目标 IP 地址或主机名/共享目录 -U 用户名%密码

下面命令运行后,将进入交互式界面(输入"?"号可以查看具体命令)。

```
[root@RHEL7-2 ~]#smbclient  //192.168.10.1/sales -U sale2%12345678
```

```
Domain=[RHEL7-1] OS=[Windows 6.1] Server=[Samba 4.6.2]
smb: \>ls
  .                                   D        0  Mon Jul 16 21:14:52 2018
  ..                                  D        0  Mon Jul 16 18:38:40 2018
  test_share.tar                      A        0  Mon Jul 16 18:39:03 2018

        9754624 blocks of size 1024. 9647416 blocks available
smb: \>mkdir testdir              //新建一个目录并进行测试
smb: \>ls
  .                                   D        0  Mon Jul 16 21:15:13 2018
  ..                                  D        0  Mon Jul 16 18:38:40 2018
  test_share.tar                      A        0  Mon Jul 16 18:39:03 2018
  testdir                             D        0  Mon Jul 16 21:15:13 2018

        9754624 blocks of size 1024. 9647416 blocks available
smb: \>exit
[root@RHEL7-2 ~]#
```

使用 test_user1 登录会是什么结果？请试一试。另外，smbclient 登录 samba 服务器后，可以使用 help 查询所支持的命令。

（3）Linux 客户端使用 mount 命令挂载共享目录。

mount 命令挂载共享目录格式如下：

mount -t cifs   //目标 IP 地址或主机名/共享目录名称 挂载点 -o username=用户名

下面的命令结果为挂载 192.168.10.1 主机上的共享目录 sales 到 /mnt/sambadata 目录下，cifs 是 samba 所使用的文件系统。

```
[root@RHEL7-2 ~]#mkdir -p /mnt/sambadata
[root@RHEL7-2 ~]#mount -t cifs //192.168.10.1/sales /mnt/sambadata/ -o username=sale1
Password for sale1@//192.168.10.1/sales: ********
//输入 sale1 的 samba 用户密码，不是系统用户密码
[root@RHEL7-2 sambadata]#cd /mnt/sambadata
[root@RHEL7-2 sambadata]#touch testf1;ls
testdir testf1 test_share.tar
```

提示：如果配置匿名访问，则需要配置 samba 的全局参数，添加 map to guest = bad user 一行，RHEL 7 里 smb 版本包不再支持 security = share 语句。

10.3.3　share 服务器实例解析

10.3.2 小节已经对 samba 的相关配置文件简单介绍，现在通过一个实例来掌握如何搭建 samba 服务器。

【例 10-6】　某公司需要添加 samba 服务器作为文件服务器，工作组名为 Workgroup，发布共享目录 share，共享名为 public，这个共享目录允许所有公司员工访问。

分析：这个案例属于 samba 的基本配置，可以使用 share 安全级别模式。既然允许所有员工访问，则需要为每个用户建立一个 samba 账号，那么如果公司拥有大量用户呢？一个个设置会非常麻烦，可以通过配置 security = share 来让所有用户登录时采用匿名账户

nobody 访问,这样实现起来非常简单。

(1) 在 RHEL7-1 上建立 share 目录,并在其下建立测试文件。

```
[root@RHEL7-1 ~]#mkdir /share
[root@RHEL7-1 ~]#touch /share/test_share.tar
```

(2) 修改 samba 主配置文件 smb.conf。

```
[root@RHEL7-1 ~]#vim/etc/samba/smb.conf
```

修改配置文件,并保存结果。

```
[global]
    workgroup =Workgroup              //设置 samba 服务器工作组名为 Workgroup
    server string =File Server        //添加 samba 服务器注释信息为 File Server
    security =user
    map to guest =bad user            //允许用户匿名访问
    passdb backend =tdbsam
[public]                              //设置共享目录的共享名为 public
    comment=public
    path=/share                       //设置共享目录的绝对路径为/share
    guest ok=yes                      //允许匿名用户访问
    browseable=yes                    //在客户端显示共享的目录
    public=yes                        //最后设置允许匿名访问
    read only =yes
```

(3) 让防火墙放行 samba 服务。在 10.3.2 小节中已详细设置,不再赘述。

注意:以下的实例不再考虑防火墙和 SELinux 的设置,但不意味着防火墙和 SELinux 不用设置。

(4) 更改共享目录的 context 值:

```
[root@RHEL7-1 ~]#chcon -t samba_share_t /share
```

提示:可以使用 getenforce 命令查看 SELinux 防火墙是否被强制实施(默认是这样),如果不被强制实施,步骤(3)和步骤(4)可以省略。使用命令 setenforce 1 可以设置强制实施防火墙,使用命令 setenforce 0 可以取消强制实施防火墙。(注意是数字 1 和 0)。

(5) 重新加载配置。

Linux 为了使新配置生效,需要重新加载配置,可以使用 restart 重新启动服务或者使用 reload 重新加载配置。

```
[root@RHEL7-1 ~]#systemctl restart smb
```

或者

```
[root@RHEL7-1 ~]#systemctl reload smb
```

注意:重启 samba 服务虽然可以让配置生效,但是 restart 是先关闭 samba 服务再开启该服务,这样如果在公司网络运营过程中肯定会对客户端员工的访问造成影响,建议使用 reload 命令重新加载配置文件使其生效,这样不需要中断服务就可以重新加载配置。

samba 服务器经过以上设置,用户就可以不输入账号和密码直接登录 samba 服务器并的同 public 共享目录。在 Windows 客户端可以用 UNC 路径测试，办法是在 Win7 下资源管理器地址栏输入：\\192.168.10.1。

注意：完成实训后记得恢复到正常默认，即删除或注释 map to guest = bad user。

10.3.4 samba 高级服务器配置

samba 高级服务器配置搭建的 samba 服务器功能更强大，管理更灵活，数据也更安全。

1. 用户账号映射

samba 的用户账号信息保存在 smbpasswd 文件中，而且可以访问 samba 服务器的账号也必须对应一个同名的系统账号。基于这一点，对于一些黑客来说，只要知道 samba 服务器的 samba 账号，就等于知道了 Linux 系统账号，只要暴力破解其 samba 账号和密码加以利用就可以攻击 samba 服务器。为了保障 samba 服务器的安全，使用了用户账号映射。那么什么是账号映射呢？

用户账号映射这个功能需要建立一个账号映射关系表，里面记录了 samba 账号和虚拟账号的对应关系，客户端访问 samba 服务器时就使用虚拟账号来登录。

【**例 10-7**】将例 10-5 的 sale1 账号分别映射为 suser1 和 myuser1，将 sale2 账号映射为 suser2。（仅对与例 10-6 中不同的地方进行设置，相同的设置不再赘述，比如权限、防火墙等。）

（1）编辑主配置文件/etc/samba/smb.conf。在[global]下添加一行内容 username map = /etc/samba/smbusers，开启用户账号映射功能。

（2）编辑/etc/samba/smbusers。smbusers 文件保存账号的映射关系，固定格式为：

samba 账号 = 虚拟账号（映射账号）

就本例，应加入下面的行：

```
sale1=suser1 myuser1
sale2=suser2
```

账号 sale1 就是上面建立的 samba 账号（同时也是 Linux 系统账号），suser1 及 myuser1 就是映射账号名（虚拟账号），访问共享目录时只要输入 suser1 或 myuser1 就可以成功访问了，但是实际上访问 samba 服务器的还是 sale1 账号，这样就解决了安全问题。同样，suser2 是 sale2 的虚拟账号。

（3）重启 samba 服务。

```
[root@RHEL7-1 ~]#systemctl restart smb
```

（4）验证效果。先注销 Windows 7，然后在 Windows 7 客户端的资源管理器地址栏输入\\192.168.10.1（samba 服务器的地址是 192.168.10.1），在弹出的对话框中输入定义的映射账号 myuser1，注意不是输入账号 sale1，如图 10-8 和图 10-9 所示。测试结果说明：映射账号 myuser1 的密码和 sale1 账号一样，并且可以通过映射账号浏览共享目录。

注意：强烈建议不要将 samba 用户的密码与本地系统用户的密码设置成一样，这样可以避免非法用户使用 samba 账号登录 Linux 系统。

完成实训后要恢复到默认设置，即删除或注释 username map = /etc/samba/smbusers。

图 10-8 输入映射账号及密码

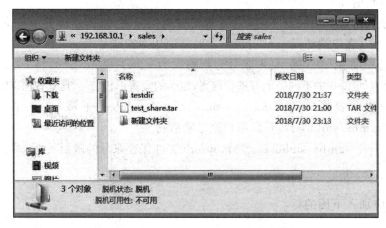

图 10-9 访问 samba 服务器上的共享资源

2. 客户端访问控制

对于 samba 服务器的安全性,可以使用 valid users 字段去实现用户访问控制,但是如果企业庞大且存在大量用户,这种方法操作起来就显得比较麻烦。比如 samba 服务器共享出一个目录来访问。但是要禁止某个 IP 子网或某个域的客户端访问此资源,这样的情况使用 valid users 字段就无法实现客户端访问控制,而使用 hosts allow 和 hosts deny 两个字段则可以实现该功能。

(1) hosts allow 和 hosts deny 字段的使用。

```
hosts allow      //字段定义允许访问的客户端
hosts deny       //字段定义禁止访问的客户端
```

(2) 使用 IP 地址进行限制。

【例 10-8】 仍以例 10-5 为例。公司内部 samba 服务器上的共享目录/companydata/sales 是存放销售部的共享目录,公司规定 192.168.10.0/24 这个网段的 IP 地址禁止访问此 sales 共享目录,但是 192.168.10.20 这个 IP 地址可以访问。

① 修改配置文件 smb.conf。在配置文件 smb.conf 中添加 hosts deny 和 hosts allow 字段。

```
[sales]
    comment=sales
    path=/companydata/sales        //设置共享目录的绝对路径
    hosts deny =192.168.10.        //禁止所有来自192.168.10.0/24网段的IP地址访问
    hosts allow =192.168.10.30     //允许192.168.10.30这个IP地址访问
```

注意：当 hosts deny 和 hosts allow 字段同时出现并定义的内容相互冲突时，hosts allow 优先。现在设置的意思就是禁止 C 类地址 192.168.10.0/24 网段主机访问，但是允许 192.168.10.30 主机访问。

提示：在表示 24 位子网掩码的子网时可以使用 192.168.10.0/24、192.168.10. 或 192.168.10.0/255.255.255.0。

② 重新加载配置。

```
systemctl restart smb
```

③ 测试。请读者测试一下效果。当 IP 为 192.168.10.30 时正常访问，否则无法访问。如果想同时禁止多个网段的 IP 地址访问此服务器，则设置如下。

- hosts deny = 192.168.1.172.16. 表示拒绝所有 192.168.1.0 网段和 172.16.0.0 网段的 IP 地址访问 sales 这个共享目录。
- hosts allow = 10. 表示允许 10.0.0.0 网段的 IP 地址访问 sales 这个共享目录。

注意：完成实训后记得恢复到默认设置，即删除或注释 hosts deny = 192.168.10. hosts allow = 192.168.10.30。另外，当需要输入多个网段 IP 地址的时候，需要使用空格符号隔开。

(3) 使用域名进行限制

【例 10-9】 公司 samba 服务器上共享了一个目录 public，公司规定 .sale.com 域和 .net 域的客户端不能访问，并且主机名为 client1 的客户端也不能访问。

修改配置文件 smb.conf 的相关内容即可。

```
[public]
    comment=public's share
    path=/public
    hosts deny =.sale.com .net client1
```

hosts deny = .sale.com .net client1 表示禁止 .sale.com 域和 .net 域及主机名为 client1 的客户端访问 public 这个共享目录。

注意：域名和域名之间或域名和主机名之间需要使用空格符号隔开。

(4) 使用通配符进行访问控制

【例 10-10】 samba 服务器共享了一个目录 security，规定除主机 boss 外的其他人不允许访问。

修改 smb.conf 配置文件，使用通配符 ALL 来简化配置。（常用的通配符还有"*""?"、LOCAL 等。）

```
[security]
    comment=security
    path=/security
```

```
            writable=yes
            hosts deny =ALL
            hosts allow =boss
```

【例 10-11】 samba 服务器共享了一个目录 security,只允许 192.168.0.0 网段的 IP 地址访问,但是 192.168.0.100 及 192.168.0.200 的主机禁止访问 security。

分析:可以使用 hosts deny 禁止所有用户访问,再设置 hosts allow 允许 192.168.0.0 网段主机访问,但当 hosts deny 和 hosts allow 同时出现而且有冲突时,hosts allow 生效,如果这样,则允许 192.168.0.0 网段的 IP 地址可以访问,但是 192.168.0.100 及 192.168.0.200 的主机禁止访问就无法生效了。此时有一种方法,就是使用 EXCEPT 进行设置。

hosts allow = 192.168.0. EXCEPT 192.168.0.100 192.168.0.200 表示允许 192.168.0.0 网段 IP 地址访问,但是 192.168.0.100 和 192.168.0.200 除外。修改的配置文件如下。

```
[security]
     comment=security
     path=/security
     writable=yes
     hosts deny =ALL
     hosts allow =192.168.0. EXCEPT 192.168.0.100 192.168.0.200
```

(5) hosts allow 和 hosts deny 的作用范围

hosts allow 和 hosts deny 如果设置在不同的位置上,它们的作用范围就不一样。如果设置在[global]里面,表示对 samba 服务器全局生效;如果设置在目录下面,则表示只对这个目录生效。

```
[global]
     hosts deny =ALL
     hosts allow =192.168.0.66        //只有 192.168.0.66 才可以访问 samba 服务器
```

这样设置表示只有 192.168.0.66 才可以访问 samba 服务器,全局生效。

```
[security]
     hosts deny =ALL
     hosts allow =192.168.0.66        //只有 192.168.0.66 才可以访问 security 目录
```

这样设置就表示只对单一目录 security 生效,只有 192.168.0.66 才可以访问 security 目录里面的资料。

3. 设置 samba 的权限

除了对客户端访问进行有效的控制外,还需要控制客户端访问共享资源的权限,比如 boss 或 manger 这样的账号可以对某个共享目录具有完全控制权限,其他账号只有只读权限,使用 write list 字段可以实现该功能。

【例 10-12】 公司 samba 服务器上有个共享目录 tech,公司规定只有 boss 账号和 tech 组的账号可以完全控制,其他人只有只读权限。

分析:如果只用 writable 字段,则无法满足这个实例的要求,因为当 writable = yes 时,表示所有人都可以写入;而当 writable = no 时,表示所有人都不可以写入。这时就需要用到 write list 字段。修改后的配置文件如下。

```
[tech]
        comment=tech's data
        path=/tech
        write list =boss, @tech
```

write list = boss，@tech 表示只有 boss 账号和 tech 组成员才可以对 tech 共享目录有写入权限（其中@tech 就表示 tech 组）。

writable 和 write list 之间的区别如表 10-3 所示。

表 10-3　writable 和 write list 的区别

字　　段	值	描　　述
writable	yes	所有账号都允许写入
writable	no	所有账号都禁止写入
write list	写入权限账号列表	列表中的账号允许写入

4. samba 的隐藏共享

（1）使用 browseable 字段实现隐藏共享

【例 10-13】　把 samba 服务器上的技术部共享目录 tech 隐藏。

browseable = no 表示隐藏该目录，修改配置文件如下。

```
[tech]
        comment=tech's data
        path=/tech
        write list =boss, @tech
        browseable =no
```

提示：设置完成并重启 SMB 生效后，如果在 Windows 客户端使用\\192.168.10.1，将无法显示 tech 共享目录。但如果直接输入\\192.168.10.1\tech，则仍然可以访问共享目录 tech。

（2）使用独立配置文件

【例 10-14】　samba 服务器上有个 tech 目录，此目录只有 boss 用户可以浏览访问，其他人都不可以浏览和访问。

分析：因为 samba 的主配置文件只有一个，所有账号访问都要遵守该配置文件的规则，如果隐藏了该目录（browseable=no），那么所有人就都看不到该目录了，也包括 boss 用户。但如果将 browseable 改为 yes，则所有人都能浏览到共享目录，还是不能满足要求。

之所以无法满足要求，就在于 samba 服务器的主配置文件只有一个。既然单一配置文件无法实现要求，那么我们可以考虑为不同需求的用户或组分别建立相应的配置文件并单独配置后实现其隐藏目录的功能。现在为 boss 账号建立一个配置文件，并且让其访问时能够读取这个单独的配置文件。

① 建立 samba 账户 boss 和 test1。

```
[root@RHEL7-1 ~]#mkdir /tech
[root@RHEL7-1 ~]#groupadd tech
[root@RHEL7-1 ~]#useradd boss
```

```
[root@RHEL7-1 ~]#useradd test1
[root@RHEL7-1 ~]#passwd boss
[root@RHEL7-1 ~]#passwd test1
[root@RHEL7-1 ~]#smbpasswd -a boss
[root@RHEL7-1 ~]#smbpasswd -a test1
```

② 建立独立配置文件。先为 boss 账号创建一个单独的配置文件,可以直接复制/etc/samba/smb.conf 这个文件并改名就可以了。如果为单个用户建立配置文件,命名时一定要包含用户名。

使用 cp 命令复制主配置文件,为 boss 账号建立独立的配置文件。

```
[root@RHEL7-1 ~]#cd /etc/samba/
[root@RHEL7-1 ~]#cp smb.conf smb.conf.boss
```

③ 编辑 smb.conf 主配置文件。在[global]中加入 config file = /etc/samba/smb.conf.%U,表示 samba 服务器读取/etc/samba/smb.conf.%U 文件,其中%U 代表当前登录用户。命名规范与独立配置文件匹配。

```
[global]
        config file =/etc/samba/smb.conf.%U
[tech]
        comment=tech's data
        path=/tech
        write list =boss, @tech
        browseable =no
```

④ 编辑 smb.conf.boss 独立配置文件。编辑 boss 账号的独立配置文件 smb.conf.boss,将 tech 目录里面的 browseable = no 删除,这样当 boss 账号访问 samba 时,tech 共享目录对 boss 账号访问就是可见的。主配置文件 smb.conf 和 boss 账号的独立配置文件相搭配,实现了其他用户访问 tech 共享目录是隐藏的,而 boss 账号访问时就是可见的。

```
[tech]
    comment=tech's data
    path=/tech
    write list =boss, @tech
```

⑤ 设置共享目录的本地系统权限。赋予属主属组 rwx 的权限,同时将 boss 账号改为/tech 的所有者(tech 群组提前建立)。

```
[root@RHEL7-1 ~]#chmod 777 /tech
[root@RHEL7-1 ~]#chown boss:tech /tech
```

提示:如果设置正确仍然无法访问 samba 服务器的共享,可能由以下两种情况引起。①SELinux 防火墙。②本地系统权限。samba 服务器在将本地文件系统共享给 samba 客户端时,涉及本地文件系统权限和 samba 共享权限。

⑥ 更改共享目录的 context 值。(防火墙问题)

```
[root@RHEL7-1 ~]#chcon -t samba_share_t /share
```

⑦ 重新启动 samba 服务。

```
systemctl restart smb
```

⑧ 测试效果。提前建好共享目录 tech。先以普通账号 test1 登录 samba 服务器，发现看不到 tech 共享目录，证明 tech 共享目录对除 boss 账号以外的人是隐藏的。以 boss 账号登录，则发现 tech 共享目录自动显示并能按设置访问。

这样以独立配置文件的方法来实现隐藏共享，能够实现不同账号对共享目录可见性的要求。

注意：目录隐藏了并不是不共享了，只要知道共享名，并且有相应权限，就可以通过输入"\\IP 地址\共享名"的方法访问隐藏共享。

10.3.5 samba 的打印共享

默认情况下，samba 的打印服务是开放的，只要把打印机安装好，客户端的用户就可以使用打印机了。

1. 设置 global 配置项

修改 smb.conf 全局配置，开启打印共享功能。

```
[global]
    load printers = yes
    cups options = raw
    printcap name = /etc/printcap
    printing = cups
```

2. 设置 printers 配置项

```
[printers]
    comment = All printers
    path = /usr/spool/samba
    browseable = no
    guest ok = no
    writable = yes
    printable = yes
```

使用默认设置就可以让客户端正常使用打印机了。需要注意的是，printable 一定要设置成 yes；path 字段定义打印机队列，可以根据需要自己定制。另外共享打印和共享目录不一样，安装完打印机后必须重新启动 samba 服务，否则客户端可能无法看到共享的打印机。如果设置只允许部分员工使用打印机，则可以使用 valid users、hosts allow 或 hosts deny 字段来实现。

10.3.6 企业 samba 服务器实用案例

1. 企业环境及需求

（1）samba 服务器目录

samba 服务器目录包括公共目录/share、销售部/sales、技术部/tech。

(2)企业员工情况

企业各部门的员工情况如下。总经理:master;销售部:销售部经理mike,员工sky,员工jane;技术部:技术部经理tom,员工sunny,员工bill。

公司使用samba搭建文件服务器,需要建立公共共享目录,允许所有人访问,权限为只读。为销售部和技术部分别建立单独的目录,只允许总经理和对应部门员工访问,并且公司员工无法在网络邻居查看到非本部门的共享目录。企业网络拓扑如图10-10所示。

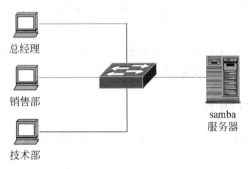

图10-10 企业网络拓扑

2. 需求分析

对于建立公共的共享目录,使用public字段很容易实现匿名访问。现在的情况是,公司的需求只允许本部门访问自己的目录,其他部门的目录不可见,这就需要设置目录共享字段browseable=no,以实现隐藏功能。但是这样设置,所有用户都无法查看该共享,因为对同一共享目录有多种需求,一个配置文件无法完成这项工作,这时需要考虑建立独立的配置文件,以满足不同员工访问的需要。只是为每个用户建立一个配置文件显然操作太烦琐了。可以为每个部门建立一个组,并为每个组建立配置文件,实现隔离用户的目标。

3. 解决方案

(1)在RHEL7-1上建立各部门专用目录。使用mkdir命令,分别建立各部门存储资料的目录。

```
[root@RHEL7-1 ~]#mkdir /share
[root@RHEL7-1 ~]#mkdir /sales
[root@RHEL7-1 ~]#mkdir /tech
```

(2)添加用户和组。先建立销售组sales和技术组tech,然后使用useradd命令添加经理账号master,并将员工账号加入不同的用户组。

```
[root@RHEL7-1 ~]#groupadd sales
[root@RHEL7-1 ~]#groupadd tech
[root@RHEL7-1 ~]#useradd master
[root@RHEL7-1 ~]#useradd -g sales mike
[root@RHEL7-1 ~]#useradd -g sales sky
[root@RHEL7-1 ~]#useradd -g sales jane
[root@RHEL7-1 ~]#useradd -g tech tom
[root@RHEL7-1 ~]#useradd -g tech sunny
[root@RHEL7-1 ~]#useradd -g tech bill
[root@RHEL7-1 ~]#passwd master
```

```
[root@RHEL7-1 ~]#passwd mike
[root@RHEL7-1 ~]#passwd sky
[root@RHEL7-1 ~]#passwd jane
[root@RHEL7-1 ~]#passwd tom
[root@RHEL7-1 ~]#passwd sunny
[root@RHEL7-1 ~]#passwd bill
```

(3)添加相应 samba 账号。

使用 smbpasswd-a 命令添加 samba 用户,具体操作参照前面的相关内容。

(4)设置共享目录的本地系统权限。

```
[root@RHEL7-1 ~]#chmod 777 /share
[root@RHEL7-1 ~]#chmod 777 /sales
[root@RHEL7-1 ~]#chmod 777 /tech
```

(5)更改共享目录的 context 值(防火墙问题)。

```
[root@RHEL7-1 ~]#chcon -t samba_share_t /share
[root@RHEL7-1 ~]#chcon -t samba_share_t /sales
[root@RHEL7-1 ~]#chcon -t samba_share_t /tech
```

(6)建立独立的配置文件。

```
[root@RHEL7-1 ~]#cd /etc/samba
[root@RHEL7-1 samba]#cp smb.conf master.smb.conf
[root@RHEL7-1 samba]#cp smb.conf sales.smb.conf
[root@RHEL7-1 samba]#cp smb.conf tech.smb.conf
```

(7)设置主配置文件 smb。首先使用 vim 编辑器打开 smb.conf。

```
[root@RHEL7-1 ~]#vim /etc/samba/smb.conf
```

编辑主配置文件,添加相应字段,确保 samba 服务器会调用独立的用户配置文件以及组配置文件。

```
[global]
    workgroup=Workgroup
    server string =file server
    security =user
    include=/etc/samba/%U.smb.conf                    ①
    include=/etc/samba/%G.smb.conf                    ②
[public]
    comment=public
    path=/share
    guest ok=yes
    browseable=yes
    public=yes
    read only =yes
[sales]
    comment=sales
    path=/sales
    browseable =yes
```

```
[tech]
    comment=tech's data
    path=/tech
    browseable=yes
```

有标号代码的作用如下。

① 使 samba 服务器加载/etc/samba 目录下格式为"用户名.smb.conf"的配置文件。

② 保证 samba 服务器加载格式为"组名.smb.conf"的配置文件。

(8) 设置总经理 master 的配置文件。使用 vim 编辑器修改 master 账号的配置文件 master.smb.conf,如下所示。

```
[global]
    workgroup=Workgroup
    server string =file server
    security =user
[public]
    comment=public
    path=/share
    public=yes
[sales]                                              ①
    comment=sales
    path=/sales
    writable=yes
    valid users=master
[tech]                                               ②
    comment=tech
    path=/tech
    writable=yes
    valid users=master
```

上面有标号代码的作用如下。

① 添加共享目录 sales,指定 samba 服务器存放路径,并添加 valid users 字段,设置访问用户为 master 账号。

② 为了使 master 账号访问技术部的目录 tech,还需要添加 tech 目录共享,并设置 valid users 字段,允许 master 访问。

(9) 设置销售组 sales 的配置文件。编辑配置文件 sales.smb.conf,注意 global 全局配置以及共享目录 public 的设置保持和 master 一样,因为销售组仅允许访问 sales 目录,所以只添加 sales 共享目录设置即可,如下所示。

```
[sales]
    comment=sales
    path=/sales
    writable=yes
    valid users=@sales, master
```

(10) 设置技术组 tech 的配置文件。编辑 tech.smb.conf 文件,全局配置和 public 配置与 sales 对应字段相同。添加 tech 共享设置,如下所示。

```
[tech]
```

```
comment=tech
path=/tech
writable=yes
    valid users=@tech, master
```

(11) 测试。在 Windows 7 客户端上分别使用 master、bill、sky 等用户登录 samba 服务器，验证配置是否正确。(需要多次注销客户端 Windows)

注意：最好禁用 RHEL 7 中的 SELinux 功能，否则会出现些莫名其妙的错误。初学者关闭 SELinux 也是一种不错的方法：打开 SELinux 配置文件/etc/selinux/config，设置 SELinux = disabled 后，保存、退出并重启系统。默认设置 SELinux=enforceing。

samba 排错总结：一般情况下处理好以下几个问题，错误就会解决。
- 解决 SELinux 的问题；
- 解决防火墙的问题；
- 解决本地权限的问题；
- 消除前后实训的相互影响。

还要注意下面的两个命令：(查看日志文件，检查主配置文件语法)

```
[root@RHEL7-1 ~]#tail -F /var/log/messages
[root@RHEL7-1 ~]#testparm /etc/samba/smb.conf
```

10.4 实训项目 Linux 下 samba 服务器的配置与管理

1. 实训目的
- 掌握主配置文件 samba.conf 的主要配置。
- 掌握 samba 服务密码文件。
- 掌握 samba 文件和打印共享的设置。
- 掌握 Linux 和 Windows 客户端共享 samba 服务器资源的方法。
- 实训前请扫二维码观看录像了解如何配置与管理 samba 服务器。

2. 项目背景

某公司有 system、develop、productdesign 和 test 4 个小组，个人办公用计算机的操作系统为 Windows 7/8，少数开发人员采用 Linux 操作系统，服务器操作系统为 RHEL 7，需要设计一套建立在 RHEL 7 之上的安全文件共享方案。每个用户都有自己的网络磁盘，develop 组到 test 组有共用的网络硬盘，所有用户(包括匿名用户)有一个只读共享资料库；所有用户(包括匿名用户)都要有一个存放临时文件的文件夹。网络拓扑如图 10-11 所示。

3. 项目要求

(1) system 组具有管理所有 samba 空间的权限。

(2) 各部门的私有空间：各小组拥有自己的空间，除了小组成员及 system 组有权限以外，其他用户不可访问(包括列表、读和写)。

(3) 资料库：所有用户(包括匿名用户)都具有读权限而不具有写入数据的权限。

(4) develop 组与 test 组之外的用户不能访问 develop 组与 test 组的共享空间。

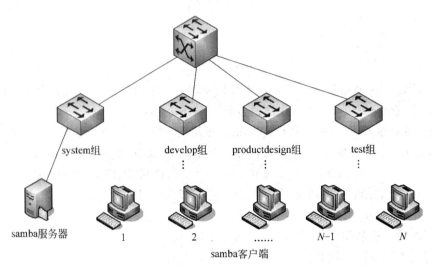

图 10-11　samba 服务器搭建网络拓扑

（5）公共临时空间：让所有用户可以读取、写入、删除。

4．深度思考

在观看录像时思考以下几个问题。

（1）用 mkdir 命令建立共享目录，可以同时建立多少个目录？

（2）chown、chmod、setfacl 这些命令如何熟练应用？

（3）组账户、用户账户、samba 账户等的建立过程是怎样的？

（4）useradd 中选项-g、-G、-d、-s、-M 的含义分别是什么？

（5）权限 700 和 755 是什么含义？请查找相关权限表示的资料，也可以参见"文件权限管理"的录像。

（6）注意不同用户登录后权限的变化。

5．做一做

根据项目要求及录像内容，将项目完整地完成。

10.5　习题

1．填空题

（1）samba 服务功能强大，使用_____协议，英文全称是_____。

（2）SMB 经过开发，可以直接运行于 TCP/IP 上，使用 TCP 的_____端口。

（3）samba 服务是由两个进程组成，分别是_____和_____。

（4）samba 服务软件包包括_____、_____、_____和_____（不要求版本号）。

（5）samba 的配置文件一般就放在_____目录中，主配置文件名为_____。

（6）samba 服务器有_____、_____、_____、_____和_____五种安全模式，默认级别是_____。

2. 选择题

(1) 用 samba 共享了目录,但是在 Windows 网络邻居中却看不到它,应该在/etc/samba/smb.conf 中添加语句( )才能正确工作。

　　A. AllowWindowsClients＝yes　　　B. Hidden＝no

　　C. Browseable＝yes　　　　　　　D. 以上都不是

(2) 卸载 samba-3.0.33-3.7.el5.i386.rpm 的命令是( )。

　　A. rpm -D samba-3.0.33-3.7.el5

　　B. rpm -i samba-3.0.33-3.7.el5

　　C. rpm -e samba-3.0.33-3.7.el5

　　D. rpm -d samba-3.0.33-3.7.el5

(3) 可以允许 198.168.0.0/24 访问 samba 服务器的命令是( )。

　　A. hosts enable ＝ 198.168.0.

　　B. hosts allow ＝ 198.168.0.

　　C. hosts accept ＝ 198.168.0.

　　D. hosts accept 198.168.0.0/24

(4) 启动 samba 服务,必须运行的端口监控程序是( )。

　　A. nmbd　　　B. lmbd　　　C. mmbd　　　D. smbd

(5) 可以使用户在异构网络操作系统之间进行文件系统共享的服务器类型是( )。

　　A. FTP　　　B. samba　　　C. DHCP　　　D. Squid

(6) samba 服务密码文件是( )。

　　A. smb.conf　　　B. samba.conf　　　C. smbpasswd　　　D. smbclient

(7) 利用( )命令可以对 samba 的配置文件进行语法测试。

　　A. smbclient　　　B. smbpasswd　　　C. testparm　　　D. smbmount

(8) 可以通过设置( )语句来控制访问 samba 共享服务器的合法主机名。

　　A. allow hosts　　　B. valid hosts　　　C. allow　　　D. publics

(9) samba 的主配置文件中不包括( )。

　　A. global 参数　　　　　　　　B. directory shares 部分

　　C. printers shares 部分　　　　D. applications shares 部分

3. 简答题

(1) 简述 samba 服务器的应用环境。

(2) 简述 samba 的工作流程。

(3) 简述基本的 samba 服务器搭建流程的四个主要步骤。

(4) 简述 samba 服务故障排除的方法。

4. 实践题

(1) 公司需要配置一台 samba 服务器。工作组名为 smile,共享目录为/share,共享名为 public,该共享目录只允许 192.168.0.0/24 网段员工访问。请给出实现方案并上机调试。

(2) 如果公司有多个部门,因工作需要,必须分门别类地建立相应部门的目录。要求将

271

技术部的资料存放在 samba 服务器的/companydata/tech/目录下集中管理，以便技术人员浏览，并且该目录只允许技术部员工访问。请给出实现方案并上机调试。

（3）配置 samba 服务器，要求如下：samba 服务器上有个 tech1 目录，此目录只有 boy 用户可以浏览访问，其他人都不可以浏览和访问。请灵活使用独立配置文件，给出实现方案并上机调试。

（4）上机完成企业实战案例的 samba 服务器配置及调试工作。

项目 11　Linux 下配置与管理 DNS 服务器

某高校组建了校园网，为了使校园网中的计算机可以简单快捷地访问本地网络及 Internet 上的资源，需要在校园网中架设 DNS 服务器，用来提供域名转换成 IP 地址的功能。

在完成该项目之前，首先应当确定网络中 DNS 服务器的部署环境，明确 DNS 服务器的各种类型及其作用。

- 了解 DNS 服务器的作用及其在网络中的重要性。
- 理解 DNS 的域名空间结构。
- 掌握 DNS 查询模式。
- 掌握 DNS 域名解析过程。
- 掌握常规 DNS 服务器的安装与配置。
- 掌握辅助 DNS 服务器的配置。
- 掌握子域概念及区域委派配置过程。
- 掌握转发服务器和缓存服务器的配置。
- 理解并掌握 DNS 客户机的配置。
- 掌握 DNS 服务的测试。

11.1　相关知识

DNS 服务器承担了将域名转换成 IP 地址的功能，这就是为什么在浏览器地址栏中输入如 www.yahoo.com 的域名后，就能看到相应的页面的原因。输入域名后，有一台称为 DNS 服务器的计算机自动把域名"翻译"成了相应的 IP 地址。

DNS 相关知识在"项目 3　配置与管理 DNS 服务器"中已有详细介绍，在此仅提醒一点：在完成 DNS 的各类配置文件后，一定要配置防火墙，将 DNS 服务设为允许，并重新加载防火墙。

11.2 项目设计及准备

11.2.1 项目设计

为了保证校园网中的计算机能够安全可靠地通过域名访问本地网络以及 Internet 资源，需要在网络中部署主 DNS 服务器、辅助 DNS 服务器、缓存 DNS 服务器。

11.2.2 项目准备

本项目一共需要 4 台计算机，其中 3 台是 Linux 计算机，1 台是 Windows 7 计算机，如表 11-1 所示。

表 11-1 Linux 服务器和客户端信息

主机名称	操作系统	IP	角色
RHEL7-1	RHEL 7	192.168.10.1/24	主 DNS 服务器，VMnet1
RHEL7-2	RHEL 7	192.68.10.2/24	辅助 DNS、缓存 DNS、转发 DNS 等，VMnet1
client1	RHEL 7	192.168.10.20/24	Linux 客户端，VMnet1
Win7-1	Windows 7	192.168.10.40/24	Windows 客户端，VMnet1

注意：DNS 服务器的 IP 地址必须是静态的。

11.3 项目实施

11.3.1 安装、启动 DNS 服务

Linux 下架设 DNS 服务器通常使用 BIND(Berkeley Internet Name Domain)程序来实现，其守护进程是 named。下面在 RHEL7-1 和 RHEL7-2 上进行。

1. BIND 软件包简介

BIND 是一款实现 DNS 服务器的开放源码软件。BIND 原本是美国 DARPA 资助研究伯克里大学(Berkeley)开设的一个研究生课题，后来经过多年的变化发展已经成为世界上使用最为广泛的 DNS 服务器软件，目前 Internet 上绝大多数的 DNS 服务器都是用 BIND 来架设的。

BIND 经历了第 4 版、第 8 版和最新的第 9 版。第 9 版修正了以前版本的许多错误，并提升了执行时的效果，BIND 能够运行在当前大多数的操作系统平台之上。目前 BIND 软件由 Internet 软件联合会(Internet Software Consortium, ISC)这个非营利性机构负责开发和维护。

2. 安装 bind 软件包

(1) 使用 yum 命令安装 bind 服务(光盘挂载、yum 源的制作请参考前面相关的内容)。

```
[root@RHEL7-1 ~]#ymount /dev/cdrom /iso
```

```
[root@RHEL7-1 ~]#yum clean all              //安装前先清除缓存
[root@RHEL7-1 ~]#yum install bind bind-chroot -y
```

（2）安装完后再次查询，发现已安装成功。

```
[root@RHEL7-1 ~]#rpm -qa|grep bind
```

3. DNS 服务的启动、停止与重启，加入开机自启动

```
[root@RHEL7-1 ~]#systemctl start/stop/restart named
[root@RHEL7-1 ~]#systemctl enable named
```

11.3.2 掌握 BIND 配置文件

1. DNS 服务器配置流程

一个比较简单的 DNS 服务器设置流程主要分为以下 3 步。
- 建立配置文件 named.conf。该文件的最主要目的是设置 DNS 服务器能够管理哪些区域（Zone）以及这些区域所对应的区域文件名和存放路径。
- 建立区域文件。按照 named.conf 文件中指定的路径建立区域文件，该文件主要记录该区域内的资源记录。例如，www.51cto.com 对应的 IP 地址为 211.103.156.229。
- 重新加载配置文件或重新启动 named 服务使用配置生效。

下面来看一个具体实例，如图 11-1 所示。

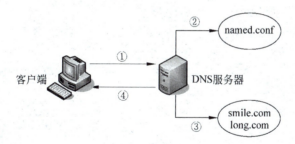

图 11-1 配置 DNS 服务器工作流程

① 客户端需要获得 www.smile.com 这台主机所对应的 IP 地址，将查询请求发送给 DNS 服务器。

② 服务器接收到请求后，查询主配置文件 named.conf，检查是否能够管理 smile.com 区域。而 named.conf 中记录着能够解析 smile.com 区域的信息，并提供 smile.com 区域文件所在路径及文件名。

③ 服务器则根据 named.conf 文件中提供的路径和文件名找到 smile.com 区域所对应的配置文件，并从中找到 www.smile.com 主机所对应的 IP 地址。

④ 将查询结果反馈给客户端，完成整个查询过程。

一般的 DNS 配置文件分为全局配置文件、主配置文件和正反向解析区域声明文件。下面介绍各配置文件的配置方法。

2. 认识全局配置文件

全局配置文件位于/etc 目录下。

```
[root@RHEL7-1 ~]#cat /etc/named.conf
...
options {
    //指定 BIND 侦听的 DNS 查询请求的本机 IP 地址及端口
    listen-on port 53 {127.0.0.1;};
    listen-on-v6 port 53 {::1;};         //限于 IPv6
    directory "/var/named";              //指定区域配置文件所在的路径
    dump-file "/var/named/data/cache_dump.db";
    statistics-file "/var/named/data/named_stats.txt";
    memstatistics-file "/var/named/data/named_mem_stats.txt";
    allow-query {localhost;};            //指定接收 DNS 查询请求的客户端
    recursion yes;
    dnssec-enable yes;
    dnssec-validation yes;               //改为 no,可以忽略 SELinux 的影响
    dnssec-lookaside auto;
...
};
//以下用于指定 BIND 服务的日志参数
logging {
    channel default_debug {
        file "data/named.run";
        severity dynamic;
    };
};

zone "." IN {                            //用于指定根服务器的配置信息,一般不能改动
    type hint;
    file "named.ca";
};

include "/etc/named.zones";              //指定主配置文件,一定根据实际修改
include "/etc/named.root.key";
```

options 配置段属于全局性的设置,常用配置项命令及功能如下。

- directory:用于指定 named 守护进程的工作目录,各区域正反向搜索解析文件和 DNS 根服务器地址列表文件(named.ca)应放在该配置项指定的目录中。
- allow-query{}:与 allow-query{localhost;}功能相同。另外,还可使用地址匹配符来表达允许的主机。例如,any 可匹配所有的 IP 地址,none 不匹配任何 IP 地址,localhost 匹配本地主机使用的所有 IP 地址,localnets 匹配同本地主机相连的网络中的所有主机。例如,若仅允许 127.0.0.1 和 192.168.1.0/24 网段的主机查询该 DNS 服务器,则命令为"allow-query {127.0.0.1;192.168.1.0/24}"。
- listen-on:设置 named 守护进程监听的 IP 地址和端口。若未指定,默认监听 DNS 服务器的所有 IP 地址的 53 号端口。当服务器安装有多块网卡和有多个 IP 地址时,可通过该配置命令指定所要监听的 IP 地址。对于只有一个地址的服务器,不必

设置。例如,若要设置 DNS 服务器监听 192.168.1.2 这个 IP 地址,端口使用标准的 5353 号,则配置命令为"listen-on port 5353 {192.168.1.2;};"。

- forwarders{}：用于定义 DNS 转发器。当设置了转发器后,所有非本域的和在缓存中无法找到的域名查询可由指定的 DNS 转发器来完成解析工作并做缓存。forward 用于指定转发方式,仅在 forwarders 转发器列表不为空时有效,其用法为"forward first | only;"。forward first 为默认方式,DNS 服务器会将用户的域名查询请求先转发给 forwarders 设置的转发器,由转发器来完成域名的解析工作。若指定的转发器无法完成解析或无响应,则再由 DNS 服务器自身来完成域名的解析。若设置为"forward only;",则 DNS 服务器仅将用户的域名查询请求转发给转发器。若指定的转发器无法完成域名解析或无响应,DNS 服务器自身也不会试着对其进行域名解析。例如,某地区的 DNS 服务器为 61.128.192.68 和 61.128.128.68,若要将其设置为 DNS 服务器的转发器,则配置命令如下。

```
options{
    forwarders {61.128.192.68;61.128.128.68;};
    forward first;
};
```

3. 认识主配置文件

主配置文件位于/etc 目录下,可将 named.rfc1912.zones 复制为全局配置文件中指定的主配置文件,本书中是/etc/named.zones。

```
[root@RHEL7-1 ~]#cp -p /etc/named.rfc1912.zones /etc/named.zones
[root@RHEL7-1 ~]#cat /etc/named.rfc1912.zones

zone "localhost.localdomain" IN {
    type master;                          //主要区域
    file "named.localhost";               //指定正向查询区域配置文件
    allow-update {none;};
};
...

zone "1.0.0.127.in-addr.arpa" IN {       //反向解析区域
    type master;
    file "named.loopback";                //指定反向解析区域配置文件
    allow-update {none;};
};
...
```

(1) Zone 区域声明

① 主域名服务器的正向解析区域声明格式如下(样本文件为 named.localhost)。

```
zone "区域名称" IN {
    type master;
    file "实现正向解析的区域文件名";
    allow-update {none;};
};
```

② 从域名服务器的正向解析区域声明格式如下。

```
zone "区域名称" IN {
    type slave;
    file "实现正向解析的区域文件名";
    masters {主域名服务器的 IP 地址;};
};
```

反向解析区域的声明格式与正向相同,只是 file 所指定要读的文件不同,另外就是区域的名称不同。若要反向解析 $x.y.z$ 网段的主机,则反向解析的区域名称应设置为 $z.y.x.$in-addr.arpa。(反向解析区域样本文件为 named.loopback)

(2) 根区域文件 /var/named/named.ca

/var/named/named.ca 是一个非常重要的文件,该文件包含了 Internet 的顶级域名服务器的名字和地址。利用该文件可以让 DNS 服务器找到根 DNS 服务器,并初始化 DNS 的缓冲区。当 DNS 服务器接到客户端主机的查询请求时,如果在缓冲区中找不到相应的数据,就会通过根服务器进行逐级查询。/var/named/named.ca 文件的主要内容如图 11-2 所示。

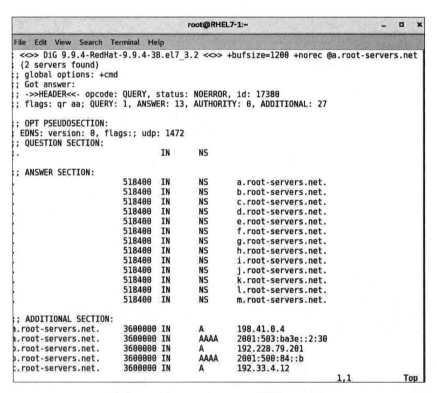

图 11-2　named.ca 文件

说明：

① 以";"开始的行都是注释行。

② 其他每两行都和某个域名服务器有关,分别是 NS 和 A 资源记录。

行 ". 518400 IN NS A.ROOT-SERVERS.NET." 的含义是:"."表示根域;518400 是资

源记录的存活期；IN 是资源记录的网络类别，表示 Internet 类型；NS 是资源记录类型，"A.ROOT-SERVERS.NET."是主机域名。

行 A.ROOT-SERVERS.NET. 3600000 IN A 198.41.0.4 的含义是：A 资源记录用于指定根域服务器的 IP 地址。A.ROOT-SERVERS.NET.是主机名；3600000 是资源记录的存活期；A 是资源记录类型；最后对应的是 IP 地址。

③ 其他各行的含义与上面两项基本相同。

由于 named.ca 文件经常会随着根服务器的变化而发生变化，所以建议最好从国际互联网络信息中心（InterNIC）的 FTP 服务器下载最新的版本，下载地址为 ftp://ftp.internic.net/domain/，文件名为 named.root。

11.3.3 配置主 DNS 服务器实例

本小节将结合具体实例介绍缓存 DNS、主 DNS、辅助 DNS 等各种 DNS 服务器的配置。

1. 案例环境及需求

某校园网要架设一台 DNS 服务器负责 long.com 域的域名解析工作。DNS 服务器的 FQDN 为 dns.long.com，IP 地址为 192.168.10.1。要求为以下域名实现正反向域名解析服务。

dns.long.com		192.168.10.1
mail.long.com	MX 记录	192.168.10.2
slave.long.com	⟷	192.168.10.2
www.long.com		192.168.10.20
ftp.long.com		192.168.10.40

另外，为 www.long.com 设置别名为 web.long.com。

2. 配置过程

配置过程包括全局配置文件、主配置文件和正反向区域解析文件的配置。

（1）编辑全局配置文件/etc/named.conf 文件

该文件在/etc 目录下，把 options 选项中的侦听 IP 127.0.0.1 改成 any，把 dnssec-validation yes 改为 no，把允许查询网段 allow-query 后面的 localhost 改成 any。在 include 语句中指定主配置文件为 named.zones。修改后相关内容如下。

```
[root@RHEL7-1 ~]#cp -p /etc/named.rfc1912.zones /etc/named.zones
[root@RHEL7-1 ~]#vim /var/named/chroot/etc/named.conf

    listen-on port 53 {any;};
        listen-on-v6 port 53 {::1;};
        directory "/var/named";
        dump-file "/var/named/data/cache_dump.db";
        statistics-file "/var/named/data/named_stats.txt";
        memstatistics-file "/var/named/data/named_mem_stats.txt";
        allow-query {any;};
        recursion yes;
    dnssec-enable yes;
        dnssec-validation no;
    dnssec-lookaside auto;
```

```
...
include "/etc/named.zones";                          //必须更改
include "/etc/named.root.key";
```

(2) 配置主配置文件 named.zones

使用 vim /etc/named.zones 编辑增加以下内容。

```
[root@RHEL7-1 ~]#vim /etc/named.zones

zone "long.com" IN {
    type master;
    file "long.com.zone";
    allow-update {none;};
};

zone "10.168.192.in-addr.arpa" IN {
    type master;
    file "1.10.168.192.zone";
    allow-update {none;};
};
```

技巧：直接将 named.zones 的内容代替 named.conf 文件中的 "include "/etc/named.zones";" 语句，可以简化设置过程，不需要再单独编辑 name.zones。请读者试一下。

type 字段指定区域的类型，对于区域的管理至关重要，一共分为 6 种，如表 11-2 所示。

表 11-2 指定区域类型

区域的类型	作用
master	主 DNS 服务器，拥有区域数据文件，并对此区域提供管理数据
slave	辅助 DNS 服务器，拥有主 DNS 服务器的区域数据文件的副本，辅助 DNS 服务器会从主 DNS 服务器同步所有区域数据
stub	stub 区域和 slave 类似，但其只复制主 DNS 服务器上的 NS 记录，而不像辅助 DNS 服务器会复制所有区域数据
forward	一个 forward zone 是每个域的配置转发的主要部分。一个 zone 语句中的 type forward 可以包括一个 forward 和/或 forwarders 子句，它会在区域名称给定的域中查询。如果没有 forwarders 语句或者 forwarders 是空表，那么这个域就不会有转发，消除了 options 语句中有关转发的配置
hint	根域名服务器的初始化组指定使用线索区域 hint zone，当服务器启动时，它使用根线索来查找根域名服务器，并找到最近的根域名服务器列表。如果没有指定 class IN 的线索区域，服务器使用编译时默认的根服务器线索。不是 IN 的类别没有内置的默认线索服务器
legation-only	用于强制区域的 delegation.ly 状态

(3) 修改 bind 的区域配置文件

① 创建 long.com.zone 正向区域文件。位于 /var/named 目录下，为编辑方便，可先将样本文件 named.localhost 复制到 long.com.zone，再对 long.com.zone 编辑修改。

```
[root@RHEL7-1 ~]#cd /var/named
[root@RHEL7-1 named]#cp -p named.localhost long.com.zone
```

```
[root@RHEL7-1 named]# vim /var/named/long.com.zone
```

```
$TTL 1D
@   IN   SOA  @   root.long.com. (
                              0        ; serial
                              1D       ; refresh
                              1H       ; retry
                              1W       ; expire
                              3H )     ; minimum


@       IN   NS        dns.long.com.
@       IN   MX   10   mail.long.com.

dns     IN   A         192.168.10.1
mail    IN   A         192.168.10.2
slave   IN   A         192.168.10.2
www     IN   A         192.168.10.20
ftp     IN   A         192.168.10.40
web     IN   CNAME     www.long.com.
```

② 创建 1.10.168.192.zone 反向区域文件。该文件位于/var/named 目录，为编辑方便，可先将样本文件 named.loopback 复制到 1.10.168.192.zone，再对 1.10.168.192.zone 编辑修改，编辑修改如下。

```
[root@RHEL7-1 named]#cp -p named.loopback 1.10.168.192.zone
[root@RHEL7-1 named]#vim /var/named/1.10.168.192.zone
```

```
$TTL 1D
@   IN   SOA  @   root.long.com. (
                              0        ; serial
                              1D       ; refresh
                              1H       ; retry
                              1W       ; expire
                              3H )     ; minimum


@       IN   NS        dns.long.com.
@       IN   MX   10   mail.long.com.


1       IN   PTR       dns.long.com.
2       IN   PTR       mail.long.com.
2       IN   PTR       slave.long.com.
20      IN   PTR       www.long.com.
40      IN   PTR       ftp.long.com.
```

（4）在 RHEL7-1 上的设置

在 RHEL7-1 上配置防火墙，设置主配置文件和区域文件的属组为 named，然后重启 DNS 服务，加入开机启动。

```
[root@RHEL7-1 ~]#firewall-cmd --permanent --add-service=dns
[root@RHEL7-1 ~]#firewall-cmd --reload
[root@RHEL7-1 ~]#chgrp named /etc/named.conf
[root@RHEL7-1 ~]#systemctl restart named
[root@RHEL7-1 ~]#systemctl enable named
```

① 主配置文件的名称一定要与/etc/named.conf 文件中指定的文件名一致。本书中是 named.zones。

② 正反向区域文件的名称一定要与/etc/named.zones 文件中 zone 区域声明中指定的文件名一致。

③ 正反向区域文件的所有记录行都要顶头写,前面不要留空格,否则可导致 DNS 服务不能正常工作。

④ 第一个有效行为 SOA 资源记录。该记录的格式如下。

```
@    IN SOA   origin. contact.(
            1997022700          ; serial
            28800               ; refresh
            14400               ; retry



            3600000             ; expiry
            86400               ; minimum
)
```

- @是该域的替代符,例如 long.com.zone 文件中的@代表 long.com,所以上面例子中 SOA 有效行"(@ IN SOA @ root.long.com.)"可以改为"(@ IN SOA long.com. root.long.com.)"。
- IN 表示网络类型。
- SOA 表示资源记录类型。
- origin 表示该域的主域名服务器的 FQDN,用"."结尾表示这是个绝对名称。例如,long.com.zone 文件中的 origin 为 dns.long.com.。
- contact 表示该域的管理员的电子邮件地址。它是正常 E-mail 地址的变通,将@变为"."。例如,long.com.zone 文件中的 contact 为 mail.long.com.。
- serial 为该文件的版本号,该数据是辅助域名服务器和主域名服务器进行时间同步的,每次修改数据库文件后,都应更新该序列号。习惯上用 yyyymmddnn,即年月日后加两位数字,表示一日之中第几次修改。
- refresh 为更新时间间隔。辅助 DNS 服务器根据此时间间隔周期性地检查主 DNS 服务器的序列号是否改变,如果改变则更新自己的数据库文件。
- retry 为重试时间间隔。当辅助 DNS 服务器没有能够从主 DNS 服务器更新数据库文件时,在定义的重试时间间隔后重新尝试。
- expiry 为过期时间。如果辅助 DNS 服务器在所定义的时间间隔内没有能够与主 DNS 服务器或另一台 DNS 服务器取得联系,则该辅助 DNS 服务器上的数据库文件被认为无效,不再响应查询请求。

⑤ TTL 为最小时间间隔,单位是秒。对于没有特别指定存活周期的资源记录,默认取

minimum 则相为 1 天，即 86400s。1D 表示一天。

⑥ 行"@ IN NS dns.long.com."说明该域的域名服务器，至少应该定义一个。

⑦ 行"@ IN MX 10 mail.long.com."用于定义邮件交换器，其中 10 表示优先级别，数字越小，优先级别越高。

⑧ 类似于行"www IN A 192.168.10.4"是一系列的主机资源记录，表示主机名和 IP 地址的对应关系。

⑨ 行"web IN CNAME www.long.com."定义的是别名资源记录，表示 web.long.com. 是 www.long.com. 的别名。

⑩ 类似于行"2 IN PTR mail.long.com."是指针资源记录，表示 IP 地址与主机名称的对应关系。其中，PTR 使用相对域名，如 2 表示 2.10.168.192.in-addr.arpa，它表示 IP 地址为 192.168.10.2。

3. 配置 DNS 客户端

DNS 客户端的配置非常简单，假设本地首选 DNS 服务器的 IP 地址为 192.168.10.1，备用 DNS 服务器的 IP 地址为 192.168.10.2，DNS 客户端的设置如下。

（1）配置 Windows 客户端

打开"Internet 协议版本 4(TCP/IPv4)属性"对话框，如图 11-3 所示，输入首选和备用 DNS 服务器的 IP 地址即可。

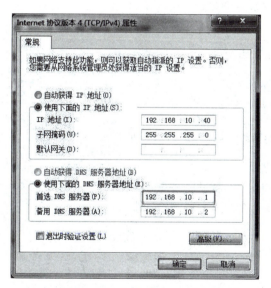

图 11-3 Windows 系统中 DNS 客户端配置

（2）配置 Linux 客户端

在 Linux 系统中可以通过修改/etc/resolv.conf 文件来设置 DNS 客户端，如下所示。

```
[root@client2 ~]#vim /etc/resolv.conf
    nameserver 192.168.10.1
    nameserver 192.168.10.2
    search   long.com
```

其中，nameserver 指明域名服务器的 IP 地址，可以设置多个 DNS 服务器，查询时按照文件中指定的顺序进行域名解析,只有当第一个 DNS 服务器没有响应时才向下面的 DNS 服务器发出域名解析请求。search 用于指明域名搜索顺序,当查询没有域名后缀的主机名时,将会自动附加由 search 指定的域名。

在 Linux 系统中还可以通过系统菜单设置 DNS,相关内容前面已多次介绍,不再赘述。

4. 使用 nslookup 测试 DNS

BIND 软件包提供了 3 个 DNS 测试工具:nslookup、dig 和 host。其中 dig 和 host 是命令行工具,而 nslookup 命令既可以使用命令行模式,也可以使用交互模式。下面在客户端 client1(192.168.10.20)上进行测试,前提是必须保证与 RHEL7-1 服务器的通信畅通。

```
[root@client1 ~]#vim /etc/resolv.conf
    nameserver 192.168.10.1
    nameserver 192.168.10.2
    search long.com
[root@client1 ~]#nslookup                //运行 nslookup 命令
>server
Default server: 192.168.10.1
Address: 192.168.10.1#53
>www.long.com                            //正向查询,查询域名 www.long.com 所对应的 IP 地址
Server: 192.168.10.1
Address: 192.168.10.1#53

Name: www.long.com
Address: 192.168.10.20
>192.168.10.2                            //反向查询,查询 IP 地址 192.168.1.2 所对应的域名
Server: 192.168.10.1
Address: 192.168.10.1#53

2.10.168.192.in-addr.arpa    name =slave.long.com.
2.10.168.192.in-addr.arpa    name =mail.long.com.
>set all                                 //显示当前设置的所有值
Default server: 192.168.10.1
Address: 192.168.10.1#53

Set options:
    novc nodebug nod2
    search recurse
    timeout =0 retry =3 port =53
    querytype =A class =IN
    srchlist =long.com
//查询 long.com 域的 NS 资源记录配置
>set type=NS                  //此行中 type 的取值还可以为 SOA、MX、CNAME、A、PTR 及 any 等
>long.com
Server: 192.168.10.1
Address: 192.168.10.1#53

long.com nameserver =dns.long.com.
>exit
[root@client1 ~]#
```

5. 特别说明

如果要求所有员工均可以访问外网地址,还需要设置根区域,并建立根区域所对应的区域文件,这样才可以访问外网地址。

下载 ftp://rs.internic.net/domain/named.root,这是域名解析根服务器的最新版本。下载完毕后,将该文件改名为 named.ca,然后复制到/var/named 下。

11.3.4 配置辅助 DNS 服务器

1. 辅助域名服务器

DNS 划分若干区域进行管理,每个区域由一个或多个域名服务器负责解析。如果采用单独的 DNS 服务器,而该服务器又没有响应,那么该区域的域名解析就会失败。因此每个区域建议使用多个 DNS 服务器,可以提供域名解析备份功能。对于存储某个域名服务器的区域,必须选择一台主域名服务器(master)保存并管理整个区域的信息,其他服务器称为辅助域名服务器(slave)。

管理区域时,使用辅助域名服务器有以下几点好处。

(1) 辅助 DNS 服务器提供区域冗余,能够在该区域的主服务器停止响应时为客户端解析该区域的 DNS 名称。

(2) 创建辅助 DNS 服务器可以减少 DNS 网络通信量。采用分布式结构,在低速广域网链路中添加 DNS 服务器能有效地管理和减少网络通信量。

(3) 辅助服务器可以用于减少区域的主服务器的负载。

2. 区域传输

为了保证 DNS 数据相同,所有服务器必须进行数据同步,辅助域名服务器从主域名服务器获得区域副本,这个过程称为区域传输。区域传输存在两种方式:完全区域传输(AXFR)和增量区域传输(IXFR)。当新的 DNS 服务器添加到区域中并且配置为新的辅助服务器时,它会执行完全区域传输(AXFR),从主服务器获取一份完整的资源记录副本。主服务器上区域文件再次变动后,辅助服务器则会执行增量区域传输(IXFR),完整资源记录的更新,始终保持 DNS 数据同步。

满足发生区域传输的条件时,辅助域名服务器向主服务器发送查询请求,更新其区域文件,如图 11-4 所示。

图 11-4 区域传输

① 区域传输初始阶段,辅助服务器向主 DNS 服务器发送完全区域传输(AXFR)请求。
② 主服务器做出响应,并将此区域完全传输到辅助服务器。

该区域传输时会一并发送 SOA 资源记录。SOA 中"序列号"(serial)字段表示区域数据的版本,"刷新时间"(refresh)指出辅助服务器下一次发送查询请求的时间间隔。

③ 刷新间隔到期时,辅助服务器使用 SOA 查询来请求从主服务器续订此区域。

④ 主域名服务器应答其 SOA 记录的查询。

该响应包括主服务器中该区域的当前序列号版本。

⑤ 辅助服务器检查响应中的 SOA 记录的序列号,并确定续订该区域的方法。如果辅助服务器确认区域文件已经更改,则它会把 IXFR 查询发送到主服务器。

若 SOA 响应中的序列号等于其当前的本地序列号,那么两个服务器区域数据都相同,并且不需要区域传输。然后,辅助服务器根据主服务器 SOA 响应中的该字段值重新设置其刷新时间,续订该区域。如果 SOA 响应中的序列号值比其当前本地序列号要高,则可以确定此区域已更新并需要传输。

⑥ 主服务器通过区域的增量传输或完全传输做出响应。

如果主服务器可以保存修改的资源记录的历史记录,则它可以通过增量区域传输(IXFR)做出应答。如果主服务器不支持增量传输或没有区域变化的历史记录,则它可以通过完全区域传输(AXFR)做出应答。

3. 配置辅助域名服务器

【例 11-1】 续接 11.2.3 小节,主域名服务器的 IP 地址是 192.168.10.1,辅助域名服务器的地址是 192.168.10.2,区域是 long.com,测试客户端是 client1(192.168.10.20)。请给出配置过程。

(1) 配置主域名服务器。具体过程参见 11.2.3 小节。

(2) 配置辅助域名服务器。在服务器 192.168.10.2 上安装 DNS,修改主配置文件 named.conf 属组及内容,关闭防火墙。添加 long.com 区域的内容如下(注释内容不要写到配置文件里)。

```
[root@RHEL7-2 ~]#vim /etc/named.conf
options {
    listen-on port 53 {any;};
    directory "/var/named";
    allow-query{any;};
    recursion yes;

    dnssec-enable no;
zone "." {
    type hint;
    file "name.ca";
}

zone "long.com" {
    type slave;                          //区域的类型为 slave
    file "slaves/long.com.zone";         //区域文件在/var/named/slaves 下
    masters{192.168.10.1;};              //主 DNS 服务器地址
};

zone "10.168.192.in-addr.arpa" {
    type slave;                          //区域的类型为 slave
```

```
file "slaves/2.10.168.192.zone";     //区域文件在/var/named/slaves下
masters {192.168.10.1;};              //主 DNS 服务器地址
};
```

说明：辅助 DNS 服务器只需要设置主配置文件，正反向区域解析文件会在辅助 DNS 服务器设置完成主配置文件重启 DNS 服务时，由主 DNS 服务器同步到辅助 DNS 服务器，只不过路径是/var/named/slaves 而已。

（3）数据同步测试。

① 开放防火墙，重启辅助服务器 named 服务，使其与主域名服务器数据同步。

```
[root@RHEL7-2 ~]#firewall-cmd --permanent --add-service=dns
[root@RHEL7-2 ~]#firewall-cmd --reload
[root@RHEL7-2 ~]#systemctl restart named
[root@RHEL7-2 ~]#systemctl enable named
```

② 在主域名服务器上执行 tail 命令，查看系统日志，辅助域名服务器通过完整无缺区域复制（AXFR）获取 long.com 区域数据。

```
[root@RHEL7-1 ~]#tail /var/log/messages
```

③ 查看辅助域名服务器系统日志，通过 ls 命令查看辅助域名服务器/var/named/slaves 目录和区域文件 long.com.zone。

```
[root@RHEL7-2 ~]#ll /var/named/slaves/
```

注意：配置区域复制时一定关闭防火墙。

④ 在客户端测试辅助 DNS 服务器。将客户端计算机的首要 DNS 服务器地址设为 192.168.0.200，然后利用 nslookup 命令测试，应该会成功。

```
[root@client1 ~]#nslookup
>server
Default server: 192.168.10.2
Address: 192.168.10.2#53
>www.long.com
Server: 192.168.10.2
Address: 192.168.10.2#53

Name: www.long.com
Address: 192.168.10.20
>dns.long.com
Server: 192.168.10.2
Address: 192.168.10.2#53

Name: dns.long.com
Address: 192.168.10.1
>192.168.10.40
Server: 192.168.10.2
Address: 192.168.10.2#53
```

```
40.10.168.192.in-addr.arpaname =ftp.long.com.
>
```

11.3.5 建立子域并进行区域委派

域名空间由多个域构成，DNS 提供了将域名空间划分为一个或多个区域的方法，这样使管理更加方便。而对于域来说，随着域的规模和功能的不断扩展，为了保证 DNS 管理维护以及查询速度，可以为一个域添加附加域，上级域为父域，下级域为子域。父域为 long.com，子域为 submain.long.com。

1. 子域应用环境

当要为一个域附加子域时，请检查是否属于以下 3 种情况。

（1）域中增加了新的分支或站点，需要添加子域扩展域名空间。

（2）域中规模不断扩大，记录条目不断增多，该域的 DNS 数据库变得过于庞大，用户检索 DNS 信息的时间增加。

（3）需要将 DNS 域名空间的部分管理工作分散到其他部门或地理位置。

2. 管理子域

如果根据需要决定添加子域，有两种方法进行子域的管理。

（1）区域委派。父域建立子域并将子域的解析工作委派到额外的域名服务器，并在父域的权威 DNS 服务器中登记相应的委派记录，建立这个操作的过程称为区域委派。任何情况下，创建子域都可以进行区域委派。

（2）虚拟子域。建立子域时，子域管理工作并不委派给其他服务器，而是与父域信息一起存放在相同的域名服务器的区域文件中。如果只是为域添加分支或子站，不考虑分散管理，选择虚拟子域的方式可以降低硬件成本。

注意：执行区域委派时，仅仅创建子域无法使子域信息得到正常的解析。在父域的权威域名服务器的区域文件中务必添加子域域名服务器的记录，建立子域与父域的关联，否则，子域域名解析无法完成。

3. 配置区域委派

【例 11-2】 公司提供虚拟主机服务，所有主机后缀域名为龙 long.com。随着虚拟主机注册量大幅增加，DNS 查询速度明显变慢，并且域名的管理维护工作非常困难。

分析：对于 DNS 的一系列问题，查询速度过慢，管理维护工作繁重，均是域名服务器中记录条目过多造成的。管理员可以为 long.com 新建子域 test.long.com 并配置区域委派，将子域的维护工作交付其他 DNS 服务器，新的虚拟主机注册域名为 test.long.com，减少 long.com 域名服务器负荷，提高查询速度。父域名服务器地址为 192.168.10.1，子域名服务器地址为 192.168.10.2。

（1）父域设置区域委派。设置父域名服务器 named.conf 文件，编辑 /etc/named.conf 并添加 long.com 区域记录。参考 11.2.3 小节，设置 named.conf 文件并添加 long.com 区域，指定正向解析区域文件名为 long.com.zone，反向解析区域文件名为 1.10.168.192.zone。

（2）添加 long.com 区域文件。父域的区域文件中，务必要添加子域的委派记录及管理子域的权威服务器的 IP 地址。（增加后面两行，不要把标号或注释写到配置文件里。）

```
[root@RHEL7-1 ~]#vim /var/named/long.com.zone
$TTL 1D
@       IN      SOA     @       root.long.com. (
                                        0       ; serial
                                        1D      ; refresh
                                        1H      ; retry
                                        1W      ; expire
                                        3H )    ; minimum


@       IN      NS      dns.long.com.
@       IN      MX      10      mail.long.com.


dns             IN      A               192.168.10.1
mail            IN      A               192.168.10.2
slave           IN      A               192.168.10.2
www             IN      A               192.168.10.20
ftp             IN      A               192.168.10.40
web             IN      CNAME           www.long.com.
test.long.com.  IN      NS              dns1.test.long.com.         ①
dns1.test.long.com. IN  A               192.168.10.2                ②
```

① 指定委派区域 test.long.com 管理工作由域名服务器 dns1.test.long.com 负责。

② 添加 dns1.test.long.com 的 A 记录信息，定位子域 test.long.com 的权威服务器。

（3）在父域服务器上添加 long.com 反向区域文件。（保证黑体字的 3 行，最后 2 行是新增加的。）

```
[root@RHEL7-1 ~]#vim /var/named/1.10.168.192.zone

$TTL 1D
@       IN      SOA     @       root.long.com. (
                                        0       ; serial
                                        1D      ; refresh
                                        1H      ; retry
                                        1W      ; expire
                                        3H )    ; minimum


@       IN      NS      dns.long.com.
@       IN      MX      10      mail.long.com.


1       IN      PTR     dns.long.com.
2       IN      PTR     mail.long.com.
2       IN      PTR     slave.long.com.
20      IN      PTR     www.long.com.
40      IN      PTR     ftp.long.com.


1       IN      PTR     dns.long.com.
2       IN      PTR     dns1.test.long.com.
```

(4) 在 RHEL7-1 上配置防火墙,设置主配置文件和区域文件的属组为 named,然后重启 DNS 服务。

```
[root@RHEL7-1 ~]#firewall-cmd --permanent --add-service=dns
[root@RHEL7-1 ~]#firewall-cmd --reload
[root@RHEL7-1 ~]#chgrp named /etc/named.conf
[root@RHEL7-1 ~]#systemctl restart named
[root@RHEL7-1 ~]#systemctl enable named
```

(5) 在子域服务器 192.168.10.2 上进行子域设置。编辑/etc/named.conf 并添加 test.long.com 区域记录。(注意清除或注释原来的辅助 DNS 信息。)

```
[root@RHEL7-2 ~]#vim /etc/named.conf
options {
    directory "/var/named";
};
zone "." IN {
    type hint;
    file "named.ca";
};

zone "test.long.com" {
    type master;
    file "test.long.com.zone";
};

zone "10.168.192.in-addr.arpa"  {
    type master;
    file "2.10.168.192.zone";
};
```

(6) 在子域服务器 192.168.10.2 上进行子域设置,添加 test.long.com 域的正向解析区域文件。

```
[root@RHEL7-2 ~]#vim /var/named/test.long.com.zone
$TTL 1D
@           IN    SOA    test.long.com.   root.test.long.com. (
                         2013120800 ; serial
                         86400      ; refresh (1 day)
                         3600       ; retry (1 hour)
                         604800     ; expire (1 week)
                         10800      ; minimum (3 hours)
                         )
@           IN    NS     dns1.test.long.com.
dns1        IN    A      192.168.10.2
computer1   IN    A      192.168.10.40    //为方便后面的测试,增加一条 A 记录
```

(7) 在子域服务器 192.168.10.2 上进行子域设置,添加 test.long.com 域的反向解析区域文件。

```
[root@RHEL7-2 ~]#vim /var/named/2.10.168.192.zone
```

```
$TTL    86400
@       IN      SOA     0.168.192.in-addr.arpa. root.test.long.com.(
                        2013120800              ; Serial
                        28800                   ; Refresh
                        14400                   ; Retry
                        3600000                 ; Expire
                        86400 )                 ; Minimum
@       IN      NS              dns1.test.long.com.
200     IN      PTR             dns1.test.long.com.
40      IN      PTR             computer1.test.long.com.
```

（8）RHEL7-2 上配置防火墙，设置主配置文件和区域文件的属组为 named，然后重启 DNS 服务。

```
[root@RHEL7-2 ~]#firewall-cmd --permanent --add-service=dns
[root@RHEL7-2 ~]#firewall-cmd --reload
[root@RHEL7-2 ~]#chgrp named /etc/named.conf
[root@RHEL7-2 ~]#systemctl restart named
[root@RHEL7-2 ~]#systemctl enable named
```

（9）测试。

方法：将客户端 client1 的 DNS 服务器设为 192.168.10.1。由于 192.168.10.1 这台计算机上没有 computer1.test.long.com 的主机记录，但 192.168.10.2 计算机上有，如果委派成功，客户端将能正确解析 computer1.test.long.com。测试结果如下。

```
[root@client1 ~]#nslookup
>server
Default server: 192.168.10.1
Address: 192.168.10.1#53
>www.long.com
Server: 192.168.10.1
Address: 192.168.10.1#53

Name: www.long.com
Address: 192.168.10.20
>192.168.10.20
Server: 192.168.10.1
Address: 192.168.10.1#53

20.10.168.192.in-addr.arpaname =www.long.com.
>exit

[root@client1 ~]#
```

4. 关于配置文件的总结

从例 11-2 中我们能看出什么？在 RHEL7-1 和 RHEL7-2 上的配置文件的配置方法有什么不同吗？

在 RHEL7-1 上使用了 named.conf、named.zones、long.com.zone、1.10.168.192.zone 等 4 个配置文件，而在 RHEL7-2 上只使用了 3 个配置文件（named.conf、test.long.com.zone、

2.10.168.192.zone),这就是最大的区别。实际上,在 RHEL7-2 上配置 DNS 时,将 named.zones 的内容直接写到了 named.conf 文件中,从而省略了 named.zones,反而使内容更简洁。

11.3.6 配置转发服务器

转发服务器(Forwarding Server)接收查询请求,但不直接提供 DNS 解析,而是将所有查询请求发送到另外的 DNS 服务器,查询结果返回后保存到缓存中。如果没有指定转发服务器,则 DNS 服务器会使用根区域记录,向根服务器发送查询,这样许多非常重要的 DNS 信息会暴露在 Internet 上。除了安全和隐私问题,直接解析会导致使用大量外部通信,对于慢速接入 Internet 的网络或 Internet 服务成本很高的公司提高通信效率来说非常不利,而转发服务器可以存储 DNS 缓存,内部的客户端能够直接从缓存中获取信息,不必向外部 DNS 服务器发送请求。这样可以减少网络流量并加速查询速度。

按照转发类型的区别,转发服务器可分为以下两种类型。

1. 完全转发服务器

DNS 服务器配置为完全转发会将所有区域的 DNS 查询请求发送到其他 DNS 服务器。可以通过设置 named.conf 文件的 options 字段实现该功能。

```
[root@RHEL7-2 ~]#vim /etc/named.conf
options {
    directory "/var/named";
    recursion yes;                      //允许递归查询
    dnssec-validation no;               //必须设置为 no
        forwarders {192.168.10.1;};     //指定转发查询请求 DNS 服务器列表
    forward only;                       //仅执行转发操作
};
```

2. 条件转发服务器

该服务器类型只能转发指定域的 DNS 查询请求,需要修改 named.conf 文件并添加转发区域的设置。

【例 11-3】 在 RHEL7-2 上对域 long.com 设置转发服务器 192.168.10.1 和 192.168.10.100。

```
[root@RHEL7-2 ~]#vim  /etc/named.conf
options {
    directory "/var/named";
    recursion yes;                      //允许递归查询
    dnssec-validation no;               //必须设置为 no
};
zone "." {
    type hint;
    file "name.ca";
}

zone "long.com" {
    type forward;                       //指定该区域为条件转发类型
```

```
    forwarders {192.168.10.1; 192.168.10.100;};    //设置转发服务器列表
};
```

设置转发服务器的注意事项如下。
- 转发服务器的查询模式必须允许递归查询，否则无法正确完成转发。
- 转发服务器列表如果为多个 DNS 服务器，则会依次尝试，直到获得查询信息为止。
- 配置区域委派时如果使用转发服务器，有可能会产生区域引用的错误。

搭建转发服务器的过程并不复杂，为了更有效地发挥转发效率，需要掌握以下操作技巧。

（1）转发列表配置精简。对于配置有转发器的 DNS 服务器，可将查询发送到多个不同的位置，如果配置转发服务器过多，则会增加查询的时间。根据需要使用转发器，例如将本地无法解析的 DNS 信息转发到其他 DNS 服务器。

（2）避免链接转发器。如果配置了 DNS 服务器 server1 把查询请求转发给 DNS 服务器 server2，则不要再为 server2 配置其他转发服务器，将 server1 的请求再次进行转发，这样会降低解析的效率。如果其他转发服务器进行了错误配置，将查询转发给 server1，那么可能会导致错误。

（3）减少转发器负荷。如果 DNS 服务器向转发器发送查询请求，那么转发器会通过递归查询解析该 DNS 信息，需要大量时间来应答。如果大量 DNS 服务器使用这些转发器进行域名信息查询，则会增加转发器的工作量，降低解析的效率，所以建议使用一个以上的转发器实现负载。

（4）避免转发器配置错误。如果配置多个转发器，那么 DNS 服务器将尝试按照配置文件设置的顺序来转发域名。如果国内的域名服务器错误地将第一个转发器配置为美国的 DNS 服务器地址，则所有本地无法解析的查询均会发送到指定的美国 DNS 服务器，这会降低网络上的名称解析效率。

3. 测试转发服务器是否成功

在 RHEL7-2 上设置完成并配置防火墙启动后，在 client1 上进行测试，配置 client 的 DNS 服务器为 192.168.10.2 本身，看能否转发到 192.168.10.1 进行 DNS 解析。

11.3.7 配置缓存服务器

对于所有的 DNS 服务器都会完成指定的查询工作，然后存储已经解析的结果。缓存服务器（Caching-only Name Server）是一种特殊的域名服务器类型，其本地区并不设置 DNS 信息，仅执行查询和缓存操作。客户端发送查询请求，如果缓存服务器保存有该查询信息，则直接返回结果，提高了 DNS 的解析速度。

如果网络与外部网络连接带宽较低，则可以使用缓存服务器，一旦建立了缓存，通信量便会减少。另外，缓存服务器不执行区域传输，这样可以减少网络通信流量。

注意：缓存服务器第一次启动时没有缓存任何信息，通过执行客户端的查询请求才可以构建缓存数据库，达到减少网络流量及提速的目的。

【例 11-4】 公司网络中为了提高客户端访问外部 Web 站点的速度并减少网络流量，需要在内部建立缓存服务器（RHEL7-2）。

分析：因为公司内部没有其他 Web 站点，所以不需要 DNS 服务器建立专门的区域，只需要能够接受用户的请求，然后发送到根服务器，通过迭代查询获得相应的 DNS 信息，再将查询结果保存到缓存中,保存信息的 TTL 值过期后将会清空。

缓存服务器不需要建立独立的区域,可以直接对 named.conf 文件进行设置,实现缓存的功能。

```
[root@RHEL7-2 ~]#vim /etc/named.conf
options {
        directory "/var/named";
        datasize 100M;              //DNS 服务器缓存设置为 100MB
        recursion yes;              //允许递归查询
};
zone "." {
     type hint;
     file "name.ca";                //根区域文件,保证存取正确的根服务器记录
}
```

11.4 实训项目 Linux 下 DNS 服务器的配置与管理

1. 实训目的
- 掌握常规 DNS 服务器的安装与配置。
- 掌握辅助 DNS 服务器的配置。
- 掌握子域概念及区域委派配置过程。
- 掌握转发服务器和缓存服务器的配置。
- 理解并掌握 DNS 客户机的配置。
- 掌握 DNS 服务的测试。
- 实训前请扫二维码观看录像了解如何配置与管理 DNS 服务器。

2. 项目背景

某企业有一个局域网(192.168.1.0/24),网络拓扑如图 11-5 所示。该企业中已经有自己的网页,员工希望通过域名来进行访问,同时员工也需要访问 Internet 上的网站。该企业已经申请了域名 jnrplinux.com,公司需要 Internet 上的用户通过域名访问公司的网页。为了保证可靠,不能因为 DNS 的故障导致网页不能访问。

要求在企业内部构建一台 DNS 服务器,为局域网中的计算机提供域名解析服务。DNS 服务器管理 jnrplinux.com 域的域名解析,DNS 服务器的域名为 dns.jnrplinux.com,IP 地址为 192.168.1.2。辅助 DNS 服务器的 IP 地址为 192.168.1.3。同时,还必须为客户提供 Internet 上的主机的域名解析。要求分别能解析以下域名:财务部(cw.jnrplinux.com,192.168.1.11),销售部(xs.jnrplinux.com,192.168.1.12),经理部(jl.jnrplinux.com,192.168.1.13),OA 系统(oa.jnrplinux.com,192.168.1.13)。

3. 项目要求

按要求配置 DNS 服务器并进行测试。

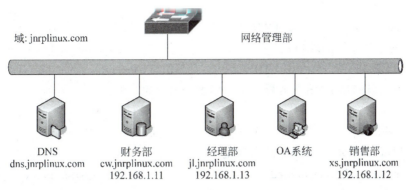

图 11-5　DNS 服务器搭建网络拓扑

4. 做一做

根据项目要求及录像内容将项目完整无缺地完成。

11.5　习题

1. 填空题

（1）在 Internet 中计算机之间直接利用 IP 地址进行寻址，因而需要将用户提供的主机名转换成 IP 地址，这个过程称为_____。

（2）DNS 提供了一个_____的命名方案。

（3）DNS 顶级域名中表示商业组织的是_____。

（4）_____表示主机的资源记录，_____表示别名的资源记录。

（5）写出可以用来检测 DNS 资源创建的是否正确的两个工具_____、_____。

（6）DNS 服务器的查询模式有：_____、_____。

（7）DNS 服务器分为四类：_____、_____、_____、_____。

（8）一般在 DNS 服务器之间的查询请求属于_____查询。

2. 选择题

（1）在 Linux 环境下，能实现域名解析的功能软件模块是（　　）。

　　A. apache　　　　B. dhcpd　　　　C. BIND　　　　D. SQUID

（2）www.163.com 是 Internet 中主机的（　　）。

　　A. 用户名　　　　B. 密码　　　　C. 别名

　　D. IP 地址　　　　E. FQDN

（3）在 DNS 服务器配置文件中，A 类资源记录的意思是（　　）。

　　A. 官方信息　　　　　　　　　　B. IP 地址到名字的映射

　　C. 名字到 IP 地址的映射　　　　D. 一个 name server 的规范

（4）在 Linux DNS 系统中，根服务器提示文件是（　　）。

　　A. /etc/named.ca　　　　　　　B. /var/named/named.ca

　　C. /var/named/named.local　　D. /etc/named.local

(5) DNS 指针记录的标志是( )。
   A. A   B. PTR   C. CNAME   D. NS
(6) DNS 服务使用的端口是( )。
   A. TCP 53   B. UDP 53   C. TCP 54   D. UDP 54
(7) 以下可以测试 DNS 服务器的工作情况的命令是( )。
   A. dig   B. host
   C. nslookup   D. named-checkzone
(8) 下列可以启动 DNS 服务的命令是( )。
   A. systemctl start named   B. systemctl restart named
   C. service dns start   D. /etc/init.d/dns start
(9) 指定域名服务器位置的文件是( )。
   A. /etc/hosts   B. /etc/networks
   C. /etc/resolv.conf   D. /.profile

3. 简答题

(1) 描述一下域名空间的有关内容。
(2) 简述 DNS 域名解析的工作过程。
(3) 简述常用的资源记录有哪些。
(4) 简述如何排除 DNS 故障。

4. 实践题

(1) 企业采用多个区域管理各部门网络,技术部属于 tech.org 域,市场部属于 mart.org 域,其他人员属于 freedom.org 域。技术部门共有 200 人,采用的 IP 地址为 192.168.1.1～192.168.1.200。市场部门共有 100 人,采用的 IP 地址为 192.168.2.1～192.168.2.100。其他人员只有 50 人,采用的 IP 地址为 192.168.3.1～192.168.3.50。现采用一台 RHEL 5 主机搭建 DNS 服务器,其 IP 地址为 192.168.1.254,要求这台 DNS 服务器可以完成内网所有区域的正/反向解析,并且所有员工均可以访问外网地址。

请写出详细解决方案并上机实现。

(2) 建立辅助 DNS 服务器并让主 DNS 服务器与辅助 DNS 服务器数据同步。
(3) 参见 11.2.5 小节的子域及区域委派中的例题进行区域委派配置并上机测试。

项目 12 Linux 下配置与管理 DHCP 服务器

项目背景

在一个计算机终端比较多的网络中,如果要为整个企业每个部门的上百台机器逐一进行 IP 地址的配置绝不是一件轻松的工作。为了更方便、更简捷地完成这些工作,很多时候会采用动态主机配置协议(Dynamic Host Configuration Protocol,DHCP)来自动为客户端配置 IP 地址、默认网关等信息。

在完成该项目之前,首先应当对整个网络进行规划,确定网段的划分以及每个网段可能的主机数量等信息。

项目目标

- 了解 DHCP 服务器在网络中的作用。
- 理解 DHCP 的工作过程。
- 掌握 DHCP 服务器的基本配置。
- 掌握 DHCP 客户端的配置和测试。
- 掌握在网络中部署 DHCP 服务器的解决方案。
- 掌握 DHCP 服务器中继代理的配置。

12.1 相关知识

DHCP 可以自动为局域网中的每一台计算机分配 IP 地址,并完成每台计算机的 TCP/IP 配置,包括 IP 地址、子网掩码、网关以及 DNS 服务器等。DHCP 服务器能够从预先设置的 IP 地址池中自动给主机分配 IP 地址,它不仅能够解决 IP 地址冲突的问题,也能及时回收 IP 地址以提高 IP 地址的利用率。

DHCP 相关知识在"项目 4 配置与管理 DHCP 服务器"中已有详细介绍,在此仅做以下两点说明。

(1) DHCP 服务器一定要使用静态 IP 地址,并且该 IP 地址不能使用可供分配的 IP 地址池中的 IP 地址。

(2) 停用 VM 的 DHCP 功能(可以在 VM 中选择"编辑"→"虚拟网络编辑器"命令进行修改),避免干扰本项目的完成及测试。

12.2 项目设计及分析

12.2.1 项目设计

部署 DHCP 之前应该先进行规划,明确哪些 IP 地址用于自动分配给客户端(即作用域中应包含的 IP 地址),哪些 IP 地址用于手工指定给特定的服务器。比如,在项目中 IP 地址要求如下。

(1) 适用的网络是 192.168.10.0/24,网关为 192.168.10.254。

(2) 192.168.10.1~192.168.10.30 网段地址是服务器的固定地址。

(3) 客户端可以使用的地址段为 192.168.10.31~192.168.10.200,但 192.168.10.105、192.168.10.107 为保留地址。

注意:用于手工配置的 IP 地址一定要排除保留地址或者采用地址池之外的可用 IP 地址,否则会造成 IP 地址冲突。

12.2.2 项目需求分析

部署 DHCP 服务应满足下列需求。

(1) 安装 Linux 企业服务器版,用作 DHCP 服务器。

(2) DHCP 服务器的 IP 地址、子网掩码、DNS 服务器等 TCP/IP 参数必须手工指定,否则将不能为客户端分配 IP 地址。

(3) DHCP 服务器必须拥有一组有效的 IP 地址,以便自动分配给客户端。

(4) 如果不特别指出,所有 Linux 的虚拟机网络连接方式都选择:自定义,VMnet1(仅主机模式),如图 12-1 所示。请读者一定要特别留意!

图 12-1 Linux 虚拟机的网络连接方式

12.3 项目实施

12.3.1 在服务器 RHEL7-1 上安装 DHCP 服务器

(1) 首先检测一下系统是否已经安装了 DHCP 相关软件。

```
[root@RHEL7-1 ~]#rpm -qa | grep dhcp
```

(2) 如果系统还没有安装 DHCP 软件包,可以使用 yum 命令安装所需软件包。
① 挂载 ISO 安装映像。

```
//挂载光盘到 /iso 下
[root@RHEL7-1 ~]#mkdir /iso
[root@RHEL7-1 ~]#mount /dev/cdrom /iso
```

② 制作用于安装的 yum 源文件。

```
[root@RHEL7-1 ~]#vim /etc/yum.repos.d/dvd.repo
```

③ 使用 yum 命令查看 DHCP 软件包的信息。

```
[root@RHEL7-1 ~]#yum info dhcp
```

④ 使用 yum 命令安装 DHCP 服务。

```
[root@RHEL7-1 ~]#yum clean all             //安装前先清除缓存
[root@RHEL7-1 ~]#yum install dhcp -y
```

软件包安装完毕之后,可以使用 rpm 命令再一次进行查询,结果如下。

```
[root@RHEL7-1 iso]#rpm -qa | grep dhcp
dhcp-4.1.1-34.P1.el6.x86_64
dhcp-common-4.1.1-34.P1.el6.x86_64
```

12.3.2 熟悉 DHCP 主配置文件

基本的 DHCP 服务器搭建流程如下。

(1) 编辑主配置文件/etc/dhcp/dhcpd.conf,指定 IP 作用域(指定一个或多个 IP 地址范围)。
(2) 建立租约数据库文件。
(3) 重新加载配置文件或重新启动 dhcpd 服务,使配置生效。
DHCP 工作流程如图 12-2 所示。
① 客户端发送广播向服务器申请 IP 地址。
② 服务器收到请求后查看主配置文件 dhcpd.conf,先根据客户端的 MAC 地址查看是否为客户端设置了固定 IP 地址。
③ 如果为客户端设置了固定 IP 地址,则将该 IP 地址发送给客户端。如果没有设置固

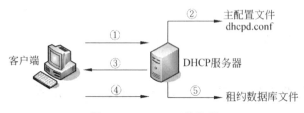

图 12-2 DHCP 工作流程

定 IP 地址,则将地址池中的 IP 地址发送给客户端。

④ 客户端收到服务器回应后,客户端给予服务器回应,告诉服务器已经使用了分配的 IP 地址。

⑤ 服务器将相关租约信息存入数据库。

1. 主配置文件 dhcpd.conf

(1) 复制样例文件到主配置文件

默认情况下,主配置文件(/etc/dhcp/dhcpd.conf)没有任何实质内容。打开查阅,发现里面有一行内容 see/usr/share/doc/dhcp*/dhcpd.conf.example。下面以样例文件为例讲解主配置文件。

(2) dhcpd.conf 主配置文件的组成部分

- parameters(参数);
- declarations(声明);
- option(选项)。

(3) dhcpd.conf 主配置文件整体框架

dhcpd.conf 包括全局配置和局部配置。全局配置可以包含参数或选项,该部分对整个 DHCP 服务器生效。局部配置通常由声明部分来表示,该部分仅对局部生效,比如只对某个 IP 作用域生效。dhcpd.conf 文件格式为

```
#全局配置
参数或选项;                    //全局生效
#局部配置
声明 {
    参数或选项;                //局部生效
}
```

dhcpd 范本配置文件内容包含部分参数、声明以及选项的用法,其中注释部分可以放在任何位置,并以"#"号开头;当一行内容结束时,以";"号结束。大括号所在行除外。

可以看出整个配置文件分成全局和局部两个部分。但是并不容易看出哪些属于参数,哪些属于声明和选项。

2. 常用参数介绍

参数主要用于设置服务器和客户端的动作或者是否执行某些任务,比如设置 IP 地址租约时间、是否检查客户端所用的 IP 地址等,如表 12-1 所示。

表 12-1 dhcpd 服务程序配置文件中常用的参数以及作用

参 数	作 用
ddns-update-style [类型]	定义 DNS 服务动态更新的类型,类型包括 none(不支持动态更新)、interim(互动更新模式)与 ad-hoc(特殊更新模式)
[allow | ignore] client-updates	允许/忽略客户端更新 DNS 记录
default-lease-time 600	默认超时时间,单位是秒
max-lease-time 7200	最大超时时间,单位是秒
option domain-name-servers 192.168.10.1	定义 DNS 服务器地址
option domain-name "domain.org"	定义 DNS 域名
range 192.168.10.10 192.168.10.100	定义用于分配的 IP 地址池
option subnet-mask 255.255.255.0	定义客户端的子网掩码
option routers 192.168.10.254	定义客户端的网关地址
broadcast-address 192.168.10.255	定义客户端的广播地址
ntp-server 192.168.10.1	定义客户端的网络时间服务器(NTP)
nis-servers 192.168.10.1	定义客户端的 NIS 域服务器的地址
Hardware 00:0c:29:03:34:02	指定网卡接口的类型与 MAC 地址
server-name mydhcp.smile.com	向 DHCP 客户端通知 DHCP 服务器的主机名
fixed-address 192.168.10.105	将某个固定的 IP 地址分配给指定主机
time-offset [偏移误差]	指定客户端与格林威治时间的偏移差

3. 常用声明介绍

声明一般用来指定 IP 作用域、定义为客户端分配的 IP 地址池等。声明格式如下。

声明 {
    选项或参数;
}

常见声明的使用方法如下。
(1) subnet 网络号 netmask 子网掩码 {…}
作用:定义作用域,指定子网。

subnet 192.168.10.0 netmask 255.255.255.0{
    …
}

注意:网络号必须至少与 DHCP 服务器的一个网络号相同。
(2) range dynamic-bootp 起始 IP 地址 结束 IP 地址
作用:指定动态 IP 地址范围。

range dynamic-bootp 192.168.10.100 192.168.10.200

注意:可以在 subnet 声明中指定多个 range,但它们所定义的 IP 范围不能重复。

4. 常用选项介绍

选项通常用来配置 DHCP 客户端的可选参数,比如定义客户端的 DNS 地址、默认网关等。选项内容都是以 option 关键字开始的。

常见选项用法如下。

（1）option routers IP 地址

作用：为客户端指定默认网关。

```
option routers 192.168.10.254
```

（2）option subnet-mask 子网掩码

作用：设置客户端的子网掩码。

```
option subnet-mask 255.255.255.0
```

（3）option domain-name-servers IP 地址

作用：为客户端指定 DNS 服务器地址。

```
option domain-name-servers 192.168.10.1
```

注意：常用选项中的这些选项可以用在全局配置中，也可以用在局部配置中。

5. IP 地址绑定

在 DHCP 中的 IP 地址绑定用于给客户端分配固定 IP 地址。比如服务器需要使用固定 IP 地址就可以使用 IP 地址绑定，通过 MAC 地址与 IP 地址的对应关系为指定的物理地址计算机分配固定 IP 地址。

整个配置过程需要用到 host 声明和 hardware、fixed-address 参数。

（1）host 主机名｛…｝

作用：用于定义保留地址。例如：

```
host computer1
```

注意：该项通常搭配 subnet 声明使用。

（2）hardware 类型硬件地址

作用：定义网络接口类型和硬件地址。常用类型为以太网（ethernet），地址为 MAC 地址。例如：

```
hardware ethernet 3a:b5:cd:32:65:12
```

（3）fixed-address IP 地址

作用：定义 DHCP 客户端指定的 IP 地址。

```
fixed-address 192.168.10.105
```

注意：IP 地址绑定中介绍的后面两项只能应用于 host 声明中。

6. 租约数据库文件

租约数据库文件用于保存一系列的租约声明，其中包含客户端的主机名、MAC 地址、分配到的 IP 地址，以及 IP 地址的有效期等相关信息。这个数据库文件是可编辑的 ASCII 格式文本文件。每当发生租约变化时，都会在文件结尾添加新的租约记录。

DHCP 刚安装好后，租约数据库文件 dhcpd.leases 是个空文件。

当 DHCP 服务正常运行后就可以使用 cat 命令查看租约数据库文件的内容了。

cat /var/lib/dhcpd/dhcpd.leases

12.3.3 配置 DHCP 应用案例

现在完成一个简单的应用案例。

1. 案例需求

某单位技术部有 60 台计算机,各计算机终端的 IP 地址要求如下。

(1) DHCP 服务器和 DNS 服务器的地址都是 192.168.10.1/24,有效 IP 地址段为 192.168.10.1~192.168.10.254,子网掩码是 255.255.255.0,网关为 192.168.10.254。

(2) 192.168.10.1~192.168.10.30 网段地址是服务器的固定地址。

(3) 客户端可以使用的地址段为 192.168.10.31~192.168.10.200,但 192.168.10.105、192.168.10.107 为保留地址。其中 192.168.10.105 保留给 client1。

(4) 客户端 client1 模拟所有的其他客户端,采用自动获取方式配置 IP 等地址信息。

2. 网络环境搭建

Linux 服务器和客户端的地址及 MAC 信息如表 12-2 所示(可以使用 VM 的克隆技术快速布置需要的 Linux 客户端)。

表 12-2 Linux 服务器和客户端的地址及 MAC 信息

主 机 名 称	操作系统	IP 地址	MAC 地址
DHCP 服务器:RHEL7-1	RHEL 7	192.168.10.1	00:0c:29:2b:88:d8
Linux 客户端:client1	RHEL 7	自动获取	00:0c:29:64:08:86
Linux 客户端:client2	RHEL 7	保留地址	00:0c:29:03:34:02

三台安装好 RHEL 7.4 的计算机的联网方式都设为 host only(VMnet1),一台作为服务器,两台作为客户端使用。

3. 服务器端配置

(1) 定制全局配置和局部配置,局部配置需要把 192.168.10.0/24 网段声明出来,然后在该声明中指定一个 IP 地址池,范围为 192.168.10.31~192.168.10.200,但要去掉 192.168.10.105 和 192.168.10.107,其他 IP 地址分配给客户端使用。应注意 range 的写法。

(2) 要保证使用固定 IP 地址,就要在 subnet 声明中嵌套 host 声明,目的是要单独为 client2 设置固定 IP 地址,并在 host 声明中加入 IP 地址和 MAC 地址绑定的选项以申请固定 IP 地址。全部配置文件内容如下:

```
ddns-update-style none;
log-facility local7;
subnet 192.168.10.0 netmask 255.255.255.0 {
    range 192.168.10.31 192.168.10.104;
    range 192.168.10.106 192.168.10.106;
    range 192.168.10.108 192.168.10.200;
    option domain-name-servers 192.168.10.1;
    option domain-name "myDHCP.smile.com";
    option routers 192.168.10.254;
    option broadcast-address 192.168.10.255;
```

```
        default-lease-time 600;
        max-lease-time 7200;
}
host client2{
        hardware ethernet 00:0c:29:03:34:02;
        fixed-address 192.168.10.105;
}
```

(3) 配置完成,保存文件并退出。重启 dhcpd 服务,并设置为开机时自动启动。

```
[root@RHEL7-1 ~]#systemctl restart dhcpd
[root@RHEL7-1 ~]#systemctl enable dhcpd
Created symlink from /etc/systemd/system/multi-user.target.wants/dhcpd.
service to /usr/lib/systemd/system/dhcpd.service.
```

注意:如果 DHCP 启动失败,可以使用 dhcpd 命令进行排错。一般启动失败的原因如下。

① 配置文件有问题。
- 内容不符合语法结构,例如少一个分号。
- 声明的子网和子网掩码不符合。

② 主机 IP 地址和声明的子网不在同一网段。

③ 主机没有配置 IP 地址。

④ 配置文件路径出问题。比如在 RHEL 6 以下的版本中,配置文件保存为/etc/dhcpd.conf,但是在 RHEL 6 及以上版本中,却保存为/etc/dhcp/dhcpd.conf。

4. 在客户端 client1 上进行测试

如果在真实网络中,以上配置应该不会出问题。但如果用的是 VMware 12 或其他类似版本,虚拟机中的 Windows 客户端可能会获取到 192.168.79.0 网络中的一个地址,与我们的预期目标不一致。这种情况下需要关闭 VMnet8 和 VMnet1 的 DHCP 服务功能。解决方法如下(本处的服务器和客户机的网络连接都使用 VMnet1)。

(1) 在 VMware 主窗口中依次选择"编辑"→"虚拟网络编辑器"命令,打开"虚拟网络编辑器"对话框,选中 VMnet1 或 VMnet8,禁用对应的 DHCP 服务启用选项,如图 12-3 所示。

(2) 以 root 用户身份登录名为 client1 的 Linux 计算机,依次选择 Applications→System Tools→Settings→Network 命令,打开 Network 对话框,如图 12-4 所示。

(3) 单击"齿轮"图标,在弹出的 Wired 对话框中单击 IPv4,并将 Addresses 选项配置为 Automatic(DHCP),最后单击 Apply 按钮,如图 12-5 所示。

(4) 在图 12-6 中先选择 OFF 关闭 Wired,再选择 ON 打开 Wired。这时会看到 client1 成功获取到了 DHCP 服务器地址池的一个地址。

5. 在客户端 client2 上进行测试

同样以 root 用户身份登录名为 client2 的 Linux 计算机,按上面"在客户端 client1 上进行测试"的方法,设置 client 自动获取 IP 地址,最后的结果如图 12-7 所示。

注意:利用网络卡配置文件也可设置使用 DHCP 服务器获取 IP 地址。在该配置文件中,将"IPADDR=192.168.1.1、PREFIX=24、NETMASK=255.255.255.0、HWADDR=

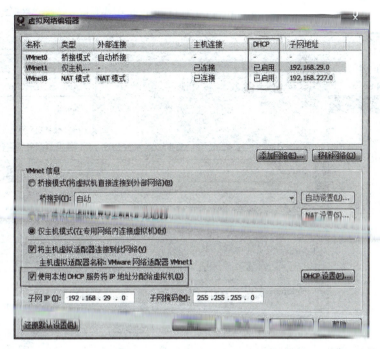

图 12-3 "虚拟网络编辑器"对话框

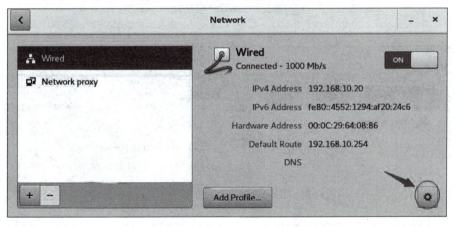

图 12-4 Network 对话框

00：0C：29：A2：BA：98"等内容删除，将"BOOTPROTO＝none"改为"BOOTPROTO＝dhcp"。设置完成，一定要重启 NetworkManager 服务。

6. Windows 客户端配置

（1）Windows 客户端配置比较简单，在 TCP/IP 协议属性中设置自动获取就可以。

（2）在 Windows 命令提示符下，利用 ipconfig 命令释放 IP 地址后，可以重新获取 IP 地址。

释放 IP 地址如下。

```
ipconfig /release
```

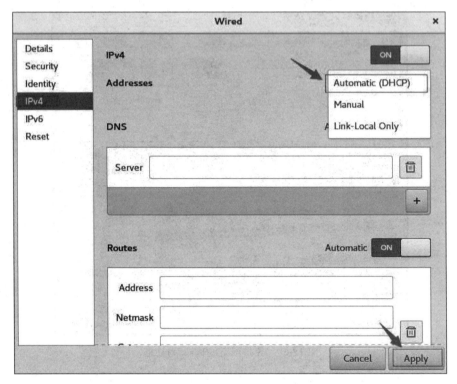

图 12-5 Wired 对话框

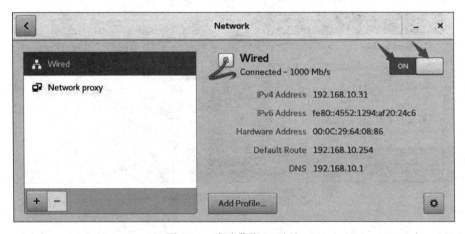

图 12-6 成功获取 IP 地址

重新申请 IP 地址如下。

```
ipconfig /renew
```

7. 在服务器 RHEL7-1 端查看租约数据库文件

```
[root@RHEL7-1 ~]# cat /var/lib/dhcpd/dhcpd.leases
```

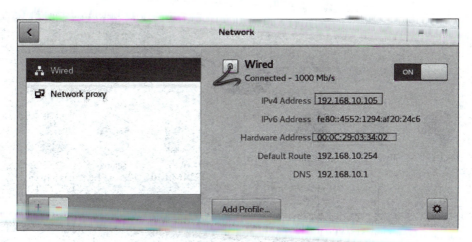

图 12-7 客户端 client2 成功获取 IP 地址

12.4 实训项目 Linux 下 DHCP 服务器的配置与管理

1. 实训目的
- 掌握 DHCP 服务器的基本配置。
- 掌握 DHCP 客户端的配置和测试。
- 掌握在网络中部署 DHCP 服务器的解决方案。
- 掌握 DHCP 服务器中继代理的配置。
- 实训前请扫二维码观看录像,了解如何配置与管理 DHCP 服务器。

2. 项目背景

(1) 某企业计划构建一台 DHCP 服务器来解决 IP 地址动态分配的问题,要求能够分配 IP 地址以及网关、DNS 等其他网络属性信息。同时要求 DHCP 服务器为 DNS、Web、samba 服务器分配固定 IP 地址。该公司网络拓扑如图 12-8 所示。

企业 DHCP 服务器 IP 地址为 192.168.1.2。DNS 服务器的域名为 dns.jnrp.cn,IP 地址为 192.168.1.3;Web 服务器 IP 地址为 192.168.1.10;samba 服务器 IP 地址为 192.168.1.5;网关地址为 192.168.1.254;地址范围为 192.168.1.3~192.168.1.150,掩码为 255.255.255.0。

(2) 配置 DHCP 超级作用域。企业内部建立 DHCP 服务器,网络规划采用单作用域的结构,使用 192.168.1.0/24 网段的 IP 地址。随着公司规模的扩大和设备数量的增多,现有的 IP 地址无法满足网络的需求,需要添加可用的 IP 地址。这时可以使用超级作用域完成增加 IP 地址的目的,在 DHCP 服务器上添加新的作用域,使用 192.168.8.0/24 网段扩展网络地址的范围。

该公司网络拓扑如图 12-9 所示(注意各虚拟机网卡的不同网络连接方式)。

(3) 配置 DHCP 中继代理。公司内部存在两个子网,分别为 192.168.1.0/24 和 192.168.3.0/24,现在需要使用一台 DHCP 服务器为这两个子网客户机分配 IP 地址。该公司网

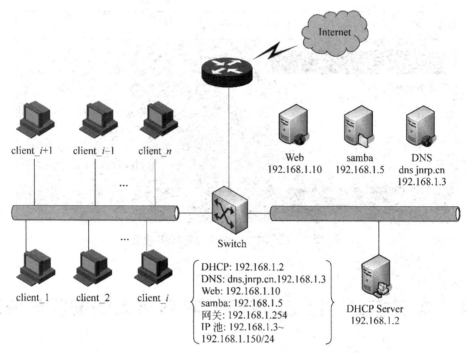

图 12-8 DHCP 服务器搭建网络拓扑

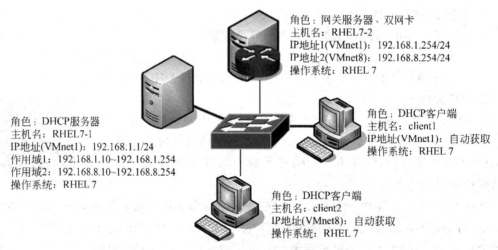

图 12-9 配置超级作用域网络拓扑

络拓扑如图 12-10 所示。

3. 项目要求

按要求配置 DHCP 服务器、DHCP 超级作用域和 DHCP 中继代理并测试。

4. 深度思考

在观看录像时思考以下问题。

(1) DHCP 软件包中哪些是必需的？哪些是可选的？

(2) DHCP 服务器的范本文件如何获得？

项目 12　Linux 下配置与管理 DHCP 服务器

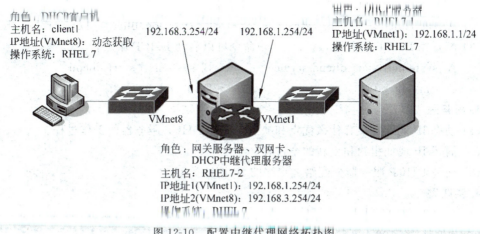

图 12-10　配置中继代理网络拓扑图

(3) 如何设置保留地址？进行 host 声明的设置时有何要求？

(4) 超级作用域的作用是什么？

(5) 配置中继代理要注意哪些问题？视频中的版本是 7.0，我们现在用的是 7.4，在配置 DHCP 中继时有哪些区别？请认真总结思考。

5. 做一做

根据项目要求及录像内容将项目完整无误地完成。

12.5　习题

1. 填空题

(1) DHCP 工作过程包括_____、_____、_____、_____ 4 种报文。

(2) 如果 DHCP 客户端无法获得 IP 地址，将自动从_____地址段中选择一个作为自己的地址。

(3) 在 Windows 环境下，使用_____命令可以查看 IP 地址配置，释放 IP 地址使用_____命令，续租 IP 地址使用_____命令。

(4) DHCP 是一个简化主机 IP 地址分配管理的 TCP/IP 标准协议，英文全称是_____，中文名称为_____。

(5) 当客户端注意到它的租用期到了_____以上时，就要更新该租用期。这时它发送一个_____信息包给它所获得原始信息的服务器。

(6) 当租用期达到期满时间的近_____时，客户端如果在前一次请求中没能更新租用期，它会再次试图更新租用期。

(7) 配置 Linux 客户端需要修改网卡配置文件，将 BOOTPROTO 项设置为_____。

2. 选择题

(1) TCP/IP 中用来进行 IP 地址自动分配的协议是(　　)。

　　A. ARP　　　　　B. NFS　　　　　C. DHCP　　　　　D. DNS

309

(2) DHCP 租约文件默认保存在（　　）目录中。

　　A. /etc/dhcp　　　　B. /etc　　　　C. /var/log/dhcp　　D. /var/lib/dhcpd

(3) 配置完 DHCP 服务器，运行（　　）命令可以启动 DHCP 服务。

　　A. systemctl start dhcpd.service　　　　B. systemctl start dhcpd

　　C. start dhcpd　　　　　　　　　　　　D. dhcpd on

3. 简答题

(1) 动态 IP 地址方案有什么优点和缺点？简述 DHCP 服务器的工作过程。

(2) 简述 IP 地址租约和更新的全过程。

(3) 简述 DHCP 服务器分配给客户端的 IP 地址类型。

4. 实践题

(1) 建立 DHCP 服务器，为子网 A 内的客户机提供 DHCP 服务。具体参数如下。

- IP 地址段：192.168.11.101～192.168.11.200；子网掩码：255.255.255.0。
- 网关地址：192.168.11.254。
- 域名服务器：192.168.10.1。
- 子网所属域的名称：smile.com。
- 默认租约有效期：1 天；最大租约有效期：3 天。

请写出详细解决方案并上机实现。

(2) DHCP 服务器超级作用域配置习题。

企业内部建立 DHCP 服务器，网络规划采用单作用域的结构，使用 192.168.8.0/24 网段的 IP 地址。随着公司规模的扩大，设备数量增多，现有的 IP 地址无法满足网络的需求，需要添加可用的 IP 地址。这时可以使用超级作用域完成增加 IP 地址的目的，在 DHCP 服务器上添加新的作用域，使用 192.168.9.0/24 网段扩展网络地址的范围。

请写出详细解决方案并上机实现。

项目 13 Linux 下配置与管理 Apache 服务器

 项目背景

某学院组建了校园网，建设了学院网站。现需要架设 Web 服务器来为学院网站安家，同时在网站上传和更新时，需要用到文件上传和下载，因此还要架设 FTP 服务器，为学院内部和互联网用户提供 WWW、FTP 等服务。本项目实践配置与管理 Apache 服务器。

 项目目标

- 认识 Apache。
- 掌握 Apache 服务的安装与启动。
- 掌握 Apache 服务的主配置文件。
- 掌握各种 Apache 服务器的配置。
- 学会创建 Web 网站和虚拟主机。

13.1 相关知识

由于能够提供图形、声音等多媒体数据，再加上可以交互的动态 Web 语言的广泛普及，WWW（World Wide Web）早已成为 Internet 用户所最喜欢的访问方式。一个最重要的证明就是，当前的绝大部分 Internet 流量都是由 WWW 浏览产生的。

13.1.1 Web 服务概述

WWW 服务是解决应用程序之间相互通信的一项技术。严格地说，WWW 服务是描述一系列操作的接口，它使用标准的、规范的 XML 描述接口。这一描述中包括与服务进行交互所需要的全部细节，包括消息格式、传输协议和服务位置。而在对外的接口中隐藏了服务实现的细节，仅提供一系列可执行的操作，这些操作独立于软、硬件平台和编写服务所用的编程语言。WWW 服务既可单独使用，又可同其他 WWW 服务一起使用，实现复杂的商业功能。

1. Web 服务简介

WWW 是 Internet 上被广泛应用的一种信息服务技术。WWW 采用的是客户/服务器结构,整理和存储各种WWW资源,并响应客户端软件的请求,把所需的信息资源通过浏览器传送给用户。

Web服务通常可以分为两种:静态Web服务和动态Web服务。

2. HTTP

HTTP(Hypertext Transfer Protocol,超文本传输协议)可以算得上是目前互联网基础上的一个重要组成部分。而Apache、IIS服务器是HTTP协议的服务器软件,微软的Internet Explorer和Mozilla的Firefox则是HTTP协议的客户端实现。

(1) 客户端访问Web服务器的过程

一般客户端访问Web内容要经过3个阶段:在客户端和Web服务器间建立连接、传输相关内容、关闭连接。

① Web浏览器使用HTTP命令向服务器发出Web请求(一般是使用GET命令要求返回一个页面,但也有POST等命令)。

② 服务器接收到Web页面请求后,就发送一个应答并在客户端和服务器之间建立连接。图13-1所示为建立连接示意图。

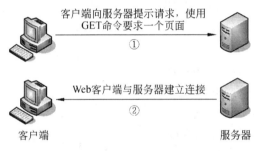

图13-1 Web客户端和服务器之间建立连接

③ 服务器Web查找客户端所需文档,若Web服务器查找到所请求的文档,就会将所请求的文档传送给Web浏览器。若该文档不存在,则服务器会发送一个相应的错误提示文档给客户端。

④ Web浏览器接收到文档后,就将它解释并显示在屏幕上。图13-2所示为传输相关内容示意图。

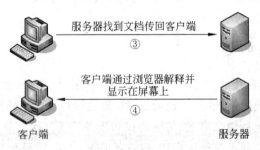

图13-2 Web客户端和服务器之间进行数据传输

⑤ 当客户端浏览完成后,就断开与服务器的连接。图13-3所示为关闭连接示意图。

(2) 端口

HTTP请求的默认端口是80,但是也可以配置某个Web服务器使用另外一个端口(比

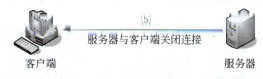

图 13-3　Web 客户端和服务器之间关闭连接

如 8080)。这就能让同一台服务器上运行多个 Web 服务器,每个服务器监听不同的端口。但是要注意,访问端口是 80 的服务器,由于是默认设置,所以不需要写明端口号。如果访问的一个服务器是 8080 端口,那么端口号就不能省略,它的访问方式就变成了:

http://www.smile.com:8080/

13.1.2　LAMP 模型

在互联网中,动态网站是最流行的 Web 服务器类型。在 Linux 平台下搭建动态网站的组合,采用最广泛的为 LAMP,即 Linux、Apache、MySQL 以及 PHP 4 个开源软件构建,取英文第一个字母的缩写命名。

Linux 是基于 GPL 协议的操作系统,具有稳定、免费、多用户、多进程的特点。Linux 的应用非常广泛,是服务器操作系统的理想选择。

Apache 为 Web 服务器软件,与微软公司的 IIS 相比,Apache 具有快速、廉价、易维护、安全可靠等优势,并且开放源代码。

MySQL 是关系数据库系统软件。由于它的强大功能、灵活性、良好的兼容性,以及精巧的系统结构,作为 Web 服务器的后台数据库,应用极为广泛。

PHP 是一种基于服务端来创建动态网站的脚本语言。PHP 开放源码,支持多个操作平台,可以运行在 Windows 和多种版本的 UNIX 上。它不需要任何预先处理而快速反馈结果,并且 PHP 消耗的资源较少,当 PHP 作为 Apache 服务器的一部分时,运行代码不需要调用外部程序,服务器不需要承担任何额外的负担。

PHP 应用程序通过请求的 URL 或者其他信息,确定应该执行什么操作。如有需要,服务器会从 MySQL 数据库中获得信息,将这些信息通过 HTML 进行组合,形成相应网页,并将结果返回给客户机。当用户在浏览器中操作时,这个过程重复进行,多个用户访问 LAMP 系统时,服务器会进行并发处理。

13.1.3　流行的 WWW 服务器软件

目前网络上流行着各种各样的 WWW 服务器软件,其中最有名的莫过于微软的 IIS 和免费的 Apache。到底哪个才更适合我们呢?

(1) 免费与收费

首先,我们知道 IIS 是 Windows 服务器操作系统中的内置组件,所以要想使用它,就必须购买正版的 Windows。反观 Apache,软件本身是完全免费的,而且可以跨平台用在 Linux、UNIX 和 Windows 操作系统下。

(2) 稳定性

WWW 服务需要长时间接受用户的访问,所以稳定性至关重要。使用过 IIS 的用户都知道,它的编号为 500 的内部错误着实令人讨厌,时不时要重新启动才能保持高效率;而 Apache 虽然配置起来稍嫌复杂,不过设置完毕之后就可以长期工作了。对于稳定性,Apache 比 IIS 优越是显而易见的。

(3) 扩展性

一般来说,扩展性是指 WWW 服务提供工具是否可以应用于多种场合、多种网络情况和多种操作系统。IIS 只能在微软公司的 Windows 操作系统下使用,而 Apache 显然是一个多面手,它不仅可用于 Windows 平台,对于 Linux、UNIX、FreeBSD 等操作系统来说也完全可以胜任。

另外,扩展性也是指 WWW 服务器软件对于各种插件的支持,在这方面,IIS 和 Apache 表现不相上下,对于 Perl、CGI、PHP 和 Java 等都能够完美支持。

13.1.4　Apache 服务器简介

Apache HTTP Server(简称 Apache)是 Apache 软件基金会维护开发的一个开放源代码的网页服务器,可以在大多数计算机操作系统中运行,由于其多平台和安全性被广泛使用,是最流行的 Web 服务器端软件之一。它快速、可靠并且可通过简单的 API 扩展,将 Perl/Python 等解释器编译到服务器中。

1. Apache 的历史

Apache 起初是由伊利诺伊大学香槟分校的国家超级计算机应用中心(NCSA)开发的,此后,Apache 被开放源代码团体的成员不断地发展和加强。Apache 服务器拥有牢靠、可信的美誉,已用在超过半数的 Internet 网站中,几乎包含所有的最热门和访问量最大的网站。

Apache 开始只是 Netscape 网页服务器(现在是 Sun ONE)之外的开放源代码选择,渐渐地,它开始在功能和速度上超越其他的基于 UNIX 的 HTTP 服务器。1996 年 4 月以来,Apache 一直是 Internet 上最流行的 HTTP 服务器。

小资料:当 Apache 在 1995 年年初开发的时候,它是由当时最流行的 HTTP 服务器 NCSA HTTPd 1.3 的代码修改而成的,因此是"一个修补的"服务器。然而在服务器官方网站的问题解答中是这样解释的:"Apache 这个名字是为了纪念名为 Apache(印地语)的美洲印第安人土著的一支,众所周知,他们拥有高超的作战策略和无穷的耐性。"

读者如果有兴趣,可以登录 http://www.netcraft.com 查看 Apache 最新的市场份额占有率,还可以在这个网站查询某个站点使用的服务器情况。

2. Apache 的特性

Apache 支持众多功能,这些功能绝大部分都是通过编译模块实现的。这些特性从服务器端的编程语言支持到身份认证方案。

一些通用的语言接口支持 Perl、Python 和 PHP,流行的认证模块包括 mod_access、rood_auth 和 rood_digest,还有 SSL 和 TLS 支持(mod_ssl)、代理服务器(proxy)模块、很有用的 URL 重写(由 rood_rewrite 实现)、定制日志文件(mod_log_config),以及过滤支持(mod_include 和 mod_ext_filter)。

Apache 日志可以通过网页浏览器使用免费的脚本 AWStats 或 Visitors 来进行分析。

13.2 项目设计及准备

13.2.1 项目设计

利用 Apache 服务建立普通 Web 站点，以及基于主机和用户认证的访问控制。

13.2.2 项目准备

安装有企业服务器版 Linux 的 PC 一台、测试用计算机两台（Windows 7、Linux）。并且两台计算机都联入局域网。该环境也可以用虚拟机实现。规划好各台主机的 IP 地址，如表 13-1 所示。

表 13-1 Linux 服务器和客户端信息

主机名称	操作系统	IP	角色
RHEL7-1	RHEL 7	192.168.10.1/24	Web 服务器；VMnet1
client1	RHEL 7	192.168.10.20/24	Linux 客户端；VMnet1
Win1	Windows 7	192.168.10.40/24	Windows 客户端；VMnet1

13.3 项目实施

13.3.1 安装、启动与停止 Apache 服务

1. 安装 Apache 相关软件

```
[root@RHEL7-1 ~]#rpm -q httpd
[root@RHEL7-1 ~]#mkdir /iso
[root@RHEL7-1 ~]#mount /dev/cdrom /iso
[root@RHEL7-1 ~]#yum clean all              //安装前先清除缓存
[root@RHEL7-1 ~]#yum install httpd -y
[root@RHEL7-1 ~]#yum install firefox -y     //安装浏览器
[root@RHEL7-1 ~]#rpm -qa|grep httpd         //检查安装组件是否成功
```

注意：一般情况下，firefox 默认已经安装，需要根据情况而定。

2. 让防火墙放行，并设置 SELinux 为允许

需要注意的是，Red Hat Enterprise Linux 7 采用了 SELinux 这种增强的安全模式，在默认的配置下，只有 SSH 服务可以通过。像 Apache 这种服务，在安装、配置、启动完毕后，还需要为它放行。

使用防火墙命令放行 http 服务，命令如下。

```
[root@RHEL7-1 ~]#firewall-cmd --list-all
[root@RHEL7-1 ~]#firewall-cmd --permanent --add-service=http
success
```

```
[root@RHEL7-1 ~]#firewall-cmd --reload
success
[root@RHEL7-1 ~]#firewall-cmd --list-all
public (active)
  target: default
  icmp-block-inversion: no
  interfaces: ens33
  sources:
  services: ssh dhcpv6-client samba dns http
  …
```

3. 测试 httpd 服务是否安装成功

安装完 Apache 服务器后，启动它，并设置开机自动加载 Apache 服务。

```
[root@RHEL7-1 ~]#systemctl start httpd
[root@RHEL7-1 ~]#systemctl enable httpd
[root@RHEL7-1 ~]#firefox http://127.0.0.1
```

如果看到如图 13-4 所示的提示信息，则表示 Apache 服务器已安装成功。也可以在 Applications 菜单中直接启动 firefox，然后在地址栏输入 http://127.0.0.1，测试是否成功安装。

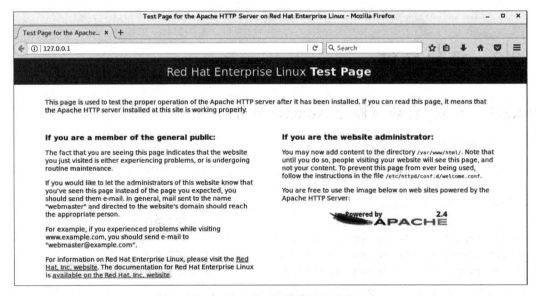

图 13-4　Apache 服务器运行正常

启动或重新启动、停止 Apache 服务的命令为

```
[root@RHEL7-1 ~]#systemctl start/restart/stop httpd
```

13.3.2　认识 Apache 服务器的配置文件

在 Linux 系统中配置服务，其实就是修改服务的配置文件，httpd 服务程序的主要配置文件及存放位置如表 13-2 所示。

表 13-2　Linux 系统中的配置文件

配置文件的名称	存放位置
服务目录	/etc/httpd
主配置文件	/etc/httpd/conf/httpd.conf
网站数据目录	/var/www/html
访问日志	/var/log/httpd/access_log
错误日志	/var/log/httpd/error_log

Apache 服务器的主配置文件是 httpd.conf，该文件通常存放在 /etc/httpd/conf 目录下。文件看起来很复杂，其实很多是注释内容。本节先作概略介绍，后面的章节将给出实例，非常容易理解。

httpd.conf 文件不区分大小写，在语义上理解以"#"开始的行为注释行。除了注释和空行外，服务器把其他的行认为是完整的或部分的指令。指令又分为类似于 shell 的命令和伪 HTML 标记。指令的语法为"配置参数名称 参数值"。伪 HTML 标记的语法格式如下。

```
<Directory />
    Options FollowSymLinks
    AllowOverride None
</Directory>
```

在 httpd 服务程序的主配置文件中存在三种类型的信息：注释行信息、全局配置、区域配置。在 httpd 服务程序主配置文件中，最为常用的参数如表 13-3 所示。

表 13-3　配置 httpd 服务程序时最常用的参数以及用途描述

参　数	用　途
ServerRoot	服务目录
ServerAdmin	管理员邮箱
User	运行服务的用户
Group	运行服务的用户组
ServerName	网站服务器的域名
DocumentRoot	文档根目录（网站数据目录）
Directory	网站数据目录的权限
Listen	监听的 IP 地址与端口号
DirectoryIndex	默认的索引页页面
ErrorLog	错误日志文件
CustomLog	访问日志文件
Timeout	网页超时时间，默认为 300s

从表 13-3 中可知，DocumentRoot 参数用于定义网站数据的保存路径，其参数的默认值是把网站数据存放到 /var/www/html 目录中；而当前网站普遍的首页面名称是 index.html，因此可以向 /var/www/html 目录中写入一个文件，替换 httpd 服务程序的默认首页面，该操作会立即生效（在本机上测试）。

```
[root@RHEL7-1 ~]# echo "Welcome To MyWeb" >/var/www/html/index.html
[root@RHEL7-1 ~]# firefox http://127.0.0.1
```

程序的首页面内容已经发生了改变,如图 13-5 所示。

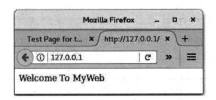

图 13-5　首页内容已发生改变

提示：如果没有出现希望的画面,而是仍回到默认页面,那一定是 SELinux 的问题,请在终端命令行运行 setenforce 0 后再测试。

13.3.3　常规设置 Apache 服务器实例

1. 设置文档根目录和首页文件实例

【例 13-1】　默认情况下,网站的文档根目录保存在/var/www/html 中。如果想把保存网站文档的根目录修改为/home/wwwroot,并且将首页文件修改为 myweb.html,管理员 E-mail 地址为 root@long.com,网页的编码类型采用 GB 2312,那么该如何操作呢？

(1) 分析。文档根目录是一个较为重要的设置,一般来说,网站上的内容都保存在文档根目录中。在默认情况下,所有的请求都从这里开始,除了记号和别名将改指它处以外。而打开网站时所显示的页面即该网站的首页(主页)。首页的文件名是由 DirectoryIndex 字段来定义的。默认情况下,Apache 默认的首页名称为 index.html。当然也可以根据实际情况进行更改。

(2) 解决方案如下。

① 在 RHEL7-1 上修改文档的根据目录为/home/www,并创建首页文件 myweb.html。

```
[root@RHEL7-1 ~]# mkdir /home/www
[root@RHEL7-1 ~]# echo "The Web's DocumentRoot Test" >/home/www/myweb.html
```

② 在 RHEL7-1 上,打开 httpd 服务程序的主配置文件,将第 119 行用于定义网站数据保存路径的参数 DocumentRoot 修改为/home/www,同时还需要将第 124 行用于定义目录权限的参数 Directory 后面的路径也修改为/home/www,将第 164 行修改为 DirectoryIndex myweb.html index.html。配置文件修改完毕后即可保存并退出。

```
[root@RHEL7-1 ~]# vim /etc/httpd/conf/httpd.conf
...
86 ServerAdmin root@long.com
119 DocumentRoot "/home/www"
...
124 <Directory "/home/www">
125 AllowOverride None
126 #Allow open access:
```

127   Require all granted
128 </Directory>
...

163 <IfModule dir_module>
164   DirectoryIndex index.html myweb.html
165 </IfModule>
...

注意：更改了网站的主目录，一定要修改相对应的目录权限，否则会出现灾难性后果。

③ 让防火墙放行 http 服务，重启 httpd 服务。

```
[root@RHEL7-1 ~]#firewall-cmd --permanent --add-service=http
[root@RHEL7-1 ~]#firewall-cmd --reload
[root@RHEL7-1 ~]#systemctl restart httpd
```

④ 在 client1 上测试（RHEL7-1 和 client1 都是 VMnet1 连接，保证互相通信），结果显示了默认首页面。

```
[root@client1 ~]#firefox http://192.168.10.1
```

⑤ 故障排除。为什么看到了 httpd 服务程序的默认首页面？其情况下，只有在网站的首页面文件不存在或者用户权限不足时，才显示 httpd 服务程序的默认首页面。更奇怪的是，在尝试访问 http：//192.168.10.1/myweb.html 页面时，竟然发现页面显示"Forbidden,You don't have permission to access /myweb.html on this server."，如图 13-6 所示。这是什么原因呢？是 SELinux 的问题。解决方法是在服务器端运行 setenforce 0，设置 SELinux 为允许。

```
[root@RHEL7-1 ~]#getenforce
Enforcing
[root@RHEL7-1 ~]#setenforce 0
[root@RHEL7-1 ~]#getenforce
Permissive
```

图 13-6　在客户端测试失败

（3）更改当前的 SELinux 值，后面可以跟 Enforcing、Permissive 或者 1、0。

```
[root@RHEL7-1 ~]#setenforce 0
[root@RHEL7-1 ~]#getenforce
Permissive
```

注意：①利用 setenforce 命令设置 SELinux 的值，重启系统后失效。如果再次使用 httpd，则仍需重新设置 SELinux，否则客户端无法访问 Web 服务器。②如果想长期有效，请编辑修改 /etc/sysconfig/selinux 文件，按需要赋予 SELinux 相应的值（Enforcing、Permissive 或者 0、1）。③本书多次提到防火墙和 SELinux，请读者一定注意，许多问题可能是防火墙和 SELinux 引起的，而对于系统重启后失效的情况也要了如指掌。

提示：设置完成后再一次测试的结果如图 13-7 所示。设置这个环节的目的是强调 SELinux 的问题十分重要！强烈建议如果暂时不能很好地掌握 SELinux 的细节，在做实训时一定运行命令 setenforce 0。

2. 用户个人主页实例

现在许多网站(例如,www.163.com)都允许用户拥有自己的主页空间,而用户可以很容易地管理自己的主页空间。Apache 可以实现用户的个人主页。客户端在浏览器中浏览个人主页的 URL 地址格式为

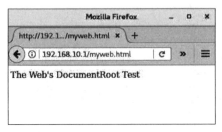

图 13-7　在客户端测试成功

```
http://域名/~username
```

其中,"~username"在利用 Linux 系统中的 Apache 服务器来实现时,是 Linux 系统的合法用户名(该用户必须在 Linux 系统中存在)。

【例 13-2】　在 IP 地址为 192.168.10.1 的 Apache 服务器中,为系统中的 long 用户设置个人主页空间。该用户的家目录为/home/long,个人主页空间所在的目录为 public_html。

实现步骤如下。

(1) 修改用户的家目录权限,使其他用户具有读取和执行的权限。

```
[root@RHEL7-1 ~]#useradd long
[root@RHEL7-1 ~]#passwd long
[root@RHEL7-1 ~]#chmod 705 /home/long
```

(2) 创建存放用户个人主页空间的目录。

```
[root@RHEL7-1 ~]#mkdir /home/long/public_html
```

(3) 创建个人主页空间的默认首页文件。

```
[root@RHEL7-1 ~]#cd /home/long/public_html
[root@RHEL7-1 public_html]#echo "this is long's web.">>index.html
[root@RHEL7-1 public_html]#cd
```

(4) 在 httpd 服务程序中,默认没有开启个人用户主页功能。为此,需要编辑配置文件/etc/httpd/conf.d/userdir.conf ,然后在第 17 行的 UserDir disabled 参数前面加上井号(♯),表示让 httpd 服务程序开启个人用户主页功能;同时再把第 24 行的 UserDir public_html 参数前面的井号(♯)去掉(UserDir 参数表示网站数据在用户家目录中的保存目录名称,即 public_html 目录)。修改完毕后保存退出。(在 vim 编辑状态记得使用": set nu"命令显示行号。)

```
[root@RHEL7-1 ~]#vim /etc/httpd/conf.d/userdir.conf
…
17 #UserDir disabled
…
24   UserDir public_html
…
```

(5) SELinux 设置为允许,让防火墙放行 httpd 服务,重启 httpd 服务。

```
[root@RHEL7-1 ~]#setenforce 0
```

```
[root@RHEL7-1 ~]#firewall-cmd --permanent --add-service=http
[root@RHEL7-1 ~]#firewall-cmd --reload
[root@RHEL7-1 ~]#firewall-cmd --list-all
[root@RHEL7-1 ~]#systemctl restart httpd
```

（6）在客户端的浏览器中输入 http：//192.168.10.1/~long/，看到的个人空间的访问效果如图 13-8 所示。

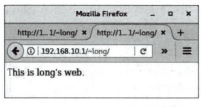

图 13-8 用户个人空间的访问效果

思考：如果运行如下命令再在客户端测试，结果又会如何呢？试一试并思考原因。

```
[root@RHEL7-1 ~]#setenforce 1
[root@RHEL7-1 ~]#setsebool -P httpd_enable_homedirs=on
```

1. 虚拟目录实例

要从 Web 站点主目录以外的其他目录发布站点，可以使用虚拟目录实现。虚拟目录是一个位于 Apache 服务器主目录之外的目录，它不包含在 Apache 服务器的主目录中，但在访问 Web 站点的用户看来，它与位于主目录中的子目录是一样的。每一个虚拟目录都有一个别名，客户端可以通过此别名来访问虚拟目录。

由于每个虚拟目录都可以分别设置不同的访问权限，因此非常适合于不同用户对不同目录拥有不同权限的情况。另外，只有知道虚拟目录名的用户才可以访问此虚拟目录，除此之外的其他用户将无法访问此虚拟目录。

在 Apache 服务器的主配置文件 httpd.conf 中，通过 Alias 指令设置虚拟目录。

【例 13-3】 在 IP 地址为 192.168.10.1 的 Apache 服务器中创建名为/test/的虚拟目录，它对应的物理路径是/virdir/，并在客户端测试。

（1）创建物理目录/virdir/。

```
[root@RHEL7-1 ~]#mkdir -p /virdir/
```

（2）创建虚拟目录中的默认首页文件。

```
[root@RHEL7-1 ~]#cd /virdir/
[root@RHEL7-1 virdir]#echo "This is Virtual Directory sample.">>index.html
```

（3）修改默认文件的权限，使其他用户具有读和执行权限。

```
[root@RHEL7-1 virdir]#chmod 705 /virdir/index.html
```

或者

```
[root@RHEL7-1 virdir]#chmod 705 /virdir -R
[root@RHEL7-1 virdir]#cd
```

(4) 修改/etc/httpd/conf/httpd.conf 文件，添加下面的语句。

```
Alias /test "/virdir"
<Directory "/virdir">
  AllowOverride None
  Require all granted
</Directory>
```

(5) SELinux 设置为允许，让防火墙放行 httpd 服务，重启 httpd 服务。

```
[root@RHEL7-1 ~]#setenforce 0
[root@RHEL7-1 ~]#firewall-cmd --permanent --add-service=http
[root@RHEL7-1 ~]#firewall-cmd --reload
[root@RHEL7-1 ~]#firewall-cmd --list-allt
[root@RHEL7-1 ~]#systemctl restart httpd
```

(6) 在客户端 client1 的浏览器中输入 http://192.168.10.1/test 后，看到的虚拟目录的访问效果如图 13-9 所示。

13.4 实训项目　Linux 下 Apache 服务器的配置与管理

1. 实训目的
- 掌握 Apache 服务器的主配置文件。
- 掌握各种 Apache 服务器的配置。
- 学会创建 Web 网站和虚拟主机。
- 实训前请扫二维码观看录像，了解如何配置与管理 Apache 服务器。

2. 项目背景
假如你是某学校的网络管理员，学校的域名为 www.king.com，学校计划为每位教师开通个人主页服务，为教师与学生之间建立沟通的平台。该学校网络拓扑如图 13-9 所示。

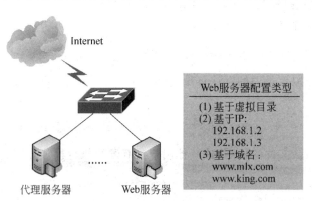

图 13-9　Web 服务器搭建与配置网络拓扑

学校计划为每位教师开通个人主页服务，要求实现如下功能。

(1) 网页文件上传完成后立即自动发布，URL 为"http：//www.king.com/~用户名"。

(2) 在 Web 服务器中建立一个名为 private 的虚拟目录，其对应的物理路径是/data/private，并配置 Web 服务器对该虚拟目录启用用户认证，只允许 kingma 用户访问。

(3) 在 Web 服务器中建立一个名为 private 的虚拟目录，其对应的物理路径是/dir1/tcst，并配置 Web 服务器仅允许来自网络 long60.net 域和 192.168.1.0/24 网段的客户机访问该虚拟目录。

(4) 使用 192.168.1.2 和 192.168.1.3 两个 IP 地址，创建基于 IP 地址的虚拟主机。其中 IP 地址为 192.168.1.2 的虚拟主机对应的主目录为/var/www/ip2，IP 地址为 192.168.1.3 的虚拟主机对应的主目录为/var/www/ip3。

(5) 创建基于 www.mlx.com 和 www.king.com 两个域名的虚拟主机，域名为 www.mlx.com 的虚拟主机对应的主目录为/var/www/mlx，域名为 www.king.com 的虚拟主机对应的主目录为/var/www/king。

3. 项目要求

按要求完成 Apache 服务器的配置和测试。

4. 深度思考

在观看录像时思考以下几个问题。

(1) 使用虚拟目录有什么好处？

(2) 基于域名的虚拟主机的配置要注意什么？

(3) 如何启用用户身份认证？

5. 做一做

根据项目要求及录像内容将项目完整无缺地完成。

13.5 习题

1. 填空题

(1) Web 服务器使用的协议是_____，英文全称是_____，中文名称是_____。

(2) HTTP 请求的默认端口是_____。

(3) Red Hat Enterprise Linux 6 采用了 SELinux 这种增强的安全模式，在默认的配置下，只有_____服务可以通过。

(4) 在命令行控制台窗口，输入_____命令打开 Linux 配置工具选择窗口。

2. 选择题

(1) 可以用于配置 Red Hat Linux 在启动时自动启动的 httpd 服务的命令是(　　)。
  A. service　　　　B. ntsysv　　　　C. useradd　　　　D. startx

(2) 在 Red Hat Linux 中手工安装 Apache 服务器时，默认的 Web 站点的目录为(　　)。
  A. /etc/httpd　　　　　　　　　　B. /var/www/html
  C. /etc/home　　　　　　　　　　D. /home/httpd

(3) 对于 Apache 服务器，提供的子进程的默认用户是(　　)。

    A. root   B. apached   C. httpd   D. nobody

（4）世界上应用最广泛的 Web 服务器是（ ）。

    A. Apache   B. IIS   C. SunONE   D. NCSA

（5）Apache 服务器默认的工作方式是（ ）。

    A. inetd   B. xinetd   C. standby   D. standalone

（6）用户的主页存放的目录由文件 httpd.conf 的（ ）参数设定。

    A. UserDir   B. Directory   C. public_html   D. DocumentRoot

（7）设置 Apache 服务器时，一般将服务的端口绑定到系统的（ ）端口上。

    A. 10000   B. 23   C. 80   D. 53

（8）下面（ ）不是 Apahce 基于主机的访问控制指令。

    A. allow   B. deny   C. order   D. all

（9）当服务器产生错误时，用来设定显示在浏览器上的管理员的 E-mail 地址的命令是（ ）。

    A. Servername   B. ServerAdmin

    C. ServerRoot   D. DocumentRoot

（10）在 Apache 基于用户名的访问控制中，生成用户密码文件的命令是（ ）。

    A. smbpasswd   B. htpasswd   C. passwd   D. password

3. 实践题

1) 建立 Web 服务器，同时建立一个名为/mytest 的虚拟目录，并完成以下设置。

（1）设置 Apache 根目录为/etc/httpd。

（2）设置首页名称为 test.html。

（3）设置超时时间为 240s。

（4）设置客户端连接数为 500。

（5）设置管理员 E-mail 地址为 root@smile.com。

（6）虚拟目录对应的实际目录为/linux/apache。

（7）将虚拟目录设置为仅允许 192.168.0.0/24 网段的客户端访问。

分别测试 Web 服务器和虚拟目录。

2) 在文档目录中建立 security 目录，并完成以下设置。

（1）对该目录启用用户认证功能。

（2）仅允许 user1 和 user2 账号访问。

（3）更改 Apache 默认监听的端口，将其设置为 8080。

（4）将允许 Apache 服务的用户和组设置为 nobody。

（5）禁止使用目录浏览功能。

（6）使用 chroot 机制改变 Apache 服务的根目录。

3) 建立虚拟主机，并完成以下设置。

（1）建立 IP 地址为 192.168.0.1 的虚拟主机 1，对应的文档目录为/usr/local/www/web1。

（2）仅允许来自.smile.com 域的客户端可以访问虚拟主机1。

（3）建立 IP 地址为 192.168.0.2 的虚拟主机 2，对应的文档目录为/usr/local/www/web2。

（4）仅允许来自.long.com 域的客户端可以访问虚拟主机2。

4）配置用户身份认证。

项目 14 Linux 下配置与管理 FTP 服务器

 项目背景

某学院组建了校园网,建设了学院网站,架设了 Web 服务器来为学院网站服务,但在网站上传和更新时,需要用到文件上传和下载功能,因此还要架设 FTP 服务器来为学院内部和互联网用户提供 FTP 等服务。本项目介绍如何配置与管理 FTP 服务器。

 项目目标

- 掌握 FTP 服务的工作原理。
- 学会配置 vsftpd 服务。
- 掌握配置基于虚拟用户的 FTP 服务器。
- 实践典型的 FTP 服务器配置案例。

14.1 相关知识

FTP 是 TCP/IP 协议簇中的协议之一。FTP 协议包括两部分,一是 FTP 服务器,二是 FTP 客户端。其中 FTP 服务器用来存储文件,用户可以使用 FTP 客户端通过 FTP 协议访问位于 FTP 服务器上的资源。在开发网站时,通常利用 FTP 协议把网页或程序传到 Web 服务器上。此外,由于 FTP 传输效率非常高,在网络上传输大的文件时,一般也采用该协议。

FTP 相关知识在"项目 6 配置与管理 FTP 服务器"中已有详细介绍,在此特别强调以下三点。

（1）注意 SELinux 的设置。
（2）FTP 服务器配置完成后,注意让防火墙放行 ftp 服务,并且一定要重启 vsftpd 服务。
（3）设置本地系统权限。注意 FTP 权限与本地系统权限的共同作用。

14.2 项目设计及准备

3 台安装好 RHEL 7.4 的计算机,联网方式都设为 host only(VMnet1),一台作为服务器,两台作为客户端使用。计算机的配置信息如表 14-1 所示(可以使用 VM 的克隆技术快

表 14-1　Linux 服务器和客户端的配置信息

主 机 名 称	操作系统	IP 地 址	角色及其他
DHCP 服务器：RHEL7-1	RHEL 7	192.168.10.1	FTP 服务器，VMnet1
Linux 客户端：client1	RHEL 7	192.168.10.20	FTP 客户端，VMnet1
Windows 客户端：Win7-1	Windows 7	192.168.10.30	FTP 客户端，VMnet1

14.3　项目实施

14.3.1　安装、启动与停止 vsftpd 服务

1. 安装 vsftpd 服务

```
[root@RHEL7-1 ~]# rpm -q vsftpd
[root@RHEL7-1 ~]# mkdir /iso
[root@RHEL7-1 ~]# yum clean all                 //安装前先清除缓存
[root@RHEL7-1 ~]# yum install vsftpd -y
[root@RHEL7-1 ~]# yum install ftp -y            //同时安装 ftp 软件包
[root@RHEL7-1 ~]# rpm -qa|grep vsftpd           //检查安装组件是否成功
```

2. vsftpd 服务启动、重启、随系统启动、停止

安装完 vsftpd 服务后，下一步就是启动了。vsftpd 服务可以以独立或被动方式启动。在 Red Hat Enterprise Linux 7 中，默认以独立方式启动。

在此提醒各位读者，在生产环境中或者在 RHCSA、RHCE、RHCA 认证考试中一定要把配置过的服务程序加入开机启动项中，以保证服务器在重启后依然能够正常提供传输服务。

重新启动 vsftpd 服务、随系统启动，开放防火墙，开放 SELinux，可以输入下面的命令。

```
[root@RHEL7-1 ~]# systemctl restart vsftpd
[root@RHEL7-1 ~]# systemctl enable vsftpd
[root@RHEL7-1 ~]# firewall-cmd --permanent --add-service=ftp
[root@RHEL7-1 ~]# firewall-cmd --reload
[root@RHEL7-1 ~]# setsebool -P ftpd_full_access=on
```

14.3.2　认识 vsftpd 的配置文件

vsftpd 的配置主要通过以下几个文件来完成。

1. 主配置文件

vsftpd 服务程序的主配置文件（/etc/vsftpd/vsftpd.conf）内容总长度达到 127 行，但其中大多数参数在开头都添加了 #，从而成为注释信息，读者没有必要在注释信息上花费太多的时间。可以使用 grep 命令添加-v 参数，过滤并反选出没有包含 # 的参数行（即过滤所有

的注释信息),然后将过滤后的参数行通过输出重定向符写回原始的主配置文件中(为了安全起见,请先备份主配置文件)。

```
[root@RHEL7-1 ~]#mv /etc/vsftpd/vsftpd.conf /etc/vsftpd/vsftpd.conf.bak
[root@RHEL7-1 ~]# grep -v "#" /etc/vsftpd/vsftpd.conf.bak > /etc/vsftpd/vsftpd.conf
[root@RHEL7-1 ~]#cat /etc/vsftpd/vsftpd.conf -n
     1  anonymous_enable=YES
     2  local_enable=YES
     3  write_enable=YES
     4  local_umask=022
     5  dirmessage_enable=YES
     6  xferlog_enable=YES
     7  connect_from_port_20=YES
     8  xferlog_std_format=YES
     9  listen=NO
    10  listen_ipv6=YES
    11
    12  pam_service_name=vsftpd
    13  userlist_enable=YES
    14  tcp_wrappers=YES
```

表 14-2 中列举了 vsftpd 服务程序主配置文件中常用的参数及其作用。在后续的实验中将演示重要参数的用法,以帮助大家熟悉并掌握。

表 14-2 vsftpd 服务程序常用的参数及其作用

参　　数	作　　用
listen=[YES|NO]	确定是否以独立运行的方式监听服务
listen_address=IP 地址	设置要监听的 IP 地址
listen_port=21	设置 FTP 服务的监听端口
download_enable=[YES|NO]	确定是否允许下载文件
userlist_enable=[YES|NO] userlist_deny=[YES|NO]	设置用户列表为"允许"还是"禁止"操作
max_clients=0	最大客户端连接数,0 为不限制
max_per_ip=0	同一 IP 地址的最大连接数,0 为不限制
anonymous_enable=[YES|NO]	确定是否允许匿名用户访问
anon_upload_enable=[YES|NO]	确定是否允许匿名用户上传文件
anon_umask=022	匿名用户上传文件的 umask 值
anon_root=/var/ftp	匿名用户的 FTP 根目录
anon_mkdir_write_enable=[YES|NO]	确定是否允许匿名用户创建目录
anon_other_write_enable=[YES|NO]	确定是否开放匿名用户的其他写入权限(包括重命名、删除等操作权限)
anon_max_rate=0	匿名用户的最大传输速率(字节/秒),0 为不限制
local_enable=[YES|NO]	确定是否允许本地用户登录 FTP
local_umask=022	本地用户上传文件的 umask 值

续表

参 数	作 用
local_root=/var/ftp	本地用户的 FTP 根目录
chroot_local_user=[YES|NO]	确定是否将用户权限禁锢在 FTP 目录,以确保安全
local_max_rate=0	本地用户最大传输速率(字节/秒),0 为不限制

2. /etc/pam.d/vsftpd

vsftpd 的 Pluggable Authentication Modules(PAM)配置文件主要用来加强 vsftpd 服务的用户认证。

3. /etc/vsftpd/ftpusers

所有位于此文件内的用户都不能访问 vsftpd 服务。当然,为了安全起见,这个文件中默认已经包括 root、bin 和 daemon 等系统账号。

4. /etc/vsftpd/user_list

这个文件中包括的用户有可能是被拒绝访问 vsftpd 服务的,也可能是允许访问的,这主要取决于 vsftpd 的主配置文件/etc/vsftpd/vsftpd.conf 中的 userlist_deny 参数是设置为 YES(默认值)还是 NO。

- 当 userlist_deny 为 NO 时,仅允许文件列表中的用户访问 FTP 服务器。
- 当 userlist_deny 为 YES 时,这也是默认值,拒绝文件列表中的用户访问 FTP 服务器。

5. /var/ftp 文件夹

vsftpd 提供服务的文件集散地,它包括一个 pub 子目录。在默认配置下,所有的目录都是只读的,不过只有 root 用户有写的权限。

14.3.3 配置匿名用户 FTP 实例

1. vsftpd 的认证模式

vsftpd 允许用户以三种认证模式登录到 FTP 服务器上。

- 匿名开放模式:这是一种最不安全的认证模式,任何人都可以无须密码验证而直接登录到 FTP 服务器。
- 本地用户模式:这是通过 Linux 系统本地的账户密码信息进行认证的模式,相较于匿名开放模式更安全,而且配置起来很简单。但是如果被黑客破解了账户的信息,就可以畅通无阻地登录 FTP 服务器,从而完全控制整台服务器。
- 虚拟用户模式:这是这三种模式中最安全的一种认证模式,它需要为 FTP 服务单独建立用户数据库文件,虚拟映射用来进行口令验证的账户信息,而这些账户信息在服务器系统中实际上是不存在的,仅供 FTP 服务程序进行认证使用。这样,即使黑客破解了账户信息也无法登录服务器,从而有效降低了破坏范围和影响。

2. 匿名用户登录的参数说明

表 14-3 列举了可以向匿名用户开放的权限参数及其作用。

表 14-3　可以向匿名用户开放的权限参数及其作用

参　　数	作　　用
anonymous_enable=YES	允许匿名访问模式
anon_umask=022	匿名用户上传文件的 umask 值
anon_upload_enable=YES	允许匿名用户上传文件
anon_mkdir_write_enable=YES	允许匿名用户创建目录
anon_other_write_enable=YES	允许匿名用户修改目录名称或删除目录

3. 配置匿名用户登录 FTP 服务器实例

【例 14-1】 搭建一台 FTP 服务器，允许匿名用户上传和下载文件，匿名用户的根目录设置为/var/ftp。

（1）新建测试文件，编辑/etc/vsftpd/vsftpd.conf。

```
[root@RHEL7-1 ~]#touch /var/ftp/pub/sample.tar
[root@RHEL7-1 ~]#vim /etc/vsftpd/vsftpd.conf
```

（2）在文件后面添加如下 4 行。（语句前后和等号左右一定不要带空格。若有重复的语句，请删除或直接在其上更改，不要把注释放进去，下同。）

```
anonymous_enable=YES              //允许匿名用户登录
anon_root=/var/ftp                //设置匿名用户的根目录为/var/ftp
anon_upload_enable=YES            //允许匿名用户上传文件
anon_mkdir_write_enable=YES       //允许匿名用户创建文件夹
```

提示：anon_other_write_enable=YES 表示允许匿名用户删除文件。

（3）允许 SELinux，让防火墙放行 ftp 服务，重启 vsftpd 服务。

```
[root@RHEL7-1 ~]#setenforce 0
[root@RHEL7-1 ~]#firewall-cmd --permanent --add-service=ftp
[root@RHEL7-1 ~]#firewall-cmd --reload
[root@RHEL7-1 ~]#firewall-cmd --list-all
[root@RHEL7-1 ~]#systemctl restart vsftpd
```

在 Windows 7 客户端的资源管理器中输入 ftp://192.168.10.1，打开 pub 目录，新建一个文件夹，结果出错了，如图 14-1 所示。

这是什么原因引起的呢？原因是系统的本地权限没有设置。

（4）设置本地系统权限，将属主设为 ftp，或者对 pub 目录赋予其他用户写的权限。

```
[root@RHEL7-1 ~]#ll -ld /var/ftp/pub
drwxr-xr-x. 2 root root 6 Mar 23 2017 /var/ftp/pub    //其他用户没有写入权限
[root@RHEL7-1 ~]#chown ftp /var/ftp/pub               //将属主改为匿名用户 ftp
[root@RHEL7-1 ~]#chmod o+w /var/ftp/pub
[root@RHEL7-1 ~]#ll -ld /var/ftp/pub
drwxr-xr-x. 2 ftp root 6 Mar 23 2017 /var/ftp/pub     //已将属主改为匿名用户 ftp
[root@RHEL7-1 ~]#systemctl restart vsftpd
```

（5）在 Windows 7 客户端再次测试，在 pub 目录下能够建立新文件夹。

提示：如果在 Linux 上测试，"用户名"处输入 ftp，"密码"处直接按 Enter 键即可。

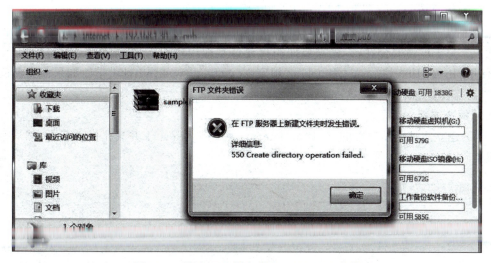

图 14-1　测试 FTP 服务器 192.168.1.30 出错

```
[root@client1 ~]# ftp 192.168.10.1
Connected to 192.168.10.1 (192.168.10.1).
220 (vsFTPd 3.0.2)
Name (192.168.10.1:root): ftp
331 Please specify the password.
Password:
230 Login successful.
Remote system type is UNIX.
Using binary mode to transfer files.
ftp> ls
227 Entering Passive Mode (192,168,10,1,176,188).
150 Here comes the directory listing.
drwxr-xrwx    3 14       0              44 Aug 03 04:10 pub
226 Directory send OK.
ftp> cd pub
250 Directory successfully changed.
```

注意：如果要实现匿名用户创建文件等功能，仅仅在配置文件中开启这些功能是不够的，还需要注意开放本地文件系统权限，使匿名用户拥有写权限才行，或者改变属主为 ftp。在项目实录中有针对此问题的解决方案。另外，也要特别注意防火墙和 SELinux 设置，否则一样会出问题。

14.3.4　配置本地模式的常规 FTP 服务器案例

1. FTP 服务器配置要求

公司内部现在有一台 FTP 服务器和 Web 服务器，FTP 主要用于维护公司的网站内容，包括上传文件、创建目录、更新网页等。公司现有两个部门负责维护任务，两者分别使用 team1 和 team2 账号进行管理。先要求仅允许 team1 和 team2 账号登录 FTP 服务器，但不能登录本地系统，并将这两个账号的根目录限制为/web/www/html，不能进入该目录以外的任何目录。

2. 需求分析

将 FTP 服务器和 Web 服务器放在一起是企业经常采用的方法,这样方便实现对网站的维护。为了增强安全性,首先需要使用仅允许本地用户访问,并禁止匿名用户登录。其次,使用 chroot 功能将 team1 和 team2 锁定在/web/www/html 目录下。如果需要删除文件,则还需要注意本地权限。

3. 解决方案

(1) 建立维护网站内容的 FTP 账号 team1、team2 和 user1 并禁止本地登录,然后为其设置密码。

```
[root@RHEL7-1 ~]#useradd -s /sbin/nologin team1
[root@RHEL7-1 ~]#useradd -s /sbin/nologin team2
[root@RHEL7-1 ~]#useradd -s /sbin/nologin user1
[root@RHEL7-1 ~]#passwd team1
[root@RHEL7-1 ~]#passwd team2
[root@RHEL7-1 ~]#passwd user1
```

(2) 配置 vsftpd.conf 主配置文件增加或修改相应内容。(写入配置文件时,注释一定要去掉,切记语句前后不要加空格!另外,要把以前的配置文件恢复到最初状态,免得各实训之间互相影响。)

```
[root@RHEL7-1 ~]#vim /etc/vsftpd/vsftpd.conf
anonymous_enable=NO                         //禁止匿名用户登录
local_enable=YES                            //允许本地用户登录
local_root=/web/www/html                    //设置本地用户的根目录为/web/www/html
chroot_local_user=NO                        //确定是否限制本地用户,这也是默认值,可以省略
chroot_list_enable=YES                      //激活 chroot 功能
chroot_list_file=/etc/vsftpd/chroot_list    //设置锁定用户在根目录中的列表文件
allow_writeable_chroot=YES
//只要启用 chroot 就一定加入"允许 chroot 限制"的内容,否则会出现连接错误
write_enable=YES
pam_service_name=vsftpd                     //认证模块一定要加上
```

提示:chroot_local_user=NO 是默认设置,即如果不做任何 chroot 设置,则 FTP 登录目录是不做限制的。另外,只要启用 chroot,一定要增加 allow_writeable_chroot=YES 语句。因为从版本 2.3.5 开始,vsftpd 增强了安全检查,如果用户被限定在了其主目录下,则该用户的主目录不能再具有写权限了!如果检查发现还有写权限,就会报该错误"500 OOPS:vsftpd:refusing to run with writable root inside chroot()"。

要修复这个错误,可以用命令 chmod a-w /web/www/html 去除用户主目录的写权限,注意把目录替换成你所需要的,本例是/web/www/html。不过这样就无法写入了。还有一种方法,就是可以在 vsftpd 的配置文件中增加 allow_writeable_chroot=YES 一项。

注意:chroot 是靠例外列表来实现的,列表内用户即是例外的用户。所以根据是否启用本地用户转换,可设置不同目的的例外列表,从而实现 chroot 功能。因此实现锁定目录有两种实现方法。第一种是除列表内的用户外,其他用户都被限定在固定目录内,即列表内用户自由,列表外用户受限制。(这时启用 chroot_local_user=YES。)

```
chroot_local_user=YES
```

```
chroot_list_enable=YES
chroot_list_file=/etc/vsftpd/chroot_list
allow_writeable_chroot=YES
```

第二种是除列表内的用户外，其他用户都可自由转换目录。即列表内用户受限制，列表外用户自由（这时启用 chroot_local_user=NO）。为了安全，建议使用第一种。

```
chroot_local_user=NO
chroot_list_enable=YES
chroot_list_file=/etc/vsftpd/chroot_list
```

（3）建立/etc/vsftpd/chroot_list 文件，添加 team1 和 team2 账号。

```
[root@RHEL7-1 ~]#vim /etc/vsftpd/chroot_list
team1
team2
```

（4）防火墙放行和 SELinux 允许，重启 FTP 服务。

```
[root@RHEL7-1 ~]#firewall-cmd --permanent --add-service=ftp
[root@RHEL7-1 ~]#firewall-cmd --reload
[root@RHEL7-1 ~]#firewall-cmd --list-all
[root@RHEL7-1 ~]#setenforce 0
[root@RHEL7-1 ~]#systemctl restart vsftpd
```

思考：如果设置 setenforce 为 1（可使用 getenforce 命令查看），那么必须执行命令 setsebool -P ftpd_full_access=on。要保证目录的正常写入和删除等操作。

（5）修改本地权限。

```
[root@RHEL7-1 ~]#mkdir /web/www/html -p
[root@RHEL7-1 ~]#touch /web/www/html/test.sample
[root@RHEL7-1 ~]#ll -d /web/www/html
[root@RHEL7-1 ~]#chmod -R o+w /web/www/html        //其他用户可以写入
[root@RHEL7-1 ~]#ll -d /web/www/html
```

（6）在 Linux 客户端 client1 上先安装 ftp 工具，然后测试。

```
[root@client1 ~]#mount /dev/cdrom /iso
[root@client1 ~]#yum clean all
[root@client1 ~]#yum install ftp -y
```

① 使用 team1 和 team2 用户不能转换目录，但能建立新文件夹，显示的目录是"/"，其实是/web/www/html 文件夹。

```
[root@client1 ~]#ftp 192.168.10.1
Connected to 192.168.10.1 (192.168.10.1).
220 (vsFTPd 3.0.2)
Name (192.168.10.1:root): team1                    //锁定用户测试
331 Please specify the password.
Password:
230 Login successful.
Remote system type is UNIX.
Using binary mode to transfer files.
```

```
ftp>pwd
257 "/"       //显示是"/",其实是/web/www/html,从列出的文件中就可知道
ftp>mkdir testteam1
257 "/testteam1" created
ftp>ls
227 Entering Passive Mode (192,168,10,1,46,226).
150 Here comes the directory listing.
-rw-r--r--    1 0       0         0 Jul 21 01:25 test.sample
drwxr-xr-x    2 1001    1001      6 Jul 21 01:48 testteam1
226 Directory send OK.
ftp>cd /etc
550 Failed to change directory.                    //不允许更改目录
ftp>exit
221 Goodbye.
```

② 使用 user1 用户能自由转换目录,可以将/etc/passwd 文件下载到主目录,这样风险很高。

```
[root@client1 ~]# ftp 192.168.10.1
Connected to 192.168.10.1 (192.168.10.1).
220 (vsFTPd 3.0.2)
Name (192.168.10.1:root): user1   //列表外的用户是自由的
331 Please specify the password.
Password:
230 Login successful.
Remote system type is UNIX.
Using binary mode to transfer files.
ftp>pwd
257 "/web/www/html"
ftp>mkdir testuser1
257 "/web/www/html/testuser1" created
ftp>cd /etc                        //成功转换到/etc目录
250 Directory successfully changed.
ftp>get passwd                     //成功下载密码文件passwd到/root中,可以退出后查看
local: passwd remote: passwd
227 Entering Passive Mode (192,168,10,1,80,179).
150 Opening BINARY mode data connection for passwd (2203 bytes).
226 Transfer complete.
2203 bytes received in 9e-05 secs (24477.78 Kbytes/sec)
ftp>cd /web/www/html
250 Directory successfully changed.
ftp>ls
227 Entering Passive Mode (192,168,10,1,182,144).
150 Here comes the directory listing.
-rw-r--r--    1 0       0         0 Jul 21 01:25 test.sample
drwxr-xr-x    2 1001    1001      6 Jul 21 01:48 testteam1
drwxr-xr-x    2 1003    1003      6 Jul 21 01:50 testuser1
226 Directory send OK.
```

14.3.5 设置 vsftpd 虚拟账号

FTP 服务器的搭建工作并不复杂,但需要按照服务器的用途合理规划相关配置。如果

FTP 服务器并不对互联网上的所有用户开放,则可以关闭匿名访问,而开启实体账户或者虚拟账户的验证机制。但实际操作中,如果使用实体账户访问 FTP,用户在拥有服务器真实用户名和密码的情况下,会对服务器产生潜在的危害,FTP 服务器如果设置不当,则用户有可能使用实体账号进行非法操作。所以,为了 FTP 服务器的安全,可以使用虚拟用户验证方式,也就是将虚拟的账号映射为服务器的实体账号,客户端使用虚拟账号访问 FTP 服务器。

要求:使用虚拟用户 user2、user3 登录 FTP 服务器,访问主目录是/var/ftp/vuser,用户只允许查看文件,不允许上传、修改等操作。

对于 vsftp 虚拟账号的配置主要有以下几个步骤。

1. 创建用户数据库

(1) 创建用户文本文件

首先,建立保存虚拟账号和密码的文本文件,格式如下:

```
虚拟账号 1
密码
虚拟账号 2
密码
```

使用 vim 编辑器建立用户文件 vuser.txt,添加虚拟账号 user2 和 user3,如下所示。

```
[root@RHEL7-1 ~]#mkdir /vftp
[root@RHEL7-1 ~]#vim /vftp/vuser.txt
user2
12345678
user3
12345678
```

(2) 生成数据库

保存虚拟账号及密码的文本文件无法被系统账号直接调用,需要使用 db_load 命令生成 db 数据库文件。

```
[root@RHEL7-1 ~]#db_load -T -t hash -f /vftp/vuser.txt /vftp/vuser.db
[root@RHEL7-1 ~]#ls /vftp
vuser.db  vuser.txt
```

(3) 修改数据库文件访问权限

数据库文件中保存着虚拟账号和密码信息,为了防止非法用户盗取,可以修改该文件的访问权限。

```
[root@RHEL7-1 ~]#chmod 700 /vftp/vuser.db
[root@RHEL7-1 ~]#ll /vftp
```

2. 配置 PAM 文件

为了使服务器能够使用数据库文件,对客户端进行身份验证,需要调用系统的 PAM 模块。PAM(Plugable Authentication Module)为可插拔认证模块,不必重新安装应用程序,通过修改指定的配置文件,调整对该程序的认证方式。PAM 模块配置文件路径为/etc/pam.d,该目录下保存着大量与认证有关的配置文件,并以服务名称命名。

下面修改 vsftp 对应的 PAM 配置文件/etc/pam.d/vsftpd,将默认配置使用"#"全部注释,添加相应字段,如下所示。

```
[root@RHEL7-1 ~]#vim /etc/pam.d/vsftpd
#PAM-1.0
#session     optional      pam_keyinit.so        force        revoke
#auth        required      pam_listfile.so       item=user    sense=deny
#file=/etc/vsftpd/ftpusers  onerr=succeed
#auth        required      pam_shells.so
auth         required      pam_userdb.so         db=/vftp/vuser
account      required      pam_userdb.so         db=/vftp/vuser
```

3. 创建虚拟账户对应系统用户

```
[root@RHEL7-1 ~]#useradd -d /var/ftp/vuser vuser            ①
[root@RHEL7-1 ~]#chown vuser.vuser /var/ftp/vuser           ②
[root@RHEL7-1 ~]#chmod 555 /var/ftp/vuser                   ③
[root@RHEL7-1 ~]#ls -ld /var/ftp/vuser                      ④
dr-xr-xr-x. 6 vuser vuser 127 Jul 21 14:28 /var/ftp/vuser
```

以上代码中其后带序号的各行功能说明如下。

① 用 useradd 命令添加系统账户 vuser,并将其/home 目录指定为/var/ftp 下的 vuser。

② 变更 vuser 目录的所属用户和组,设定为 vuser 用户、vuser 组。

③ 当匿名账户登录时会映射为系统账户,并登录/var/ftp/vuser 目录,但其并没有访问该目录的权限,需要为 vuser 目录的属主、属组和其他用户与组添加读和执行权限。

④ 使用 ls 命令查看 vuser 目录的详细信息,系统账号主目录设置完毕。

4. 修改/etc/vsftpd/vsftpd.conf

```
anonymous_enable=NO                         ①
anon_upload_enable=NO
anon_mkdir_write_enable=NO
anon_other_write_enable=NO
local_enable=YES                            ②
chroot_local_user=YES                       ③
allow_writeable_chroot=YES
write_enable=NO                             ④
guest_enable=YES                            ⑤
guest_username=vuser                        ⑥
listen=YES                                  ⑦
pam_service_name=vsftpd                     ⑧
```

注意:"="号两边不要加空格,语句前后也不要加空格。

以上代码中其后带序号的各行功能说明如下。

① 为了保证服务器的安全,关闭匿名访问,以及其他匿名相关设置。

② 虚拟账号会映射为服务器的系统账号,所以需要开启本地账号的支持。

③ 锁定账户的根目录。

④ 关闭用户的写权限。

⑤ 开启虚拟账号访问功能。

⑥ 设置虚拟账号对应的系统账号为 vuser。

⑦ 设置 FTP 服务器为独立运行。
⑧ 配置 vsftp 使用的 PAM 模块为 vsftpd。

5. 进行设置

设置防火墙放行和 SELinux 允许，重启 vsftpd 服务。（详见前面相关）

6. 在 client1 上测试

使用虚拟账号 user2、user3 登录 FTP 服务器进行测试，会发现虚拟账号登录成功，并显示 FTP 服务器目录信息。

```
[root@client1 ~]#ftp 192.168.10.1
Connected to 192.168.10.1 (192.168.10.1).
220 (vsFTPd 3.0.2)
Name (192.168.10.1:root): user2
331 Please specify the password
Password:
230 Login successful.
Remote system type is UNIX.
Using binary mode to transfer files.
ftp>ls                    //可以列示目录信息
227 Entering Passive Mode (192,168,10,1,31,79).
150 Here comes the directory listing
-rwx---rwx    1 0        0               0 Jul 21 05:40 test.sample
226 Directory send OK.
ftp>cd /etc               //不能更改主目录
550 Failed to change directory.
ftp>mkdir testuser1       //仅能查看,不能写入
550 Permission denied.
ftp>quit
221 Goodbye.
```

提示：匿名开放模式、本地用户模式和虚拟用户模式的配置文件请向作者索要。

7. 补充服务器端 vsftp 的主被动模式配置

（1）主动模式配置

Port_enable=YES：开启主动模式。

Connect_from_port_20=YES：当主动模式开启时确定是否启用默认的 20 端口的监听。

Ftp_date_port=%portnumber%：上一选项使用 NO 参数时指定数据传输端口。

（2）被动模式配置

connect_from_port_20=NO：当被动模式开启的时候,确定是否关闭默认的 20 端口的监听。

PASV_enable=YES：开启被动模式。

PASV_min_port=%number%：被动模式下的最低端口。

PASV_max_port=%number%：被动模式下的最高端口。

14.3.6 企业实战与应用

1. 企业环境

某公司为了宣传最新的产品信息,计划搭建 FTP 服务器,为客户提供相关文档的下载。

对所有互联网用户开放共享目录,允许下载产品信息,禁止上传。公司的合作单位能够使用FTP服务器进行上传和下载,但不可删除数据。并且为保证服务器的稳定性,需要进行适当的优化设置。

2. 需求分析

根据企业的需求,对于不同用户进行不同的权限限制,FTP服务器需对用户审核。而考虑服务器的安全性,所以关闭实体用户登录,使用虚拟账户验证机制,并对不同虚拟账号设置不同的权限。为了保证服务器的性能,要根据用户的等级,限制客户端的连接数以及下载速度。

3. 解决方案

1)创建用户数据库

(1)创建用户文本文件

首先建立用户文本文件 ftptestuser.txt,添加 2 个虚拟账户,再添加公共账户 ftptest 及客户账户 vip,如下所示。

```
[root@RHEL7-1 ~]#mkdir /ftptestuser
[root@RHEL7-1 ~]#vim /ftptestuser/ftptestuser.txt
ftptest
123
vip
nihao123
```

(2)生成数据库

使用 db_load 命令生成 db 数据库文件,如下所示。

```
[root@RHEL7-1 ~]#db_load -T -t hash -f /ftptestuser/ftptestuser.txt/ ftptestuser/ftptestuser.db
```

(3)修改数据库文件的访问权限

为了保证数据库文件的安全,需要修改该文件的访问权限,如下所示。

```
[root@RHEL7-1 ~]#chmod 700 /ftptestuser/ftptestuser.db
[root@RHEL7-1 ~]#ll /ftptestuser
total 16
-rwx------. 1 root root 12288 Aug  3 18:33 ftptestuser.db
-rw-r--r--. 1 root root    26 Aug  3 18:32 ftptestuser.txt
```

2)配置 PAM 文件

修改 vsftp 对应的 PAM 配置文件/etc/pam.d/vsftpd,如下所示。

```
#%PAM-1.0
#session    optional     pam_keyinit.so    force      revoke
#auth       required     pam_listfile.so   item=user  sense=deny
#file=/etc/vsftpd/ftptestusers                        onerr=succeed
#auth       required     pam_shells.so
#auth       include      system-auth
#account    include      system-auth
#session    include      system-auth
#session    required     pam_loginuid.so
```

```
auth        required    pam_userdb.so    db=/ftptestuser/ftptestuser
account     required    pam_userdb.so    db=/ftptestuser/ftptestuser
```

3) 创建虚拟账户对应的系统账户

对于公共账户和客户账户,因为需要配置不同的权限,所以可以将两个账户的目录进行隔离,控制用户的文件访问。公共账户 ftptest 对应系统账户 ftptestuser,并指定其主目录为/var/ftptest/share,而客户账户 vip 对应系统账户 ftpvip,指定主目录为/var/ftptest/vip。

```
[root@RHEL7-1 ~]#mkdir /var/ftptest
[root@RHEL7-1 ~]#useradd -d /var/ftptest/share ftptestuser
[root@RHEL7-1 ~]#chown ftptestuser:ftptestuser /var/ftptest/share
[root@RHEL7-1 ~]#chmod o=r /var/ftptest/share                          ①
[root@RHEL7-1 ~]#useradd -d /var/ftptest/vip ftpvip
[root@RHEL7-1 ~]#chown ftpvip:ftpvip /var/ftptest/vip
[root@RHEL7-1 ~]#chmod o=rw /var/ftptest/vip                           ②
[root@RHEL7-1 ~]#mkdir /var/ftptest/share/testdir
[root@RHEL7-1 ~]#touch /var/ftptest/share/testfile
[root@RHEL7-1 ~]#mkdir /var/ftptest/vip/vipdir
[root@RHEL7-1 ~]#touch /var/ftptest/vip/vipfile
```

其后有序号的两行命令功能说明如下。

① 公共账户 ftptest 只允许下载,修改 share 目录其他用户权限为 read(只读)。

② 客户账户 vip 允许上传和下载,所以对 vip 目录权限设置为 read 和 write(可读写)。

4) 建立配置文件

设置多个虚拟账户的不同权限。若使用一个配置文件无法实现该功能,这时需要为每个虚拟账户建立独立的配置文件,并根据需要进行相应的设置。

(1) 修改 vsftpd.conf 文件

配置主配置文件/etc/vsftpd/vsftpd.conf,添加虚拟账号的共同设置,并添加 user_config_dir 字段,定义虚拟账户的配置文件目录,如下所示。

```
anonymous_enable=NO
anon_upload_enable=NO
anon_mkdir_write_enable=NO
anon_other_write_enable=NO
local_enable=YES
chroot_local_user=YES
listen=YES
pam_service_name=vsftpd                    ①
user_config_dir=/ftpconfig                 ②
max_clients=300                            ③
max_per_ip=10                              ④
```

以上文件中其后带序号的几行代码的功能说明如下。

① 配置 vsftp 使用的 PAM 模块为 vsftpd。

② 设置虚拟账户的主目录为/ftpconfig。

③ 设置 FTP 服务器最大接入客户端数量为 300。

④ 每个 IP 地址最大连接数为 10。

(2) 建立虚拟账号配置文件

设置多个虚拟账户的不同权限。若使用一个配置文件无法实现此功能,需要为每个虚拟账户建立独立的配置文件,并根据需要进行相应的设置。

在 user_config_dir 指定路径下建立与虚拟账户同名的配置文件,并添加相应的配置字段。首先创建公共账户 ftptest 的配置文件,如下所示。

```
[root@RHEL7-1 ~]#mkdir /ftpconfig
[root@RHEL7-1 ~]#vim /ftpconfig/ftptest
guest_enable=yes                                    ①
guest_username=ftptestuser                          ②
anon_world_readable_only=yes                        ③
anon_max_rate=30000                                 ④
```

以上文件中其后带序号的几行代码的功能说明如下。
① 开启虚拟账户登录。
② 设置 ftptest 对应的系统账号为 ftptestuser。
③ 配置虚拟账户全局可读,允许其下载数据。
④ 限定传输速率为 30kbp/s。

同理,设置 ftpvip 的配置文件。

```
[root@RHEL7-1 ~]#vim /ftpconfig/vip
guest_enable=yes
guest_username=ftpvip                               ①
anon_world_readable_only=no                         ②
write_enable=yes                                    ③
anon_upload_enable=yes                              ④
anon_mkdir_write_enable=yes
anon_max_rate=60000                                 ⑤
allow_writeable_chroot=YES                          ⑥
```

以上文件中其后带序号的几行代码的功能说明如下。
① 设置 vip 账户对应的系统账户为 ftpvip。
② 关闭匿名账户的只读功能。
③ 允许在文件系统中使用 ftp 命令进行操作。
④ 开启匿名账户的上传功能。
⑤ 限定传输速率为 60kbp/s。
⑥ 允许用户的主目录具有写权限而不报错。

5) 进行配置

配置防火墙和 SELinux,启动 vsftpd 并开机生效。

```
[root@RHEL7-1 ~]#firewall-cmd --permanent --add-service=ftp
[root@RHEL7-1 ~]#firewall-cmd --reload
[root@RHEL7-1 ~]#firewall-cmd --list-all
[root@RHEL7-1 ~]#setsebool -P ftpd_full_access=on
[root@RHEL7-1 ~]#systemctl restart vsftpd
[root@RHEL7-1 ~]#systemctl enable  vsftpd
```

6）测试

（1）首先使用公共账户 ftptest 登录服务器，可以测试下载文件。但是当尝试上传文件时，会提示错误信息。

（2）接着使用客户账户 vip 登录测试，vip 账户具备上传权限，使用 put 上传"×××文件"，使用 mkdir 创建文件夹，都是成功的。

（3）但是该账户删除文件时会返回 550 错误提示，表明无法删除文件。vip 账户的测试过程如下。

```
[root@client1 ~]# ftp 192.168.10.1
Connected to 192.168.10.1 (192.168.10.1).
220 (vsFTPd 3.0.2)
Name (192.168.10.1:root): vip
331 Please specify the password.
Password:
230 Login successful.
Remote system type is UNIX.
Using binary mode to transfer files.
ftp> ls
227 Entering Passive Mode (192,168,10,1,45,236).
150 Here comes the directory listing.
drwxr-xr-x    2 0        0               6 Aug 03 13:15 vipdir
-rw-r--r--    1 0        0               0 Aug 03 13:15 vipfile
226 Directory send OK.
ftp> mkdir testdir1
257 "/testdir1" created
ftp> put /f1.conf
local: /f1.conf remote: /f1.conf
227 Entering Passive Mode (192,168,10,1,60,176).
150 Ok to send data.
226 Transfer complete.
1100 bytes sent in 7.1e-05 secs (15492.96 Kbytes/sec)
ftp> rm f1.conf
550 Permission denied.
ftp>
```

14.3.7　FTP 排错

相比其他的服务而言，vsftp 配置操作并不复杂，但因为管理员的疏忽，也会造成客户端无法正常访问 FTP 服务器。本小节将通过几个常见错误讲解 vsftp 的排错方法。

1. 拒绝账户登录（错误提示：OOPS 无法改变目录）

当客户端使用 ftp 账户登录服务器时，提示"500 OOPS"错误。

接收到该错误信息，其实并不是 vsftpd.conf 配置文件设置有问题，而重点是无法更改目录。造成这个错误主要有以下两个原因。

（1）目录权限设置错误

目录权限设置错误一般在本地账户登录时发生，如果管理员在设置该账户主目录权限时忘记添加执行权限（X），就会收到该错误信息。FTP 中的本地账户需要拥有目录的执行权限,请使用 chmod 命令添加 X 权限,保证用户能够浏览目录信息,否则拒绝登录。对于 FTP 的虚拟账户,即使不具备目录的执行权限,也可以登录 FTP 服务器,但会有其他错误提示。为了保证 FTP 用户的正常访问,请开启目录的执行权限。

(2) SELinux

FTP 服务器开启了 SELinux 针对 FTP 数据传输的策略,也会造成"无法切换目录"的错误提示。如果目录权限设置正确,那么需要检查 SELinux 的配置。用户可以通过 setsebool 命令禁用 SELinux 的 FTP 传输审核功能。

```
[root@RHEL7-1 ~]#setsebool -P ftpd_disable_trans 1
```

重新启动 vsftpd 服务,用户能够成功登录 FTP 服务器。

2. 客户端连接 FTP 服务器超时

造成客户端访问服务器超时的原因主要有以下几种情况。

(1) 线路不通

使用 ping 命令测试网络连通性,如果出现 Request Timed Out,说明客户端与服务器的网络连接存在问题,检查线路的故障。

(2) 防火墙设置

如果防火墙屏蔽了 FTP 服务器控制端口 21 以及其他的数据端口,则会造成客户端无法连接服务器,形成"超时"的错误提示。需要设置防火墙开放 21 端口,并且应该开启主动模式的 20 端口,以及被动模式使用的端口范围,防止数据的连接错误。

3. 账户登录失败

客户端登录 FTP 服务器时还有可能会收到"登录失败"的错误提示。

登录失败,实际上牵扯到身份验证以及其他一些登录的设置。

(1) 密码错误

请保证登录密码的正确性,如果 FTP 服务器更新了密码设置,则使用新密码重新登录。

(2) PAM 验证模块

当输入密码无误,但仍然无法登录 FTP 服务器时,很有可能是 PAM 模块中 vsftpd 的配置文件设置错误造成的。PAM 的配置比较复杂,其中 auth 字段主要是接收用户名和密码,进而对该用户的密码进行认证,account 字段主要是检查账户是否被允许登录系统,账号是否已经过期,账号的登录是否有时间段的限制等,保证这两个字段配置的正确性,否则 FTP 账号将无法登录服务器。事实上,大部分账户登录失败都是由这个错误造成的。

(3) 用户目录权限

FTP 账号对于主目录没有任何权限时,也会收到"登录失败"的错误提示,根据该账户的用户身份,重新设置其主目录权限,重启 vsftpd 服务,使配置生效。

4. 处理错误

从版本 2.3.5 之后,vsftpd 增强了安全检查,如果用户被限定在其主目录下,则该用户的主目录不能再具有写权限了。如果检查发现还有写权限,就会报错误"500 OOPS: vsftpd: refusing to run with writable root inside chroot()"。

要修复这个错误,可以用命令 chmod a-w /web/www/html 去除用户主目录的写权限,注意把目录替换成你所需要的,本例是/web/www/html。不过,这样就无法写入了。还有一种方法,就是可以在 vsftpd 的配置文件中增加下列项:allow_writeable_chroot=YES。

14.4 实训项目 FTP 服务器的配置与管理

1. 实训目的

- 学会配置 vsftpd 服务。
- 掌握配置基于虚拟用户的 FTP 服务器。
- 掌握配置用户隔离的 FTP 服务器。
- 实训前请扫二维码观看录像了解如何配置与管理 FTP 服务器。

2. 项目背景

某企业网络拓扑如图 14-2 所示,该企业想组建一台 FTP 服务器,为企业局域网中的计算机提供文件传送任务,为财务部门、销售部门和 OA 系统提供异地数据备份。要求能够对 FTP 服务器设置连接限制、日志记录、消息、验证客户端身份等属性,并能创建用户隔离的 FTP 站点。

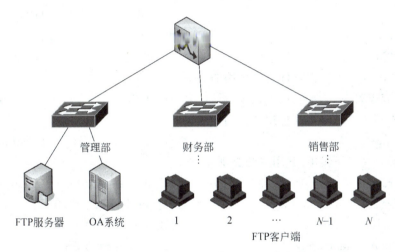

图 14-2 FTP 服务器搭建与配置网络拓扑

3. 项目要求

按要求完成 FTP 服务器的配置与测试。

4. 深度思考

在观看录像时思考以下几个问题。

(1) 如何使用 service vsftpd status 命令检查 vsftp 的安装状态?
(2) FTP 权限和文件系统权限有何不同? 如何进行设置?
(3) 为何不建议对根目录设置写权限?
(4) 如何设置进入目录后的欢迎信息?
(5) 如何锁定 FTP 用户在其宿主目录中?
(6) user_list 和 ftpusers 文件都存有用户名列表,如果一个用户同时存在两个文件中,最终的执行结果是怎样的？
5. 做一做
根据项目要求及录像内容将项目完整无缺地完成。

14.5 习题

1. 填空题

(1) FTP 服务就是_____服务，FTP 的英文全称是_____。

(2) FTP 服务通过使用一个共同的用户名_____，密码不限的管理策略，让任何用户都可以很方便地从这些服务器上下载软件。

(3) FTP 服务有两种工作模式：_____和_____。

(4) ftp 命令的格式如下：_____。

2. 选择题

(1) ftp 命令可以与指定的机器建立连接的参数是(　　)。
  A. connect　　　　B. close　　　　C. cdup　　　　D. open

(2) FTP 服务使用的端口是(　　)。
  A. 21　　　　　　B. 23　　　　　 C. 25　　　　　 D. 53

(3) 从 Internet 上获得软件最常采用的是(　　)。
  A. WWW　　　　B. telnet　　　　C. FTP　　　　D. DNS

(4) 一次可以下载多个文件用(　　)命令。
  A. mget　　　　　B. get　　　　　C. put　　　　　D. mput

(5) 下面(　　)不是 FTP 用户的类别。
  A. real　　　　　B. anonymous　　C. guest　　　　D. users

(6) 修改文件 vsftpd.conf 的(　　)可以实现 vsftpd 服务独立启动。
  A. listen=YES　　　　　　　　　B. listen=NO
  C. boot=standalone　　　　　　　D. #listen=YES

(7) 将用户加入以下(　　)文件中可能会阻止用户访问 FTP 服务器。
  A. vsftpd/ftpusers　B. vsftpd/user_list　C. ftpd/ftpusers　D. ftpd/userlist

3. 简答题

(1) 简述 FTP 的工作原理。

(2) 简述 FTP 服务的传输模式。

(3) 简述常用的 FTP 软件。

4. 实践题

1) 在 VMware 虚拟机中启动一台 Linux 服务器作为 vsftpd 服务器，在该系统中添加用户 user1 和 user2。

(1) 确保系统安装了 vsftpd 软件包。

(2) 设置匿名账户具有上传、创建目录的权限。

(3) 利用/etc/vsftpd/ftpusers 文件设置禁止本地 user1 用户登录 FTP 服务器。

（4）设置本地用户 user2 登录 FTP 服务器之后，在进入 dir 目录时显示提示信息 "Welcome to user's dir!"。

（5）设置所有本地用户都锁定在/home 目录中。

（6）设置只有在/etc/vsftpd/user_list 文件中指定的本地用户 user1 和 user2 可以访问 FTP 服务器，其他用户都不可以。

（7）配置基于主机的访问控制，实现以下功能。

- 拒绝 192.168.6.0/24 访问。
- 对域 long60.net 和 192.168.2.0/24 内的主机不做连接数和最大传输速率限制。
- 对其他主机的访问限制每 IP 的连接数为 2，最大传输速率为 500kbp/s。

2）建立仅允许本地用户访问的 vsftp 服务器，并完成以下任务。

（1）禁止匿名用户访问。

（2）建立 s1 和 s2 账号，并具有读/写权限。

（3）使用 chroot 限制 s1 和 s2 账号在/home 目录中。

参 考 文 献

[1] 杨云.Linux 网络操作系统项目教程(RHEL 6.4/CentOS 6.4)[M].2 版.北京：人民邮电出版社,2016.
[2] 杨云.Red Hat Enterprise Linux 6.4 网络操作系统详解[M].北京：清华大学出版社,2017.
[3] 杨云.网络服务器搭建、配置与管理——Linux 版[M].2 版.北京：人民邮电出版社,2015.
[4] 杨云.Linux 网络操作系统与实训[M].3 版.北京：中国铁道出版社,2016.
[5] 杨云.Linux 网络服务器配置管理项目实训教程[M].2 版.北京：中国水利水电出版社,2014.
[6] 刘遄.Linux 就该这么学[M].北京：人民邮电出版社,2016.
[7] 刘晓辉,等.网络服务搭建、配置与管理大全(Linux 版)[M].北京：电子工业出版社,2009.
[8] 陈涛,等.企业级 Linux 服务攻略[M].北京：清华大学出版社,2008.
[9] 曹江华.Red Hat Enterprise Linux 5.0 服务器构建与故障排除[M].北京：电子工业出版社,2008.
[10] 鸟哥.鸟哥的 Linux 私房菜基础学习篇[M].3 版.北京：人民邮电出版社,2010.
[11] 杨云.Windows Server 2012 网络操作系统项目教程[M].4 版.北京：人民邮电出版社,2016.
[12] 杨云.Windows Server 2008 组网技术与实训[M].3 版.北京：人民邮电出版社,2015.
[13] 杨云.网络服务器配置与管理项目教程(Windows & Linux)[M].北京：清华大学出版社,2015.
[14] 杨云.网络服务器搭建、配置与管理——Windows Server[M].2 版.北京：清华大学出版社,2015.
[15] 黄君羡.Windows Server 2012 活动目录项目式教程[M].北京：人民邮电出版社,2015.
[16] 戴有炜.Windows Server 2012 R2 Active Directory 配置指南[M].北京：清华大学出版社,2014.
[17] 戴有炜.Windows Server 2012 R2 网络管理与架站[M].北京：清华大学出版社,2014.
[18] 戴有炜.Windows Server 2012 R2 系统配置指南[M].北京：清华大学出版社,2015.
[19] 微软公司.Windows Server 2008 活动目录服务的实现与管理[M].北京：人民邮电出版社,2011.
[20] 韩立刚,韩立辉.掌握 Windows Server 2008 活动目录[M].北京：清华大学出版社,2010.